U0142148

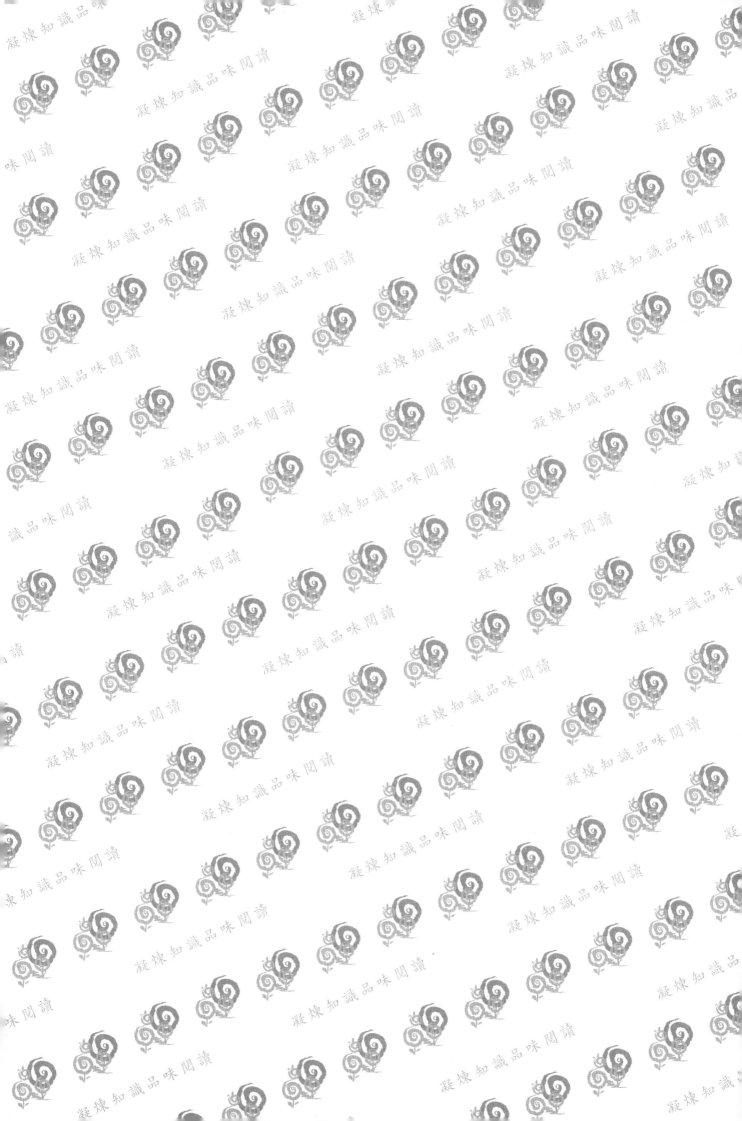

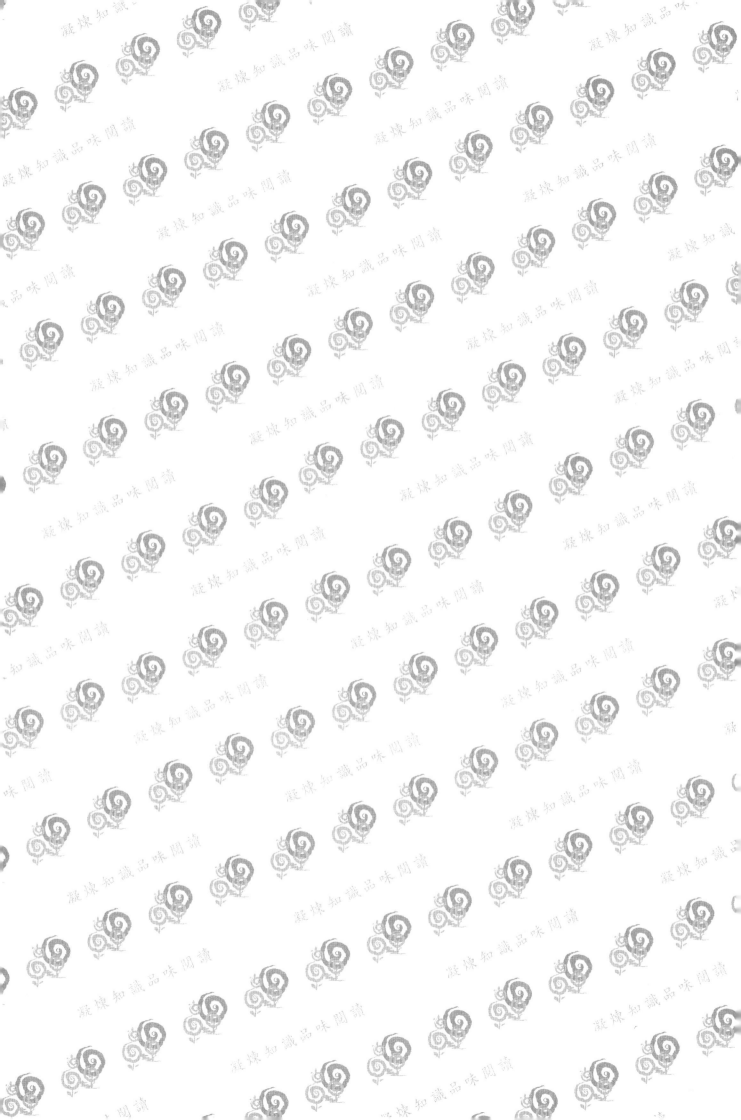

Basic Environmental Engineering
Chemical Experiments

基礎環境工程
化學實驗 第2版

石鳳城 編著

五南圖書出版公司 印行

科系	
班級	
姓名	
學號	
組別	組

自序

　　本書適合於大專院校之「環境化學實驗」，每週 3～4 小時之授課。

　　內容編寫配合環境工程化學之授課，期使學生能藉由實驗之實作，驗證各環境工程化學原理及相關知識，培養對環境工程化學現象之觀察、推理、判斷、記錄能力，並學習環境工程化學實驗之基本器材（藥品）使用、操作技術及撰寫實驗報告之能力。

　　本書編排特色，包括：

1. 實驗題材適合環境工程化學；教師可依據科系屬性，增刪或調整實驗項目。
2. 實驗編排循序漸進，內容深入淺出，實驗設計操作簡單，適合相關環境科系。
3. 舉例特多，並詳細列出演算過程；實驗步驟結合實驗結果記錄及表單計算，可供學生直接依序之記錄及計算填寫，亦方便於教師逐予批閱。
4. 實驗所需藥品、器材、設備簡單而普遍，準備工作輕鬆不繁雜。
5. 選用藥品注意安全與環保，避免使用毒化物；製備較少量及低濃度之化學試藥，降低廢液濃度及排棄量，能節能減廢。

　　編排方式適合學生閱讀、實作、記錄及計算，每一實驗列有五個部分：一、目的，二、相關知識（含舉例計算說明），三、器材與藥品（含藥品製備方法），四、實驗步驟（含實驗結果記錄及計算表單、實驗廢棄物及廢液清理建議），五、心得與討論。

　　本書雖盡力求證與勘誤，然誤謬疏漏自是難免，尚祈各方先進惠予指正及建議，不勝感激。

編者：石鳳城

目錄

學校實驗室廢棄物（廢液）之清理（行政院環境保護署）

　　「廢棄物清理法」明定學校實驗室所產生之廢棄物屬事業廢棄物，應依「有害事業廢棄物認定標準」、「事業廢棄物貯存清除處理方法及設施標準」相關規定，妥善分類、收集、貯存、清除、處理。〔相關規定可至行政院環境保護署（環保法規—廢棄物清理）網站查詢 http://ivy5.epa.gov.tw/epalaw/index.aspx〕

廢棄物（廢液）之減量、分類、收集、貯存與處理

【參考資料：行政院環境保護署公告之水質檢測方法總則 NIEA W102.51C－附錄三：廢棄物減量與處理】

(一) 對於廢棄物的處理與處置，實驗室應依據「有害事業廢棄物認定標準」中公告有害事業廢棄物的種類及其濃度規定，妥善分類、收集、貯存、處理這些有害物質，可以減少有害廢棄物的量及處理的成本。

(二) 實驗室必須有效管理廢棄物，以達到減量與污染防治之目的；減量有降低成本與減少處理量兩方面的好處。對於某些有害廢棄物的產生者而言，更是法規要求要管理的項目。

(三) 減量的方法包括來源減量、回收及再利用，廢棄物的處理也是減量的一種形式。來源減量可行的做法是採購較小量的包裝，以避免過期的藥量太多，且不要庫存太多試藥，把握先買的先用原則，沒有拆封的藥品也可以退還給藥商回收，盡可能以無害的化學物質替代有害的化學物質之使用。並可改善實驗室的管理，加強人員減廢的訓練，讓同一實驗室的不同部門，共同使用同一個標準品以及儲備液。有機溶劑通常可以蒸餾回收再利用，而金屬銀及水銀則能被回收。

(四) 有害廢棄物必須依照「廢棄物清理法」之規定進行清除與處理。實驗室需建立一套安全合法的化學及生物廢棄物之處置計畫，計畫應包含儲存、運送、處理及處置有害的廢棄物。

(五) 廢棄物處理包括減少體積、污染物固定化及降低有害物物質的毒性等。處理的方法包括熱處理、化學、物理、生物處理以及焚化處理等方式。

　　1. 熱處理：熱處理包括焚化及消毒，是利用高溫改變廢棄物的內容組成之成分。

　　2. 化學處理：包括氧化還原、中和反應、離子交換、化學固化、光解反應、膠凝及沉澱等。

　　3. 物理方法：包括固化、壓實、蒸餾、混凝、沉泥、浮除、曝氣、過濾、離心、逆滲透、紫外光、重力沉澱及樹脂與吸附等。

　　4. 生物處理：包括生物污泥，堆肥及生物活性污泥等方法。

　　5. 最終處置：經廢棄物減量及處理後的廢棄物需要妥善處置。

(六) 實驗產生的廢液及第一次洗滌液應視污染物的種類分類收集，再委請合格清運及代處理業者清運、處理，並依規定將處理遞送聯單寄交縣（市）環保局，留存聯單則作成

紀錄存檔備查。廢液貯存時應參考廢液的相容性，混合後易產生高熱、毒氣、爆炸的廢液應分開收集、貯存。

(七) 實驗室廢液分類：有關廢液分類與檢驗項目之歸屬對照如表 1 所示，而廢液貯存容器及標示規定如表 2 之區分。

(八) 廢液貯存的容器應妥善標示，隨時保持加蓋狀態。廢液貯存應選擇適當的區域，考慮的因素包括：

　　1. 廢液傾倒、搬運方便。

　　2. 不易傾倒翻覆，不會阻礙通道。

　　3. 遠離電源、熱源。

(九) 實驗室常見的廢氣包括酸性氣體逸散、有機溶劑揮發或實驗產生的廢氣，應在排煙櫃（通風櫥）中取用酸液、有機溶劑及操作處理可能產生廢氣的實驗。在主管機關的同意下，當實驗室產生廢棄物低於特定排放濃度（例如：放流水標準）或產生揮發性廢氣，可以小心地排放入衛生下水道或在排煙櫃中抽氣排放。

(十) 實驗室產生的大多數有害廢棄物均必須運離實驗室，進行更進一步的處理後再行最終處置。實驗室對於產生的廢棄物必須妥善包裝及標示，並需慎選合法的廢棄物清運及處理廠商，委託清運過程中，應依法保留委託處理聯單，必要時應至處理現場確認其處理方式。

(十一) 對於感染性或生物性的廢棄物需要先經過消毒或殺菌程序後，才能進行廢棄處理。設備或回收性耗材在接觸過感染性廢棄物後，也應經過消毒殺菌等程序才可以重複使用。

(十二) 雖然一般的水質檢驗室並不會接觸到放射性廢棄物，對於儀器設備中裝設的放射源偵測器丟棄時，應依據行政院原子能委員會之規定，交由合法之處理廠商代為清運處理。

表 1：環境檢驗室檢驗項目與廢液分類之歸屬對照表

廢液類別		檢驗項目
有機廢液	1.非含氯有機廢液	(1)水質類：如酚類、陰離子界面活性劑、油脂（正己烷抽出物）、甲醛、總有機磷劑（如巴拉松、大利松、達馬松、亞素靈、一品松等）、總氨甲酸鹽（滅必蝨、加保扶、納乃得、安丹、丁基滅必蝨等）、安特靈、靈丹、飛佈達及其衍生物、滴滴涕及其衍生物、阿特靈、地特靈、五氯酚及其鹽類、除草劑（丁基拉草、巴拉刈、2–4地拉草、滅草、加磷塞等）、安殺番、毒殺芬等項目。 (2)空氣類：硝酸鹽、二氧化硫。 (3)毒化物與廢棄物類：檢測過程（包括淨化、萃取、稀釋、移動相）有使用丙酮、正己烷、甲醇、乙醇、乙酸乙酯、異丙醇等。 (4)其他不含鹵素類化合物之有機廢棄樣品【註：1】。
	2.含氯有機廢液	(1)水質類：如多氯聯苯、五氯硝苯等項目。 (2)其他含氯化甲烷、二氯甲烷、氯仿、四氯化碳、甲基碘、氯苯、苯甲氯等脂肪族或芳香族鹵素類化合物者。

（續下表）

無機廢液	1.氰系廢液	(1)水質類：氰化物。 (2)其他檢測過程有使用氰甲烷（CH_3CN）者，或任何含氰化合物、氰錯化合物【註：3】之游離廢液且pH≧10.5者。
	2.汞系廢液	(1)水質類：氨氮、總汞、有機汞。 (2)空氣類：氯鹽。 (3)其他含無機汞或有機汞之游離廢液者【註：4】。
	3.一般重金屬廢液【註：2】	(1)水質類：溶解性鐵、溶解性錳、鎘、鉛、銅、鋅、銀、鎳、硒、砷、硼。 (2)空氣類：硫酸鹽。 (3)其他含有金屬元素或金屬化合物之酸鹼廢液者。
	4.六價鉻廢液	水質類：總鉻、六價鉻。 其他含有六價鉻之游離廢液者。
	5.酸系廢液	水質類：BOD、硝酸鹽氮。 其他如硫酸、硝酸、鹽酸、磷酸等pH值小於2者。
	6.鹼系廢液	水質類：硫化物。 其他如苛性鈉、碳酸鹽、氨類等pH值大於12者。
	7.COD廢液	水質類：COD。 廢液中含重鉻酸鉀、硫酸汞、硝酸銀【註：4】等成分者。

[註]：1. 有機檢驗項目如無法明確分類者，得歸類為「含氯有機溶劑」。

2. 無機檢驗項目如無法明確分類，且確定未含 CN^- 或 Hg^{2+} 者，得歸類為「一般重金屬廢液」。

3. 含難分解性氰化錯合體如 $Rag(CN)_2$、$R_2Ni(CN)_2$、$R_3Cu(CN)_4$、$R_5Fe(CN)_6$ 等電離常數 10^{-21} 以下之氰系廢液，應列入「非含氯有機溶劑」，以焚化方式處理。

4. 金屬汞、硫酸汞、硝酸銀具有回收汞、銀之效益，應盡量單獨分類收集。

表2：環境檢驗所廢液貯存容器及標示規定

廢液類別		貯存容器之顏色、材質、容積	貯存容器標示
有機廢液	1.非含氯有機廢液	(1)紅色附彈簧蓋之防爆型不鏽鋼桶（20公升） (2)漆上「非含氯有機溶劑」白色字體	易燃性物質
	2.含氯有機廢液	(1)紅色附彈簧蓋之防爆型不鏽鋼桶（20公升） (2)漆上「含氯有機溶劑」黑色字體	可燃性物質
無機廢液	1.氰系廢液	(1)白色高瓶口之HDPE桶（20公升） (2)漆上「氰系廢液」橙色字體	毒性事業廢棄物
	2.汞系廢液	(1)白色高瓶口之HDPE桶（20公升） (2)漆上「汞系廢液」橙色字體	毒性事業廢棄物
	3.一般重金屬廢液	(1)白色高瓶口之HDPE桶（20公升） (2)漆上「一般重金屬廢液」黑色字體	毒性事業廢棄物
	4.六價鉻廢液	(1)白色高瓶口之HDPE桶（20公升） (2)漆上「六價鉻廢液」黑色字體	毒性事業廢棄物
	5.酸系廢液	(1)白色高瓶口之HDPE桶（20公升） (2)漆上「酸系廢液」藍色字體	腐蝕性事業廢棄物
	6.鹼系廢液	(1)白色高瓶口之HDPE桶（20公升） (1)漆上「鹼系廢液」藍色字體	腐蝕性事業廢棄物
	7.COD廢液	(1)白色高瓶口之HDPE桶（20公升） (2)漆上「COD廢液」藍色字體	腐蝕性事業廢棄物

[註]：1. 過期藥劑應請廠商回收，不得併入廢液處理。

2. 環衛用藥檢體、有害固體樣品等，檢驗後應將其收集，並逕退原採樣者（地）自行處理。

3. 以上塑膠容器材質可為聚乙烯（PE）、聚丙烯（PP）、聚氯乙烯（PVC）、高密度聚乙烯（HDPE）等。為提高貯存之安全性建議採用高密度聚乙烯桶為貯存容器。

實驗廢液處理（教育部）

【參考資料：教育部學校安全衛生資訊網（實驗廢液處理）http://140.111.34.161/index.asp】

(一) 實驗室廢棄物（廢液）需依成分、特性分類，再予收集、貯存，其目的為：

1. 有利於後續之清理：各種廢液之化性、毒性迥異，清理方法各不相同，需依其成分、特性予以分類。

2. 避免危險：廢棄物（廢液）如任意混合，極易產生不可預知之危險，例如：氰化物（KCN、NaCN）倒入酸液中，會產生劇毒的氰酸（HCN）氣體；鋅（Zn）放入酸液中會產生易爆（燃）性的氫氣（H_2）；疊氮化鈉（NaN_3）和銅（Cu）接觸會產生爆炸性的疊氮化銅〔$Cu(N_3)_2$〕。

3. 降低處理成本：分類不清、標示不明之廢棄物（廢液），處理前需檢測分析，確定成分後方能妥適處理。廢棄物（廢液）中若含有性質迥異之物質者，其清理程序更為複雜，處理成本亦將增加。

4. 分類收集、分類貯存時，「不相容」者嚴禁相互混合，以免產生危險，所謂不相容係指：

(1) 兩物相混合會產生大量熱量。

(2) 兩物相混合會產生激烈反應。

(3) 兩物相混合會產生燃燒。

(4) 兩物相混合會產生毒氣。

(5) 兩物相混合會產生爆炸。

(二) 實驗室廢液依「教育部學校實驗室廢液暫行分類標準」（表1）分類收集、貯存後，需移至暫存區貯存，貯存時亦需考慮相容性之問題，貯存原則如下：

1. 水反應性類需單獨貯存。

2. 空氣反應性類需單獨貯存。

3. 氧化劑類需單獨貯存。

4. 氧化劑與還原劑需分開貯存。

5. 酸液與鹼液需分開貯存。

6. 氰系類與酸液需分開貯存。

7. 含硫類與酸液需分開貯存。

8. 碳氫類溶劑與鹵素類溶劑需分開貯存。

表 1：教育部學校實驗室廢液暫行分類標準（90.9.19.）

A.有機廢液類	1.油脂類：由學校實驗室或實習工廠所產生的廢棄油（脂），例如：燈油、輕油、松節油、油漆、重油、雜酚油、錠子油、絕緣油（脂）（不含多氯聯苯）、潤滑油、切削油、冷卻油及動植物油（脂）等。
	2.含鹵素有機溶劑類：由學校實驗室或實習工廠所產生的廢棄溶劑，該溶劑含有脂肪族鹵素類化合物，如氯仿、二氯甲烷、氯代甲烷、四氯化碳、甲基碘等；或含芳香族鹵素類化合物，如氯苯、苯甲氯等。
	3.不含鹵素有機溶劑類：由學校實驗室或實習工廠所產生的廢棄溶劑，該溶劑不含脂肪族鹵素類化合物或芳香族鹵素類化合物。
B.無機廢液類	1.含重金屬廢液：由學校實驗室或實習工廠所產生的廢液，該廢液含有任一類之重金屬（如鐵、鈷、銅、錳、鎘、鉛、鎵、鉻、鈦、鍺、錫、鋁、鎂、鎳、鋅、銀等）。
	2.含氰廢液：由學校實驗室或實習工廠所產生的廢液，該廢液含有游離氰廢液（需保存在pH 10.5以上）者或含有氰化合物或氰錯化合物。
	3.含汞廢液：由學校實驗室或實習工廠所產生的廢液，該廢液含有汞。
	4.含氟廢液：由學校實驗室或實習工廠所產生的廢液，該廢液含有氟酸或氟化合物者。
	5.酸性廢液：由學校實驗室或實習工廠所產生的廢液，該廢液含有酸。
	6.鹼性廢液：由學校實驗室或實習工廠所產生的廢液，該廢液含有鹼。
	7.含六價鉻廢液：由學校實驗室或實習工廠所產生的廢液，該廢液含有六價鉻化合物。
C.污泥及固體類	1.可燃感染性廢污：由學校實驗室於實驗、研究過程中所產生的可燃性廢棄物，例如：廢檢體、廢標本、器官或組織等，廢透析用具、廢血液或血液製品等。
	2.不可燃感染性廢污：由學校實驗室於實驗、研究過程中所產生的不可燃性廢棄物，例如：針頭、刀片、及玻璃材料之注射器、培養皿、試管、試玻片等。
	3.有機污泥：由學校實驗室或實習工廠所產生的有機性污泥，例如：油污、發酵廢污等。
	4.無機污泥：由學校實驗室或實習工廠所產生的無機性污泥，例如：混凝土實驗室或材料實驗室之沉砂池污泥、雨水下水道管渠或鑽孔污泥等。

（三）實驗室廢液之收集與貯存容器

　　1. 實驗室廢液之收集依下列原則收集：

　　(1) 實驗室廢藥品：依「教育部學校實驗室廢液暫行分類標準」，以原包裝置於方形塑膠桶中。

　　(2) 實驗室廢液：依「教育部學校實驗室廢液暫行分類標準」，混於貯存桶內。

　　2. 廢液貯存容器：

　　(1) 實驗室廢藥品，不論剩餘量多寡，均以原包裝置於 50 公升之方形桶槽內（開口無蓋），原包裝需有瓶蓋，不可溢漏。為了防止運輸時碰撞破裂，桶內需有緩衝材料。

　　(2) 實驗室廢液貯存容器則根據容器材質與廢液之相容性分成下列二部分：

　　a. 一般溶劑類與含鹵素溶劑類以 50 加崙鐵桶或 30 公升之不鏽鋼桶貯存。

　　b. 其餘之實驗室廢液則以 20 公升或 30 公升之 PE 塑膠桶貯存。

（四）準備消防及急救器材

　　實驗室廢液貯存或處理時，於貯存場所及處理區域需準備消防設施器材，對於化學類的

火災，以乾粉滅火器及二氧化碳滅火器較爲適用。急救方面，如被廢液噴濺沾黏，應盡速以清水沖洗，避免接觸皮膚、眼睛。急救箱亦爲必要之物。

(五) 廢液處理注意事項

實驗室廢液特性爲：成分及數量穩定度低，種類繁多或濃度高。其危險性也相對增高。清理時，應注意事項說明如下：

1. 充分瞭解處理的方法：實驗室廢液的處理方法因其特性而異，任一廢液如未能充分瞭解其處理方法，切勿嘗試處理，否則極易發生意外。

2. 注意皮膚吸收致毒的廢液：大部分的實驗室廢液觸及皮膚僅有輕微的不適，少部分腐蝕性廢液會傷害皮膚，有一部分廢液則會經由皮膚吸收而致毒，最著名的例子則爲高雄縣大樹鄉造成二人死亡之苯胺廢液。會經由皮膚吸收產生劇毒的廢液，於搬運或處理時需要特別注意，不可接觸皮膚。

3. 注意毒性氣體的產生：實驗室廢液處理時，如操作不當會有毒性氣體產生，最常見者列舉如下：

(1) 氰類與酸混合會產生劇毒的氰酸。

(2) 漂白水與酸混合會產生劇毒性之氯氣或偏次氯酸。

(3) 硫化物與酸混合會產生劇毒性之硫化物。

4. 注意爆炸性物質的產生：實驗室廢液處理時，應完全按照已知的處理方法進行處理，不可任意混摻其他廢液，否則容易產生爆炸的危險。一些較易產生爆炸危害的混合物列舉如下：

(1) 疊氮化鈉與鉛或銅的混合。

(2) 胺類與漂白水的混合。

(3) 硝酸銀與酒精的混合。

(4) 次氯酸鈣與酒精的混合。

(5) 丙酮在鹼性溶液下與氯仿的混合。

(6) 硝酸與醋酸酐的混合。

(7) 氧化銀、氨水、酒精三種廢液的混合。

其他一些極容易產生過氧化物的廢液（如：異丙醚），也應特別注意，因過氧化物極易因熱、摩擦、衝擊而引起爆炸，此類廢液處理前應將其產生的過氧化物先行消除。

5. 其他應注意事項：實驗室廢液因濃度高，易於處理時因大量放熱火反應速率增加而致發生意外。爲了避免這種情形，再處理實驗室廢液時應把握下列原則：

(1) 少量廢液進行處理，以防止大量反應。

(2) 處理劑倒入時應緩慢，以防止激烈反應。

(3) 充分攪拌，以防止局部反應。

必要時於水溶性廢液中加水稀釋，以緩和反應速率以及降低溫度上升的速率，如處理設備含有移設裝置則更佳。

(六) 實驗室廢液標籤：為了方便實驗室廢液之暫存與處理，實驗室廢液之貯存容器應貼有標籤（如表 2），標籤內容應具備下列事項：

表 2：實驗室廢液標籤

實驗室廢液標籤（請張貼於廢液容器明顯位置）　　　　　編號：		
(1)廢液類別： □有機廢液類之：□油脂類、□含鹵素有機溶劑類、□不含鹵素有機溶劑類。 　　　　　　□無機廢液類之：□含重金屬廢液、□含氰廢液、□含汞廢液、□含氟廢液、□酸性廢液、 　　　　　　　　　　　　　□鹼性廢液、□含六價鉻廢液。		
(2)分類碼：　　　　　　　　　　　　　　　　　　　　　　　　　　　　　　　　。		
(3)廢液危害性之標誌：　　　　　　　　　　　　　　　　　　　　　　　　　　　。		
(4)廢液主要成分種類：　　　　　　　　　　　　　　　　　　　　　　　　　　　。		
(5)廢液數量：　　　　　　　　　　　公升　　　　　　　　　　　　　　　公斤。		
(6)（學校）科系所名稱：　　　　　　　　　　　　　　　　　　　　　　　　　　。		
(7)實驗室名稱：　　　　　　　　　　　　　　　　　　　　　　　　　　　　　　。		
(8)管理人簽名　　　　　　　　　　　電話：　　　　　　　　　　　　　　　　　。		
(9)集中日期：　　　　　　　　　　　　　　　　　　　　　　　　　　　　　　　。		
【註】實驗室廢藥品除貼有上述標籤外，原包裝之標籤亦應完整牢固。		

實驗室安全衛生須知

實驗室名稱		實驗室地點	
管理教師		連絡電話	

一、個人防護

（一）「安全」是進行任何實驗最重要的考量，若不留意，經常會造成永久的傷害與遺憾。

（二）進入實驗室者，應確實遵守「實驗室安全衛生須知」。

（三）實驗室內禁止從事與實驗無關之活動及工作。

（四）進實驗室時應穿著適合的實驗衣。視需要配戴個人必要之安全衛生防護具，包括眼睛、皮膚、頭部、聽力、呼吸道及足部的保護。

（五）近視者應配戴（有框）眼鏡；實驗室備有公用的安全眼鏡及防護面罩，應先熟悉放置位置；於配製酸鹼溶液、有毒溶液或進行有噴濺危險實驗時，應戴上安全眼鏡保護眼睛。

（六）戴防護手套保護皮膚，必須選擇適當材質的手套。處理高溫物品時應戴隔熱手套；搬運或使用具腐蝕性之酸鹼及其他化學品時，應戴橡（乳）膠手套。

（七）使用儀器、設備及化學品前，應先閱讀相關手冊及熟知安全事項，並依照標準操作方法使用及遵守各項實驗之安全操作方法。

（八）實驗應隨時注意安全，熟悉實驗內容及相關知識，並依實驗步驟進行實驗。非經任課老師（或管理人員）許可，不得隨意開啟電源、不得啟用非在教學實驗內之機械或儀器設備、不得進行未經許可之實驗、不得擅自取用其他實驗室之器材設備及藥品。

（九）取用化學品應確認種類及濃度（看不懂應主動問任課老師），並依需要取量，不可過量及隨意添加，以免危險。取化學品之藥杓、吸管、滴管應專用，避免交叉使用造成污染及危險。

（十）使用電器用品時，應先確認電源之電壓（110V 或 220V）是否相符？禁止觸摸運轉中之馬達、幫浦、輸送帶等動力機械，若要進行檢查應先關閉電源停止操作，並有實驗室管理老師在旁指導。

（十一）避免單獨一人進行實驗，亦不要在過度疲勞情況下勉強進行實驗。

（十二）實驗室應由使用人員負責經常保持整潔。整潔的桌面，可以避免濺出的化學品破壞到衣物、書本甚至身體，減少災害的發生。

（十三）衣物著火時，不可奔跑或撲扇火焰，最好以防火毯裹著身體滅火，或利用安全淋洗設備沖洗（水），或以二氧化碳滅火器滅火。

（十四）化學品濺入眼睛，應立即以大量自來水沖洗眼睛，沖水時要將眼瞼撐開，一面沖水一面轉動眼球，沖水 15 分鐘後立即送醫。

（十五）取用有毒、腐蝕性、致癌藥品時，應戴防護手套取用，並避免擴散污染。

（十六）養成實驗前、後皆洗手的習慣。離開實驗室時，需檢查水、電、瓦斯等是否關好，不使用之儀器設備應予關閉，以策安全。

二、安全衛生管理

（一）實驗室應隨時保持通路、安全門、安全梯及出入口清潔暢通。

（二）實驗室應有急救箱、防火毯等緊急救護器材，並將其井然有序地放置於貯存櫃，貯存櫃應靠近實驗室出口，遠離爐火及藥品、實驗設備的地方。

（三）處理危險之安全衛生設備及防護器具應置於明顯易取之處；認清並牢記最近之「滅火器」、「緊急洗眼器」、「緊急淋洗設備」及「急救箱」位置，並確知使用方法。

（四）實驗室內空氣應保持良好之流通性、照明設備應保持正常運轉使用狀態、實驗桌嚴禁擺設在出入門口、消防及安全器材設備可正常使用。

（五）實驗室內禁止：配戴隱形眼鏡、穿拖鞋（涼鞋）、攜帶（烹調）食物、進食食物（飲料）、吸菸、化妝、嚼口香糖、喧嘩、嬉戲（玩手機、電子遊戲）、跑步、打鬧及推擠。非經許可禁止使用煙火，勿戴手飾及蓄長髮（留長髮者，應將頭髮綁紮束好）。

（六）實驗室若有「危險物」或「有害物」，其儲存容器（任何袋、瓶、箱、罐、反應器、儲槽、管路）應依行政院勞工委員會之「危險物與有害物標示及通識規則」、「化學品分類及標示全球調和制度（Global Harmonized System）」規定加以分類及標示。每瓶化學藥品均應張貼危害標示及圖式分類。

（七）實驗室應備置所使用化學品之「物質安全資料表」（MSDS：material safety data sheet），置於易取得之處；實驗者使用危險物、有害物等化學藥品時，應先閱讀物質安全資料表及危險警告訊息。

（八）實驗室所安置的滅火器為多效乾粉（蓄壓式）滅火器，可用於A類（一般物品、紙類）、B類（可燃液體）、C類（電類火災）等類型火災。

（九）「危險性機械或設備」未經檢查合格不得使用，或超過規定期限未經再檢查合格，不得繼續使用；若規定使用（操作）者必須有合格證照者，方可使用。

（十）所有藥品容器及鋼瓶（含空的鋼瓶）皆應貼上標籤標示清楚。

（十一）配製的化學試劑要註明內容物、濃度、配製日期及配製人；為避免污染，不可將未用完的試藥、溶液再倒回原來的容器內。

（十二）實驗時，應隨時保持實驗桌整齊清潔，可攜帶課本、筆記、文具進實驗室，但書包、背包、手機、電子遊戲機及其他非實驗所需之物品，應置於實驗室外之置物櫃。

（十三）實驗室藥品、儀器、設備應依規定置於適當位置；易受溫度影響而分解的藥品，應儲存於冰箱內，其餘藥品則需擺在藥品架（櫃）上，藥品架（櫃）必須靠牆穩固，並避免陽光照射及預防地震時倒塌的危險性。藥品室嚴禁煙火並保持空氣流通。

（十四）必須設置安全衛生防護裝置之機械設備工具，不得任意拆卸或使其失去效能，發現被拆或喪失效能時，應立即報告管理人員或任課教師。

（十五）實驗中不慎濺出或打翻任何藥品試劑時，應報告管理人員並隨時清理。

（十六）可燃性液體應儲存在合格的儲存櫃中；於使用高可燃性液體（如丙酮、乙醚）時要熄滅或移除附近所有的火、熱源。

（十七）濺出的酸可以撒上固體的碳酸氫鈉中和後再用水洗除，強鹼濺到實驗桌上時先用清水，再用稀醋酸清洗。

（十八）進行危險性實驗或處理危險化學藥品時，應豎立明顯之告示牌或標誌，以警告他人。

（十九）化學藥品、試劑廢棄物（廢液）不可隨意往水槽傾倒或隨意放置，許多化學物質具有「不相容性」，亦即當兩化學物質（含貯存容器）相混後會產生熱、起火、放出有害氣體、劇烈反應或爆炸、材料劣化等後果，應於實驗廢棄物（廢液）分類、收集、貯存、處理等位置張貼「實廢驗液相容表」〔可於學校環安衛業管單位或網路取得（需辨別其正確性）〕，並依規定進行實驗廢棄物（廢液）分類、收集、貯存、處理；廢棄物（廢液）貯存容器務必標明分類標籤。非經實驗室管理人員許可，不得任意接觸搬動。

（二十）離開實驗室前，應將實驗區域清理擦拭乾淨，實驗器材清洗後歸定位，並關閉水、電、瓦斯及門窗，實驗室管理人應於實驗結束後檢查。

三、操作安全

（一）不可直接碰觸剛加熱過的玻璃（器材）、蒸發皿或坩鍋，必須等其冷卻後才可碰觸。烘箱取物時（如蒸發皿、坩鍋）應以坩鍋夾取用，不可直接以手拿取。

（二）要從橡皮塞中拔出玻璃管或溫度計時，應抓緊靠近橡皮塞部分的管身，旋轉後拔出，必要時可以水或甘油作為潤滑劑。

（三）緊塞的瓶塞要用安全的方法開啟，避免使用過當壓力造成瓶口破裂。

（四）破裂損壞的玻璃器皿、玻璃藥品空瓶，應戴防護手套清洗後按顏色（透明無色、茶褐色）區分置入專用玻璃類回收箱（塑膠材質）；塑膠藥品空瓶應清洗後，置入專用塑膠類回收箱（塑膠材質）。

（五）球底燒瓶應放置在特製的橡皮墊或軟木環上。

（六）為安全及整潔，試管應放置在「試管架」上。

（七）試管加熱時，熱（火）源應靠近管內液體或固體表面「緩緩」加熱，並隨時準備移開熱（火）源，以防突沸，並禁止將試管對著別人或自己。

（八）實驗桌上除實驗進行中所需器材藥品外，應隨時保持乾淨，加熱操作時熱（火）源周圍不可有易燃之藥品或器材。

（九）傾倒有害液體時，一定要接著於水槽上方。

（十）稀釋強酸、強鹼時，一定是將酸、鹼加入水中，絕不可將水加入酸、鹼中，以免噴濺造成危險。

（十一）使用（刻度）吸管量取用化學品、溶液時，應使用安全吸球，嚴禁以嘴吸取。

（十二）搬動化學品瓶子（器材、容器）時，要同時使用雙手，並靠近身體，以一手托住底部，另一手握住瓶頸或手指穿過瓶環，不可僅以一手握著瓶頸。

（十三）量取、配製或稀釋強酸（如硫酸、鹽酸、硝酸）、有毒或揮發性有機溶劑（如乙醚、丙酮、正己烷、乙醇），應在通風櫥（抽氣櫃）中進行。

（十四）實驗室機器設備應設置符合中央主管機關所定防護標準之機械、器具供教師及學生使用。

（十五）儀器設備購買時，應將安全防護設備、中文操作說明書、接地線或漏電斷路器列入標準配備。

實驗 1：物體密度量測及水流量（容器法）測定方法

一、目的

(一) 學習測量單位及其換算。

(二) 學習密度之定義。

(三) 學習固體、液體及氣體密度之量測方法。

(四) 瞭解密度與比重之關係。

(五) 學習水流量之測定及計算。

二、相關知識

(一) 測量的單位

測量結果的表示包括了「數量」與「單位」兩部分，例如：測量某立方體木塊之長、寬、高各為 10.00cm×5.00cm×2.50cm，則體積為 125cm^3（cc）；若其質量為 105.0g（克），則密度為 0.840g/cm^3；其中 10.00、5.00、2.50、125、105.0、0.840 為測量的數量，cm、cm^3（cc）、g（克）、g/cm^3 則為測量的單位。以下介紹常見測量的單位系統：

表 1：質量單位換算表

毫克（milligram，mg）	克（gram，g）	公斤（kilogram，kg）	公噸（metric ton）
1	0.00,1（$= 10^{-3}$）	0.00,000,1（$= 10^{-6}$）	0.00,000,000,1（$= 10^{-9}$）
1,000（$= 10^3$）	1	0.00,1（$= 10^{-3}$）	0.00,000,1（$= 10^{-6}$）
1,000,000（$= 10^6$）	1,000（$= 10^3$）	1	0.00,1（$= 10^{-3}$）
1,000,000,000（$= 10^9$）	1,000,000（$= 10^6$）	1,000（$= 10^3$）	1

表 2：長度單位換算表

毫米（millimeter，mm）	公分（centimeter，cm）	公尺（meter，m）	公里（kilometer，km）
1	0.1（$= 10^{-3}$）	0.00,1（$= 10^{-3}$）	0.00,000,1（$= 10^{-6}$）
10（$= 10^1$）	1	0.01（$= 10^{-2}$）	0.00,001（$= 10^{-5}$）
1,000（$= 10^3$）	100（$= 10^2$）	1	0.00,1（$= 10^{-3}$）
1,000,000（$= 10^6$）	100,000（$= 10^5$）	1,000（$= 10^3$）	1

表 3：體（容）積單位換算表

毫升（milliliter，mL）	公升（liter，L）	立方公尺（cubic meter，m³）	備註
1	0.00,1（$= 10^{-3}$）	0.00,000,1（$= 10^{-6}$）	1毫升(mL)
1,000（$= 10^{3}$）	1	0.00,1（$= 10^{-3}$）	＝1西西（cc）
1,000,000（$= 10^{6}$）	1,000（$= 10^{3}$）	1	＝1立方公分（cm³）

表 4：時間單位換算表

日（day）	時（hr）	分（min）	秒（sec）
1	24	1,440	86,400
1/24	1	60	3,600
1/1,440	1/60	1	60
1/86,400	1/3,600	1/60	1

例1：試轉換下列單位： (1) 70.85 (L/hr) ＝？(m³/day) 解：70.85 (L/hr) = 70.85×[0.001/(1/24)] 　　　　　　　　= 1.700(m³/day) (2) 70.85 (L/hr) ＝？(cm³/sec) 解：70.85 (L/hr) = 70.85×(1000/3600) 　　　　　　　　= 19.68(cm³/sec) 或1.700 (m³/day) = 1.700×(10⁶/86400) 　　　　　　　　= 19.68(cm³/sec)	例2：試轉換下列單位： (1) 790.5 (g/L) ＝？(ton/m³) 解：790.5 (g/L) = 790.5×($10^{-6}/10^{-3}$) 　　　　　　　= 0.7905(ton/m³) (2) 790.5 (g/L) ＝？(mg/mL) 解：790.5 (g/L) = 790.5×($10^{3}/10^{3}$) 　　　　　　　= 790.5(mg/mL) 或0.7905 (ton/m³) = 0.7905×($10^{9}/10^{6}$) 　　　　　　　　= 790.5(mg/mL)

(二) 密度

　　「密度（density，D）」被定義為每單位體積（V）所含物質的（質）量（M）；可以數學式表示為：

$$密度（D）= \frac{物質的質量（M）}{物質的體積（V）}$$

式中

D：物質的密度，g/cm^3、g/cc、g/L、kg/m^3

M：物質的質量，g、kg

V：物質的體積，cm^3、cc、L、m^3

　　密度的單位，於固體物質常為 g/cm^3、kg/m^3；於液體物質常為 g/cm^3、g/cc、kg/m^3；於氣體物質常為 g/L、mg/m^3、g/m^3。

　　不溶於水之固體物質（如鐵塊、石塊、木材），其密度受壓力與溫度之影響極小；當其密度大於水時，會沉沒於水底；當其密度等於水時，可置於水中任何位置；當其密度小於水時，部分會沉沒於水中，部分會漂浮於水面上。

液體物質之密度受壓力與溫度之影響亦極小。

氣體物質之密度受壓力與溫度之影響則極大；氣體物質之密度可以理想氣體方程式推算：

$$PV = nRT = \left(\frac{W}{M}\right) \times R \times T$$

$$PM = \left(\frac{W}{V}\right) \times R \times T = DRT$$

式中

P：氣體壓力，atm

V：氣體體積，L

n：氣體莫耳數 = W/M，mole

W：氣體質量，g

M：氣體莫耳質量（分子量），g/mole

R：氣體常數 = 0.082（atm・L/mole・K）

T：凱式溫度（= 273 + t℃），K

D：氣體密度，g/L

表 5 列出常見物質之密度。

表 5：常見物質之密度

固體	密度（g/cm³）	液體	密度（g/cm³）	氣體 （0℃、1atm）	密度（g/L）
保麗龍 （發泡聚苯乙烯）	0.0065～0.0075 或 0.01～0.05	汽油	0.66	氫氣	0.090
白塞木 （Balsa）	0.16	酒精	0.79	氦氣	0.179
癒瘡木 （Llignum Vitate）	1.30	水（4℃）	1.00	甲烷	0.714
冰	0.92	牛奶	1.04	氮氣	1.251
鋁	2.70	濃鹽酸（36%）	1.19	空氣（乾燥）	1.289
鉛	11.34	濃硫酸（98%）	1.84	氧氣	1.429
金	19.30	水銀（汞）	13.6	二氧化碳	1.966

【註 1】固體物質之密度與孔隙率、含水量、取樣部位有關；例如木頭、磚塊、玻璃。

(三) 比重

「比重（specific gravity）」被定義為物質的密度與 4℃水的密度之比值。故

$$比重（sp\ gr）= \frac{物質的密度（D_{物質}）}{4℃水的密度（D_{水，4℃}）}$$

　　「水」於 1 大氣壓、 4℃時之密度最大，訂為 $1g/cm^3$ 或 $1000kg/m^3$。「水」為地球表面最多之液體，故被作為參考標準物質。

　　比重無單位，常用於固體、液體；液體比重常以比重計量測之。

例3：長度、溫度、體積之量測讀值記錄

尺（cm）：最小刻度0.1cm	酒精溫度計（℃）：最小刻度1℃	量筒（cc或mL）：最小刻度1cc

長度量測示意圖　　　　溫度量測示意圖　　　　液體體積量測示意圖

例4：量筒中水位高度為100.0cc，取玻璃彈珠樣品5顆，秤重得90.48g，將其置入量筒沉沒於水中，結果水位升高為136.5cc，則

(1) 玻璃彈珠密度為？（g/cm^3）

解：密度（D）＝物質的質量（M）／物質的體積（V）

　　玻璃彈珠密度 = 90.48/(136.5 − 100.0) = 2.48(g/cc) = 2.48(g/cm^3)

(2) 玻璃彈珠比重為？〔1atm、4℃時水之密度 = $1g/cm^3$〕

解：比重 = 2.48/1 = 2.48（比重無單位）

(3) 1000kg之玻璃彈珠，體積為？（m^3）

解：1000kg之玻璃彈珠，設體積為V（cm^3），代入

　　2.48 = 1000×1000/V

　　V = 403225.8 (cm^3) = $403225.8/10^6$ = 0.4032258(m^3)

例5：取50cc量筒，秤空重得58.191g；置入廢潤滑油19.80cc，再秤重得74.690g，則

(1) 廢潤滑油密度為？（g/cm^3）

解：密度（D）＝物質的質量（M）/物質的體積（V）

　　廢潤滑油密度 = (74.690 − 58.191)/19.80 = 0.833(g/cc) = 0.833(g/cm^3)

(2) 廢潤滑油比重為？〔1atm、4℃時水之密度 = $1g/cm^3$〕

解：比重 = 0.833/1 = 0.833（比重無單位）

(3) 已知化學槽車槽體容積為$8m^3$，則最多可載運之廢潤滑油為？（公噸，ton）

解：$8m^3$之廢潤滑油，設質量為M（g），代入

　　0.833 = M/(8×1000000)

　　M = 6664000(g) = 6664(kg) = 6.664(ton)

例6：已知實驗室重量百分率濃度98%之濃硫酸比重為1.84，則

(1) 1000cc之濃硫酸質量為？(g)〔1atm、4℃時水之密度 = $1g/cm^3$〕

解：比重(sp gr) = 物質的密度($D_{物質}$)／密度($D_{水，4℃}$)

　　設濃硫酸密度為D(g/cm^3)，則

　　1.84 = D(g/cm^3)/($1g/cm^3$)

　　D = 1.84×($1g/cm^3$) = 1.84(g/cm^3)

　　1000cc之濃硫酸質量 = 1000×1.84 = 1840(g)

(2) 1000cc之濃硫酸含有之H_2SO_4質量為？(g)

解：1000cc之濃硫酸含有之H_2SO_4質量 = 1840×98% = 1803(g)【其餘為水 = 1840 − 1803 = 37(g)】

（續下表）

例7：試計算1kg之下列物質，體積各為？（cm^3）

解：

物質	密度D（g/cm^3）	質量M（g）	體積V = M/D（cm^3）
保麗龍（發泡聚苯乙烯）	0.01	1000	100000
冰	0.92	1000	1087
鉛	11.34	1000	88.2
金	19.30	1000	51.81
酒精	0.79	1000	1265.8
濃硫酸（98%）	1.84	1000	543.5
水銀（汞）	13.6	1000	73.5
氦氣（0℃、1atm）	0.179×10^{-3}	1000	5586592
甲烷（0℃、1atm）	0.714×10^{-3}	1000	1400560
空氣（乾燥）（0℃、1atm）	1.289×10^{-3}	1000	775795
氧氣（0℃、1atm）	1.429×10^{-3}	1000	699790

例8：設空氣中氣體體積：氧氣占21%、氮氣占79%，餘忽略不計；則

(1) 0℃、1大氣壓時，試求乾空氣之密度為？（g/cm^3）

解：$PV = nRT = (W/M)RT$，$PM = (W/V)RT = DRT$

　　乾空氣之平均莫耳質量 = $(16.0\times2)\times21\% + (14.01\times2)\times79\% = 28.86$（g/mole）

　　設0℃、1大氣壓時，乾空氣之密度為D_0（g/L），代入

　　$1\times28.86 = D_0\times0.082\times(273 + 0)$

　　$D_0 = 1.289(g/L) = 1.289\times10^{-3}(g/cm^3)$

(2) 25℃、1大氣壓時，試求乾空氣之密度為？（g/cm^3）

解：設25℃、1大氣壓時，乾空氣之密度為D_{25}（g/L），代入

　　$1\times28.86 = D_{25}\times0.082\times(273 + 25)$

　　$D_{25} = 1.181(g/L) = 1.181\times10^{-3}(g/cm^3)$

(四) 水流量之測定——容器法

　　「流量（Q）」係指單位時間（t）內，通過管路（道）或渠道某一橫截面之流體（液體或氣體）的量（體積或質量）。若流體的量以體積（V）表示，稱為「體積流量」，單位常用：m^3/sec。若流體的量以質量（M）表示，稱為「質量流量」，單位常用：kg/sec。

　　本實驗係介紹「水之體積流量 Q」，以公式表示為：

$$Q = \frac{V}{T} = v\times A$$

式中【假設水之體積流量 Q 為穩定流】

Q：水之體積流量，m^3/sec（或 m^3/min、m^3/hr、m^3/day）、L/sec、cm^3/sec

V：水之體積，m^3、L

T：時間，sec、min、hr、day

v：流速，m/sec、cm/sec

A：水流斷面積，m^2、cm^2

　　於水質採樣分析檢測時，欲取得具代表性之水樣，常需測定水體之流量，並選定適當之測定方法。水體流量測定需依據測量目的、待測流體種類性質、流量大小、流動狀態、測量場所環境等，選定最適合之方法，以確保流量測值之正確性。

　　行政院環境保護署環境檢驗所公告之水（流）量測定方法有：容器法、量水堰法、流速計法、流量計法等。

　　本實驗介紹：水流量測定方法 —— 容器法。係將水流導入適當已知體積之容器或已知表面積之水槽內，測定到達某一水位所需之時間，進而計算水流量。本方法適用於水流量較小之排放管路、牽定實驗室用小型抽水機或定量幫浦之流量。

例9：水流量測定

備下窄上寬圓形塑膠桶1個，量度容器底部直徑d_1（cm）、水位高度h_1（cm）；將水龍頭接上塑膠管並將開關調至一固定流量（Q）後，按下計時器，同時使水開始注入容器內，俟水位上升到某高度時，記錄所需之時間t_n（sec）；再量度容器水面之直徑d_2（cm）、水位高度h_2（cm），結果記錄如表，計算注入容器中水之體積V_n（cm³）、流量Q_n（cm³/sec），並求其流量平均值Q_{ave}各為？

解：

【容器為下窄上寬之圓形塑膠桶】		第1次	第2次
①	容器進水，開始計時前之直徑d_1（cm）	**35.60**	**35.60**
②	容器進水，開始計時前之表面積$S_1 = \pi d_1^2/4$（cm²）	995.38	995.38
③	容器進水，開始計時前之水位高度h_1（cm）	**0.00**	**0.00**
④	容器進水，停止計時後之水位高度h_2（cm）	**29.00**	**17.80**
⑤	水位差$\Delta h = (h_2 - h_1)$（cm）	29.00	17.80
⑥	水位高度由h_1上升至h_2時，所需之時間t_n（sec）	**68.4**	**41.5**
⑦	容器進水，停止計時後之直徑d_2（cm）	**39.00**	**37.80**
⑧	容器進水，停止計時後之表面積$S_2 = \pi d_2^2/4$（cm²）	1194.59	1122.21
⑨	平均之（水）表面積$S_{ave} = (S_1 + S_2)/2$（cm²）	1094.99	1058.80
⑩	注入容器中水之體積$V_n = (S_{ave} \times \Delta h)$（cm³）	31754.71	18846.64
⑪	流量$Q_n = (V_n/t_n)$（cm³/sec）	464.25	454.14
⑫	流量平均值Q_{ave}（cm³/sec）　　【$(Q_1 + Q_2)/2$】	459.20	
⑬	流量平均值Q_{ave}（L/min）　　【⑫×60/1000】	27.55	

【註2】容器無體積刻度（例如：容器為下窄上寬之圓形塑膠桶）

　　流量 $Q = V/t = [(S_1 + S_2)/2] \times \Delta h/t$ (cm³/sec)

　　　　　$= \{[(S_1 + S_2)/2] \times \Delta h/1000\}/(t/60)$ (L/min)

　　V：注入容器中水之體積（cm³，L）

　　t：注水時間（水位上升至某一高度時，所需之時間）（sec）

　　S_1：容器進水，開始計時前之表面積（cm²）$= \pi d_1^2/4$

　　d_1：(S_1水面) 直徑（cm）

　　S_2：容器進水，停止計時後之表面積（cm²）$= \pi d_2^2/4$

　　d_2：(S_2水面) 直徑（cm）

　　Δh：水位差 $= h_2 - h_1$（cm）

（續下表）

例10：**蠕動幫浦流量之律定**

已知蠕動幫浦轉速刻度（N）與抽水體積（V）、測定時間（t）關係記錄如表所示。

(1)計算各抽水流量（Q）

【太空管（Tygon）內徑D = 4.76（mm）】							
蠕動幫浦轉速刻度（N）	注入量筒內水體積 V（cc）	第1次		第2次		平均值	
		測定時間 t_1（sec）	流量$Q_1 = V/t_1$（cc/sec）	測定時間 t_2（sec）	流量$Q_2 = V/t_2$（cc/sec）	平均流量Q_{ave}（cc/sec）	平均流量Q_{ave}（cc/min）
4	100	39.00	2.56	39.00	2.56	2.56	153.6
5	100	22.72	4.40	22.32	4.48	4.44	266.4
6	100	13.14	7.61	13.14	7.61	7.61	456.6
7	100	10.67	9.37	10.65	9.39	9.38	562.8
8	100	8.73	11.45	8.73	11.45	11.45	687.0
9	100	7.97	12.55	7.92	12.63	12.59	755.4
10	100	6.80	14.71	6.75	14.81	14.76	885.6

(2) 試繪蠕動幫浦轉速刻度（N：X軸）與抽水流量（Q_{ave}：Y軸）關係圖

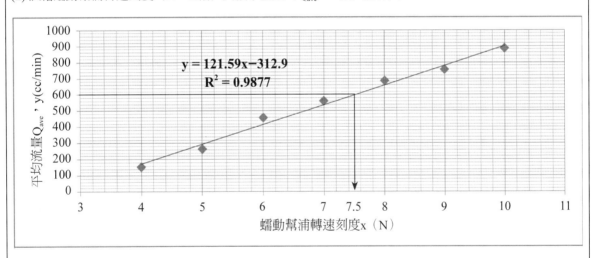

$$y = 121.59x - 312.9$$
$$R^2 = 0.9877$$

(3) 欲調整蠕動幫浦之抽水流量爲600cc/min，則其轉速刻度N應設定爲？

解：抽水流量爲600cc/min時，設轉速刻度爲x(N)，代入

$$y = 121.59x - 312.9$$
則600 = 121.59x − 312.9
x = 7.508 ≒ 7.5(N)

三、器材與藥品

(一) 物體密度量測

1.實驗課本	2.立方體木塊
3.固體樣品（例如：玻璃彈珠、石頭、鋼釘、鋼筋、螺絲釘、鐵塊、銅線、保麗龍、橡膠塞）	4.液體樣品（例如：自來水、海水、酒精、廢潤滑油、活性污泥、洗碗精）

5.量筒	6.刻度吸管（10或20cc）
7.溫度計	8.比重計
9.電子秤	10.捲尺（1mm）

(二) 水流量之測定——容器法

1.量筒（1000或2000cc）	2.塑膠軟管（接水龍頭）	3.計時器（可測至0.1秒）	4.捲尺（1mm）
5.圓形塑膠桶（50公升以上）		6.蠕動幫浦〔附太空管（Tygon）〕	

四、實驗步驟與結果記錄及計算

(一) 物體密度量測

1. 固體物質密度之量測

(1) 規則形狀之固體物質

　　A. 取實驗課本、立方體木塊，以尺量取其長、寬、高，記錄之；計算其體積（V）。

　　B. 秤實驗課本、立方體木塊之質量（M），記錄之。

　　C. 計算實驗課本、立方體木塊之密度（D）。

項　目		實驗課本		立方體木塊	
		第1次	第2次	第1次	第2次
①	長（cm）×寬（cm）×高（cm）	__×__×__	__×__×__	__×__×__	__×__×__
②	體積V（cm³）				
③	質量M（g）				
④	密度D＝M/V（g/cm³）　【③/②】				
⑤	密度之平均值D$_{ave}$（g/cm³）				

【註3】密度（D）＝物質的質量（M）/物質的體積（V）

(2) 不規則形狀之固體物質

　　A. 取不規則形狀之固體樣品，例如：玻璃彈珠、石頭、鋼釘、鋼筋、螺絲釘、鐵塊、銅線、保麗龍、木塊。

　　B. 取大小適當之量筒，置入 50～100～200cc 之水，記錄水之初始體積。

　　C. 將固體樣品（例如：玻璃彈珠、石頭、鋼釘、鋼筋、螺絲釘、鐵塊、銅線、保麗龍、橡膠塞）置入量筒中，讀取水位上升後之體積並記錄之。【注意，應使固體樣品沉沒於水面下。】

　　D. 實驗結果記錄及計算。

①	固體樣品名稱		第1次	第2次	第1次	第2次	第1次	第2次
②	固體樣品重質量（g）							
③	量筒中水之初始體積V_0（cc）							
④	〔量筒中水之初始體積＋（沉沒）固體樣品之體積〕V_1（cc）							
⑤	固體樣品之體積$V = V_1 - V_0$（cc）							
⑥	固體樣品之密度$D = M/V$（g/cc）【②/⑤】							
⑦	固體樣品密度之平均值D_{ave}（g/cc）							

【註4】密度（D）＝物質的質量（M）/物質的體積（V）

    E. 實驗結束，固體樣品可回收再用。

2. 液體物質密度（或比重）之量測

(1) 取 50cc 或 100cc 之量筒，秤空重（質量）記錄之。

(2) 以吸管吸取約 30～50～100cc 之液體樣品（例如：自來水、海水、酒精、廢潤滑油、活性污泥、洗碗精），置入量筒中，讀取液體樣品之體積、秤重（質量），記錄之。【注意，量筒液面上之壁面勿沾附液體樣品。】

(3) 記錄液體樣品溫度。

(4) 實驗結果記錄及計算。

①	液體樣品名稱		第1次	第2次	第1次	第2次	第1次	第2次
②	50cc或100cc之量筒質量M_o（g）							
③	液體樣品之體積V（cc）							
④	（量筒質量＋液體樣品質量）M_1（g）							
⑤	液體樣品質量$M = M_1 - M_o$（g）							
⑥	液體樣品密度$D = M/V$（g/cc）【⑤/③】							
⑦	液體樣品密度之平均值D_{ave}（g/cc）							
⑧	液體樣品比重之平均值　　　【註5】							
⑨	液體樣品溫度（℃）							

【註5】(1) 密度（D）＝物質的質量（M）/物質的體積（V）

      (2) 比重（sp gr）＝物質的密度（$D_{物質}$）/ 4℃水的密度（$D_{水 \cdot 4℃}$）

      (3)「水」於1大氣壓、4℃時之密度最大，訂爲 1g/cm³ 或 1000kg/m³。

(5) 實驗結束，酒精、廢潤滑油、洗碗精之液體樣品可回收再用。

(二) 水流量之測定 ── 容器法【本實驗假設水流量Q皆爲穩定流】

1. 使用小容量容器測定

(1) 備 1000 或 2000cc 之量筒。

(2) 準備操作實驗室水龍頭，可將水龍頭接上塑膠管，並嘗試調整流量之大小。【註 6：或可使用小抽水量之蠕動幫浦，測定其抽水量。】

(3) 將水龍頭開關（或蠕動幫浦）調至一固定之流量（Q）後，使水開始注入量筒內，同時按下碼錶（計時器），測定水位到達某一特定高度時之體積（V_n）止，記錄所需之時間（t_n）（精確至 0.1 秒）。

(4) 至少重複操作 3 次，並求其流量之平均值（Q_{ave}）。【註 7：3 次操作過程中切勿調整水龍頭開關位置，或蠕動幫浦之流量應固定。】

(5) 結果記錄與計算如下：

	項　目	第1次	第2次	第3次
①	水位到達某一特定高度時之體積V_n（cc）			
②	所需之時間t_n（sec）			
③	流量$Q_n = (V_n/t_n)$（cc/sec）　　　【①/②】			
④	流量之平均值Q_{ave}（cc/sec）　　【$(Q_1 + Q_2 + Q_3)/3$】			
⑤	流量之平均值Q_{ave}（L/min）　　　【④×60/1000】			

【註 8】流量 $Q = V/t$ (cc/sec) $= (V/1000)/(t/60)$ (L/min)

　　　　V：容器內水位到達某一高度時之體積（cc）

　　　　t：容器內水位到達某一高度時所需時間（sec）

2. 使用較大容器（如大塑膠桶、水槽）測定 ── 容器無體積刻度（例如：爲下窄上寬之圓形塑膠桶）

(1) 備容積 50 公升以上之下窄上寬圓形塑膠桶 1 個。【註 9：實驗前，無需於容器壁面標示體積刻度。】

(2) 取尺量度容器底部之直徑 d_1（cm）、水位高度 h_1（cm），記錄之。

(3) 準備操作實驗室水龍頭，可將水龍頭接上塑膠管，並嘗試調整流量之大小。

(4) 將水龍頭開關調至一固定之流量（Q）後，使水開始注入容器內，同時按下碼錶（計時器），俟水位上升到達某一特定高度（水位差到達約 1/2 容器高度）時，記錄所需之時間 tn(sec)（精確至 0.1 秒）；再取尺量度容器水面之直徑 d_2（cm）、水位高度 h_2（cm），記錄之。

(5) 計算注入容器中水之體積 V_n（cm^3）、流量 Q_n（cm^3/sec）。

(6) 至少重複操作 3 次，並求其流量之平均值（Q_{ave}）。【註 10：3 次操作過程中切勿調整水龍頭開關位置。】

(7) 結果記錄與計算如下：

容器無體積刻度【為下窄上寬之圓形塑膠桶】	第1次	第2次	第3次
① 容器進水，開始計時前之直徑d_1（cm）			
② 容器進水，開始計時前之表面積$S_1 = \pi d_1^2/4$			
③ 容器進水，開始計時前之水位高度h_1（cm）			
④ 容器進水，停止計時後之水位高度h_2（cm）			
⑤ 水位差$\Delta h = (h_2 - h_1)$（cm）　　　　【④－③】			
⑥ 水位高度由h_1上升至h_2時，所需之時間t_n（sec）			
⑦ 容器進水，停止計時後之直徑d_2（cm）			
⑧ 容器進水，停止計時後之表面積$S_2 = \pi d_2^2/4$（cm^2）			
⑨ 平均之（水）表面積$S_{ave} = (S_1 + S_2)/2$（cm^2）　【（②＋⑧）/2】			
⑩ 注入容器中水之體積$V_n = (S_{ave} \times \Delta h)$（cm^3）　【⑨×⑤】			
⑪ 流量$Q_n = (V_n/t_n)$（cm^3/sec）　　　　【⑩/⑥】			
⑫ 流量之平均值Q_{ave}（cm^3/sec）　　【（$Q_1 + Q_2 + Q_3$）/3】			
⑬ 流量之平均值Q_{ave}（L/min）　　　【⑫×60/1000】			

【註11】容器無體積刻度時（例如：為下窄上寬之圓形塑膠桶）

流量 $Q = V/t = [(S_1 + S_2)/2] \times \Delta h/t$（cm^3/sec）

$\qquad = \{[(S_1 + S_2)/2] \times \Delta h/1000\}/(t/60)$（L/min）

V：注入容器中水之體積（cm^3，L）

t：注水時間（水位高度由 h_1 上升至 h_2 時，所需之時間）（sec）

S_1：容器進水，開始計時前之表面積（cm^2）＝ $\pi d_1^2/4$

d_1：（S_1 水面）直徑（cm）

S_2：容器進水，停止計時後之表面積（cm^2）＝ $\pi d_2^2/4$

d_2：（S_2 水面）直徑（cm）

Δh：水位差＝ $h_2 - h_1$（cm）

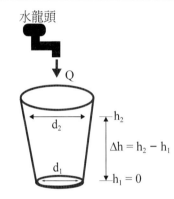

五、心得與討論

實驗2：水中固體物之測定

一、目的

(一) 瞭解水中固體物之形式。

(二) 學習水中固體物之測定。

(三) 瞭解水中固體物於水質分析之重要性。

二、相關知識

　　除純水外，飲用水、自來水、飲用水水源、地面水體、地下水、家庭污水、事業廢水、放流水、污泥及海域等水體中，均含有固體物（solid matter），而固體物又依存在形式及分析方法而有不同之分類，如圖 1 所示。

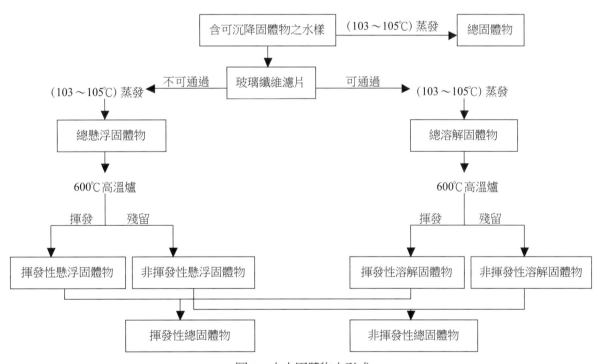

圖 1：水中固體物之形式

　　「總固體物（total solids，T.S.）」係指將攪拌均勻含有固體物之水樣，置於已知重量之蒸發皿中，移入 103～105℃之烘箱蒸乾至恆重，所增加之重量即為總固體物重。

　　「懸浮固體物（suspended solids，S.S.）」係指將攪拌均勻含有固體物之水樣，以已知重量之玻璃纖維濾片（Whatman grade 934AH；Pall type A/E；Millipore Type AP-40；E-D Scientific Specialties grade 161 或同級品）過濾，濾片移入 103～105℃烘箱中乾燥至恆重，

其所增加之重量即爲懸浮固體物重。

【註 1：濾紙孔隙大小、孔隙率、面積、厚度及過濾器形式，皆會影響過濾之結果。】

　　「總溶解固體物（total dissolved solids，T.D.S.）」係指將攪拌均勻含有固體物之水樣，以已知重量之玻璃纖維濾片過濾，可通過濾片之濾液，再經 103～105℃蒸發乾燥之殘留物；或將「總固體物重」減去「懸浮固體物重」即得「總溶解固體物重」。

(一) 水中總固體物（T.S.）濃度之測定

　　將水樣充分混合後，取適當之水樣量（固體物含量約在 2.5～200mg 間）於蒸發皿（需先洗淨、烘乾、冷卻、秤重）中，再將蒸發皿移至水浴或烘箱中蒸乾，蒸乾過程之溫度需低於水樣沸點 2℃，以避免突沸。俟水分快蒸乾時，將蒸發皿移入 103～105℃烘箱內 1 小時，再將其移入乾燥器內冷卻、秤重。重複烘乾、冷卻、秤重步驟，直至達恆重爲止（前後兩次重量差在 0.5mg 範圍內），經計算即可得水中總固體物（T.S.）濃度。

　　如前取之水樣量不足（固體物含量過少），可於前取之水樣乾燥後，續加入定量之水樣，以避免固體物含量過少而影響測定結果。

$$總固體物濃度（mg/L）= \frac{(A - B) \times 1000}{V}$$

A：總固體物及蒸發皿重（g）
B：蒸發皿重（g）
V：水樣體積（L）

(二) 水中懸浮固體物（S.S.）濃度之測定

　　將水樣充分混合後，取適當之水樣量（樣品量以能獲得 2.5 至 200mg 間之固體重，表 1 爲 SS 濃度與取樣過濾體積之參考）通過裝有玻璃纖維濾片之過濾裝置，再以 20cc 試劑水沖洗濾片 3 次，將可能殘留之溶解固體物洗出，取下濾片於烘箱以 103～105℃烘乾至少 1 小時，再將其移入乾燥器內冷卻後秤重。重複烘乾、冷卻、秤重步驟，至恒重爲止（前後兩次重量差在 0.5mg 範圍內），經計算即可得水中懸浮固體物（S.S.）濃度。

$$懸浮固體物濃度（mg/L）= \frac{(C - D) \times 1000}{V}$$

C：懸浮固體及濾片重（g）
D：濾片重（g）
V：水樣體積（L）

表1：SS 濃度與取樣過濾體積之參考表

SS濃度 （mg/L）	最少取樣過濾體積 V_1（cc）	最多取樣過濾體積 V_2（cc）	$V_1 \sim V_2$（cc）可測定 SS濃度範圍（mg/L）	建議取樣過濾 體積V（cc）
100	25	2000	2.5～200	1000
300	8.3	666.7	7.5～600	333
500	5	400	12.5～1000	200
750	3.3	266.7	18.8～1504	133
1000	2.5	200	25～2000	100
2000	1.25	100	50～4000	50
3000	0.83	66.6	76～6060	33
4000	**0.625**	**50**	**100～8000**	**25**
5000	0.5	40	125～10000	20
6000	0.417	33.3	147～11765	17
7000	0.357	28.6	175～13986	14.3
8000	0.313	25	200～16000	12.5
9000	0.278	22.2	225～18018	11.1
10000	0.25	20	250～20000	10

【註2】樣品量以能獲得 2.5 至 200 mg 間之固體重

例1：若水樣SS濃度 = 4000mg/L，樣品量以能獲得2.5至200mg間之固體重，則取樣過濾體積範圍為？（cc）

解：若固體重 = 2.5mg，設取樣過濾體積為V_1（cc），則

$$4000 = 2.5 / (V_1/1000)$$

$$V_1 = 0.625(cc)$$

若固體重 = 200mg，設取樣過濾體積為V_2（cc），則

$$4000 = 200 / (V_2/1000)$$

$$V_2 = 50(cc)$$

得取樣過濾體積範圍為：0.625～50cc。

例2：若取樣過濾體積V = 25（cc），測得固體重 = 2.5mg，則水樣之SS為？（mg/L）

解：SS = 2.5 / (25/1000) = 100(mg/L)

例3：若取樣過濾體積V = 25（cc），測得固體重 = 200mg，則水樣之SS為？（mg/L）

解：SS = 200 / (25/1000) = 8000(mg/L)

(三) 水中總溶解固體物（T.D.S.）濃度之測定

將水樣充分混合後，經玻璃纖維濾片過濾後所得之濾液置於蒸發皿中，再將蒸發皿移至水浴或烘箱中蒸乾，蒸乾過程之溫度需低於水樣沸點 2℃，以避免突沸。俟水分快蒸乾時，將蒸發皿移入 103～105℃烘箱內 1 小時，再將其移入乾燥器內冷卻、秤重。重複烘乾、冷卻、秤重步驟，直至達恆重為止（前後兩次重量差在 0.5mg 範圍內），經計算即可得水中總溶解

固體物（T.D.S.）濃度。

總溶解固體物濃度（mg/L）＝總固體物濃度（mg/L）－懸浮固體物濃度（mg/L）

或：總溶解固體物濃度（mg/L）＝ $\dfrac{(E-B)\times 1000}{V}$

E：總溶解固體物及蒸發皿重（g）
B：蒸發皿重（g）
V：水樣體積（L）

例1：精取水樣50.00cc於蒸發皿中，先置熱水浴加熱烘乾至水樣快乾時，移置103～105℃烘箱，每隔一段時間取出放乾燥器冷卻後秤重，結果記錄如下：

蒸發皿（乾）重（g）	68.3830			
烘箱烘乾時間（分）	0	60	80	90
烘箱中之（蒸發皿＋總固體物）重（g）	118.3830	68.4340	68.4220	68.4218
前後兩次重量差（g）	-	49.9490	0.0120	**0.0002**

(1) 約於何時達恆重？（前後兩次重量差在0.5mg範圍內）
解：由記錄結果可知，烘乾後80至90分鐘之重量差 ＝ 68.4220 － 68.4218 ＝ 0.0002(g) ＝ 0.2(mg) < 0.5(mg)
(2) 水樣之總固體物濃度為？（mg/L）
解：總固體物濃度 ＝〔(68.4218 － 68.3830)×1000〕/ (50.00/1000) ＝ 776.0(mg/L)

例2：另取例1.之水樣200.0cc，以玻璃纖維濾片過濾後，將濾片置103～105℃烘箱，每隔一段時間取出放乾燥器冷卻後秤重，結果記錄如下：

玻璃纖維濾片（乾）重（g）	0.1270			
烘箱烘乾時間（分）	0	30	50	60
烘箱中之（濾片＋懸浮固體物）重（g）	0.1820	0.1770	0.1760	0.1760
前後兩次重量差（g）	-	0.0050	0.0010	**0.0000**

(1) 約於何時達恆重？
解：由記錄結果可知，烘乾後80至90分鐘之重量差 ＝ 0.1760 － 0.1760 ＝ 0.0000(g) ＝ 0.0(mg) < 0.5(mg)
(2) 水樣之懸浮固體物濃度為？（mg/L）
解：懸浮固體物濃度 ＝〔(0.1760 － 0.1270)×1000〕/(200.0/1000) ＝ 245.0(mg/L)
(3) 水樣之總溶解固體物濃度為？（mg/L）
解：總溶解固體物濃度 ＝ 776.0 － 245.0 ＝ 531.0(mg/L)

「總溶解固體量」為水中多種可溶解物質之總稱，包括有：溶解性無機物（例如，碳酸氫根離子、氯鹽、硫酸鹽、鈣、鎂、鈉、鉀、…等無機鹽）及溶解性有機物。飲水中總溶解固體量對於該地區民眾患病率及死亡率並無明顯之直接關聯，因此一般將其視為影響適飲性之指標項目（味覺口感）。

　　「懸浮固體物」為水中多種不可溶解物質之總稱，包括有：顆粒狀無機物〔例如，微細砂粒、金屬粒子、低溶解度之離子化合物（例如，碳酸鈣、硫酸鈣、硫酸鉛、氫氧化鈣、氫氧化鐵、氫氧化鋁、……等）〕及顆粒狀有機物（例如，細菌、真菌、藻類、原生動物之草

履蟲、變形蟲、……等）。含懸浮固體物之各種事業廢水排入水體，會使水色混濁，降低水體透明度，降低藻類行光合作用，或導致水體缺氧，限制水生生物之正常活動，降低水體涵容能力；若灌溉水中含有懸浮性或沉澱性固體顆粒時，會使水色混濁，降低灌溉水品質，故環境水樣中固體物濃度於水質分析上相當重要。「放流水標準」中，對各事業放流水中懸浮固體物含量，均有詳細之規定，於污染程度之研判，其具有指標意義；另於污水處理單元設計上，懸浮固體物亦為去除之重點，其可用於評估處理方法之去除效率。

　　「自來水水質標準」、「飲用水水質標準」、「放流水標準」、「灌溉用水水質標準」中分別訂有「總溶解固體量」或「懸浮固體（物）」之水質標準（最大限值），僅列舉部分如表2所示。

表2：總溶解固體量、懸浮固體（物）之水質標準（105年最大限值）

自來水水質標準		總溶解固體量	800（mg/L）
飲用水水質標準		總溶解固體量 （Total Dissolved Solids）	500（mg/L）
放流水標準	（印染整理業）印花、梭織布染整者	懸浮固體	30（mg/L）
	紙漿製造業	懸浮固體	50（mg/L）
	造紙業	懸浮固體	30（mg/L）
	屠宰業	懸浮固體	80（mg/L）
	畜牧業(一)、(二)	懸浮固體	150（mg/L）
灌溉用水水質標準		懸浮固體物	100（mg/L）

三、器材與藥品

1.氯化鈉（NaCl）【需經105℃烘乾之前處理】	8.乾燥器（箱）
2.高嶺土【需經105℃烘乾之前處理】	9.圓盤（鋁或不鏽鋼）
3.蒸發皿（100cc，需洗淨、烘乾、冷卻）	10.鑷子
4.玻璃纖維濾片〔Whatman grade 934AH、Pall type A/E（或同等品）〕【大小尺寸需與過濾裝置配合】	11.刻度吸管
5.過濾裝置（含抽氣裝置）	12.量筒
6.分析天平（電動天平）：靈敏度0.1mg	13.燒杯
7.烘箱（可設定溫度103～105℃）	14.磁攪拌器（鐵氟龍被覆之磁石）
15.配製人工水樣1000cc（總固體物濃度800mg/L、總懸浮固體物濃度400mg/L、總溶解固體物濃度400mg/L）：秤0.4000g氯化鈉（NaCl）、0.4000g高嶺土（兩者皆需經105℃烘乾之前處理）溶解於試劑水配成1000cc之溶液。【註3：配製過程中可先觀察氯化鈉溶於水中之情形，再觀察高嶺土溶於水中之情形，有何差異？】	

四、實驗步驟、結果記錄與計算

(一) 計算人工水樣中之固體物濃度：以 0.4000g 氯化鈉（NaCl）、 0.4000g 高嶺土溶解於試劑水配成 1000cc 之溶液，計算已配製人工水樣中所含固體物之濃度。

【註 4：高嶺土（又稱皂土）是一種高嶺石為主要成分的黏土礦物，富含矽、鋅、鎂、鋁等礦物質，化學分子簡式：$Al_4(Si_4O_{10})OH_6$，除 Al_2O_3 外，還含 SiO_2，化學成分相當穩定。質純的高嶺土呈白色軟泥狀，顆粒細膩，狀似麵粉，於水中易呈分散懸浮態，具良好可塑性、高黏結性、優良電絕緣性能、良好的抗酸溶性、很低的陽離子交換量、較佳的耐火性等理化性質。為造紙、陶瓷、橡膠、化工、塗料、醫藥和國防等工業所必需之礦物原料。】

		項目		
人工水樣	①	氯化鈉（NaCl）W_1 重（mg）【可溶於水之固體物】		
	②	高嶺土重（mg）W_2【視為不可溶於水之固體物】		
	③	配製成溶液體積（V）【1L = 1000cc】	（cc）	（L）
	④	總溶解固體物濃度 = W_1/V（mg/L）		
	⑤	總懸浮固體物濃度 = W_2/V（mg/L）		
	⑥	總固體物濃度 = $(W_1 + W_2)/V$（mg/L）		

(二) 總固體物濃度

1. 蒸發皿之準備：將洗淨之蒸發皿置於 103～105℃烘箱中 1 小時，移入乾燥器內冷卻備用，使用前稱重，記錄之。

2. 先將人工水樣充分攪拌混合後，以量筒移取 50cc 水樣量於已稱重之蒸發皿中，先以水浴槽蒸乾水樣體積至殘餘約 1～2cc。【註 5：水樣移取過程中可以玻棒或磁石攪勻，以避免固體物沉澱。蒸乾過程之溫度需低於沸點 2℃，以避免水樣突沸。】

3. 再將蒸發皿移入 103～105℃烘箱內烘乾（約 40～50 分鐘）後，再將之移入乾燥箱內，冷卻後稱重，記錄之。

4. 重複上述烘乾（約 15～20 分鐘）、乾燥箱冷卻、稱重（記錄之）之步驟，直到恆重為止（前後兩次之重量差在 0.5mg 範圍內）。

5. 結果記錄與計算，如下：

	項　目	結果記錄與計算	
①	蒸發皿（乾）重W_0（g）【蒸發皿編號：　　　　　】		
②	水樣體積V（L）〔1L = 1000cc.〕	（cc）	（L）

（續下表）

③	〔蒸發皿＋水樣（含總固體物）〕 置 105℃烘箱，直到恆重為止 【前後兩次之重量差在0.5mg範圍內】	時間	____ ： ____	第1次秤重(g)		
			____ ： ____	第2次秤重(g)		
			____ ： ____	第3次秤重(g)		
			____ ： ____	第4次秤重(g)		
			____ ： ____	第5次秤重(g)		
④	達恆重後〔蒸發皿＋總固體物〕之乾重W_1（g）					
⑤	總固體物乾重＝〔（蒸發皿＋總固體物）之乾重－蒸發皿乾重〕 　　　　　　＝$(W_1 - W_0)$（g）					（g）
⑥	總固體物乾重 $(W_1 - W_0) \times 1000$(mg)　　【1g＝1000mg】					（mg）
⑦	總固體物濃度＝$(W_1 - W_0) \times 1000/V$(mg/L)					

【註6】總固體物濃度（mg/L）＝總固體物乾重（mg）／水樣體積（L）

(三) 懸浮固體物濃度

1.玻璃纖維濾片之準備：

(1) 小蒸發皿之準備：將洗淨之小蒸發皿置於 103～105℃烘箱中 1 小時，移入乾燥器內冷卻備用，使用前稱重，記錄之。

(2) 以鑷子取 1 張玻璃纖維濾片，將濾片皺面朝上舖於過濾裝置上，打開抽氣裝置，連續各以 20cc 試劑水沖洗 3 次，繼續抽氣至除去所有之水分。

(3) 將濾片取下置於小蒸發皿（或不鏽鋼圓盤）中，移入烘箱中以 103～105℃烘乾（約 40～50 分鐘）後，再將之移入乾燥箱內，冷卻後稱重，記錄之。

(4) 重複上述烘乾（約 10～15 分鐘）、乾燥箱冷卻、稱重（記錄之）之步驟，直到恆重為止（前後兩次之重量差在 0.5mg 範圍內）。

(5) 將置有濾片之蒸發皿（或不鏽鋼圓盤）保存於乾燥箱內備用。

(6) 結果記錄與計算，如下：

	項　目				結果記錄與計算
①	蒸發皿（乾）重W_0（g）【蒸發皿編號：　　　】				
②	〔（蒸發皿＋濾片）之濕重〕 置 105℃烘箱，直到恆重為止 【前後兩次之重量差在 0.5mg 範圍內】	時間	____ ： ____	第 1 次秤重（g）	
			____ ： ____	第 2 次秤重（g）	
			____ ： ____	第 3 次秤重（g）	
③	達恆重後（蒸發皿＋玻璃纖維濾片）之乾重W_1（g）				
④	玻璃纖維濾片之（乾）重＝〔（蒸發皿＋玻璃纖維濾片）之乾重－蒸發皿乾重〕 　　　　　　　　＝$(W_1 - W_0)$（g）				

2. 樣品分析

(1) 以鑷子取 1.備用之濾片，稱重記錄之；裝於過濾裝置上，以少量的試劑水將濾片定位。

(2) 先將水樣充分攪拌混合後，以量筒移取 100～200cc 之水樣量（記錄之），使通過過濾裝置。【註 7：水樣移取過程中可以玻棒或磁石攪勻，以避免固體物沉澱。另水樣量愈多，則過濾時間愈長；若過濾時間超過 10 分鐘以上，則可加大濾片之尺寸或減少水樣之體積。】

(3) 過濾結束，繼續抽氣；再分別以 20cc 試劑水沖洗濾片 3 次，待洗液流盡後繼續抽氣約 3 分鐘。

(4) 將濾片取下移入乾淨之蒸發皿（或不鏽鋼圓盤）中，再移入烘箱中以 103～105℃烘乾（約 30 分鐘）後，再將之移入乾燥箱內，冷卻後稱重（含固體物）濾片，記錄之。【註 8：此處之蒸發皿（或不鏽鋼圓盤）不需稱重記錄。】

(5) 重複上述烘乾（約 15～20 分鐘）、乾燥箱冷卻、稱重（含固體物）濾片（記錄之）之步驟，直到恆重為止（前後兩次之重量差在 0.5mg 範圍內）。

(6) 結果記錄與計算，如下：

	項　目			結果記錄與計算	
①	玻璃纖維濾片之（乾）重W_0（g）【蒸發皿編號：　　　】				
②	水樣體積V（L）〔1L＝1000cc〕			（cc）	（L）
③	〔（濾片＋懸浮固體物）之重〕置 105℃烘箱，直到恆重為止【前後兩次之重量差在 0.5mg 範圍內】	時間	：　　第 1 次秤重（g）		
			：　　第 2 次秤重（g）		
			：　　第 3 次秤重（g）		
			：　　第 4 次秤重（g）		
			：　　第 5 次秤重（g）		
④	達恆重後之〔濾片＋懸浮固體物〕之乾重W_1（g）				
⑤	懸浮固體物乾重＝〔（濾片＋懸浮固體物）之乾重－濾片乾重〕 $=(W_1 - W_0)$（g）				（g）
⑥	懸浮固體物乾重 $=(W_1 - W_0) \times 1000$（mg）　【1g＝1000mg】				（mg）
⑦	懸浮固體物濃度 $=(W_1 - W_0) \times 1000/V$（mg/L）				

【註 9】懸浮固體物濃度（mg/L）＝懸浮固體物（乾）重（mg）／水樣體積（L）

(四) 總溶解固體物濃度

1. 如僅需測定總溶解固體物濃度，則將水樣先經玻璃纖維濾片過濾後，其濾液再依〔實驗步驟 (二)〕進行測定，即可得總溶解固體物濃度。【註 10：或可以下式計算之：〔總溶解固體物濃度（mg/L）＝總固體物濃度（mg/L）－懸浮固體物濃度（mg/L）〕。】

2. 結果記錄與計算，如下：

項　目				結果記錄與計算	
①	蒸發皿（乾）重W_o（g）　【蒸發皿編號：　　　】				
②	水樣體積V（L）〔1L＝1000cc〕			（cc）	（L）
③	〔蒸發皿＋水樣（含總溶解固體物）〕 置105℃烘箱，直到恆重爲止 【前後兩次之重量差在0.5mg範圍內】	時間	＿＿＿：＿＿＿ 第1次秤重（g）		
			＿＿＿：＿＿＿ 第2次秤重（g）		
			＿＿＿：＿＿＿ 第3次秤重（g）		
			＿＿＿：＿＿＿ 第4次秤重（g）		
			＿＿＿：＿＿＿ 第5次秤重（g）		
④	達恆重後之〔蒸發皿＋總溶解固體物〕之乾重W_1（g）				
⑤	總溶解固體物乾重＝〔（蒸發皿＋總溶解固體物）之乾重－蒸發皿乾重〕 　　　　　　　＝$(W_1 - W_o)$（g）			（g）	
⑥	總溶解固體物乾重＝$(W_1 - W_o) \times 1000$（mg）　　　【1g＝1000mg】			（mg）	
⑦	總溶解固體物濃度（mg/L）＝總溶解固體物乾重（mg）／水樣體積（L） 　　　　　　　　　　　＝$(W_1 - W_o) \times 1000/V$				
⑧	總溶解固體物濃度（mg/L）＝總固體物濃度（mg/L）－懸浮固體物濃度（mg/L）				

【註11】總溶解固體物濃度（mg/L）＝總溶解固體物乾重（mg）／水樣體積（L）

　　　或：總溶解固體物濃度（mg/L）＝總固體物濃度（mg/L）－懸浮固體物濃度（mg/L）

【註12】廢液分類處理原則 — 依一般無機廢液處理。

五、心得與討論

_____

_____

_____

_____

_____

_____

_____

_____

_____

_____

_____

_____

_____

_____

_____

實驗 3：水中濁度之測定

一、目的

(一) 瞭解水中濁度之意義及來源。

(二) 學習水中濁度之測定。

(三) 瞭解濁度於水質分析時之重要性。

二、相關知識

(一) 濁度之形成及來源

　　當水中含有懸浮物質，外觀會呈混濁樣態，光線通過時將產生散射現象。於水質分析係以「濁度（Turbidity）」表示水樣之混濁程度；一般而言，光線通過含懸浮物質之水樣時，散射光強度愈大者其濁度亦愈大。

　　形成水中濁度之懸浮物質，其大小可由微細之膠體粒子（1～100nm）到較粗大而分散之懸浮顆粒，來源如黏土、火山灰、淤泥、有機微粒、無機微粒、微生物、浮游生物等。

　　靜態的水體，如湖泊、潭、水庫等，其濁度以分散而微小之膠體粒子為多；動態的水體，如河川、溪流等，其濁度以分散而稍大之顆粒為多。

　　自然界水體中之濁度物質主要來自降雨時地表逕流沖蝕土壤後進入水體，土壤中之有機、無機微粒均會形成水中濁度；家庭污水、事業廢水、垃圾掩埋場之垃圾滲出水等進入水體，其所挾帶之有機、無機微粒亦會增加水中濁度；另當營養物質進入水體，會促進水中微生物生長繁殖更增加濁度，例如，農業施肥、畜牧廢水或含大量清潔劑之家庭污水中常含有大量氮、磷成分，易使湖泊、潭、水庫等水體之藻類異常繁殖，亦增加水中濁度。

(二) 濁度測定原理

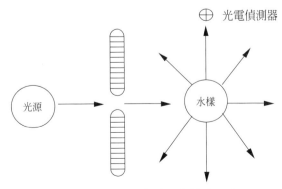

圖 1：散射濁度計基本構造示意

在特定條件下，比較水樣和「標準參考濁度懸浮液」對特定光源散射光的強度，以測定水樣的濁度。散射光強度愈大者，其濁度亦愈大。

1. 標準參考濁度懸浮液

係配製「Formazin 濁度懸浮液」作爲「標準濁度懸浮液」；亦可使用市售之合格標準濁度懸浮液。【註 1：「Formazin 濁度懸浮液」之配製可參見行政院環境保護署公告之「水中濁度檢測方法 —— 濁度計法（NIEA W219.52C）」。】

2. 濁度計

(1) 濁度測定使用濁度計，含照射樣品的光源和一個或數個光電偵測器及一個讀數計，能顯示出與入射光呈 90 度角之散射光強度。圖 1 爲散射濁度計基本構造示意。

(2) 樣品試管必須爲乾淨無色透明之玻璃管，當管壁有刻痕或磨損時，即應丟棄。光線通過之部位不可用手握持，惟可增加試管長度或裝一保護匣，使試管可以握持。使用過之試管可用肥皂水清洗，再用試劑水沖洗多次後，晾乾備用。不可使用刷子清洗試管。

(3) 濁度計校正：使用前需先以適當之標準濁度懸浮液於各濁度範圍校正，或依照製造商提供之儀器操作手冊之說明校正儀器。

3. 濁度測定：

搖動水樣使固態顆粒均勻分散，待氣泡消失後，將水樣倒入樣品試管中，直接從濁度計讀取濁度值。以此方法測得之濁度稱爲「散射濁度單位（Nephelometric turbidity unit，NTU）」。

4. 濁度測定之干擾

(1) 水樣中漂浮碎屑和快速沉降的粗粒沉積物會使濁度值偏低。

(2) 微小的氣泡會使濁度值偏高。

(3) 水樣中因含溶解性物質而產生顏色時，該溶解性物質會吸收光而使濁度值降低。

(4) 若裝樣品之玻璃試管不乾淨或振動時，所得的結果將不準確。

5. 濁度之計算：

濁度測定之水樣原則不予稀釋；但水樣濁度過高時（如暴雨過後，溪河之水濁度飆高），以無濁度水稀釋之，則原水樣濁度估算如下式：

$$原水樣濁度（NTU）= \frac{〔A \times (B+C)〕}{C}$$

A：稀釋後水樣之濁度（NTU）

B：稀釋時使用無濁度水之體積（cc）

C：原水樣體積（cc）

【註 2：(1) 實際上，原水樣稀釋前之濁度與稀釋後之濁度，未必與稀釋倍數成比例關係，以上計算式僅供估算參考。(2) 形成水中濁度之懸浮顆粒，其種類、樣態繁多，微觀上其大小、幾何形狀各異，呈非均勻態，故原水樣經稀釋後，其濁度物質散射光之能力，並非成比例降低。】

例1：暴雨後，取河川表面水50.0cc，初測濁度超過濁度計讀值範圍，以無濁度試劑水1650cc稀釋之，稀釋後水樣測其濁度為33NTU，則原水樣濁度為？（NTU）

解：原水樣濁度（NTU）＝〔33×(1650＋50.0)〕/50.0＝1122 (NTU)≒1100 (NTU)

例2：暴雨後，取河川表面水50.0cc，初測濁度約為950NTU，以無濁度試劑水稀釋之，稀釋後水樣測其濁度為16NTU，則原水樣稀釋使用之無濁度試劑水為？（cc）

解：設原水樣稀釋使用之無濁度試劑水為B（cc），則

　　　950＝〔16×(B＋50.0)〕/50.0

　　　B＝2918.8(cc)

(三)「濁度」於水質分析時之重要性

1. 於飲用水及公共給水中，濁度高的水，外觀上予人不潔淨之感覺，於飲水時易遭排拒。

2. 淨水程序操作之影響

   (1) 混凝沉澱時，濁度高之水，可能增加混凝劑加藥量、增加沉澱污泥量或使沉澱池效率不佳。另於瓶杯試驗時，濁度之分析可決定最佳混凝劑種類、加藥量及最佳 pH 選擇之依據。

   (2) 過濾池遇濁度高之水，會降低過濾效率並縮短濾程。

   (3) 消毒程序中，濁度高之水其微粒表面較易附著有致病菌，妨礙消毒劑之作用，降低消毒效率，並會增加消毒劑用量。

3. 當自來水用戶水龍頭出水之濁度有異常增加時，可研判自來水之配水系統是否受到污染或輸水管線有腐蝕問題。

4. 「飲用水水源水質標準」第 6 條：地面水體或地下水體作為社區自設公共給水、包裝水、盛裝水及公私場所供公眾飲用之連續供水固定設備之飲用水水源者，其單一水樣水質規定，濁度之最大限值為 5NTU。

5. 「飲用水水質標準」第 3 條：濁度之最大限值為 2NTU。第 4 條：自來水、簡易自來水、社區自設公共給水因暴雨或其他天然災害致飲用水水源濁度超過 200NTU 時，其飲用水水質濁度得適用下列水質標準：

項目	最大限值	單位
濁度 （Turbidity）	4（水源濁度在500NTU以下時）	NTU
	10（水源濁度超過500NTU，而在1500NTU以下時）	
	30（水源濁度超過1500NTU時）	

6. 「自來水水質標準」第 4 條：自來水水質濁度最大容許量如下

   (1) 水源濁度在 500 濁度單位（NTU）以下：4 個濁度單位（NTU）。

   (2) 水源濁度超過 500 濁度單位（NTU）至 1500 濁度單位（NTU）：10 個濁度單位（NTU）。

   (3) 水源濁度超過 1500 濁度單位（NTU）：30 個濁度單位（NTU）。

三、器材與藥品

1. 濁度計（含標準濁度懸浮液、濁度計用樣品試管）
2. 玻璃試管（≥ 50cc，盛裝待測水樣用）
3. 高嶺土
4. 未知濁度之水樣：地表水（溪、河、湖泊、潭、水庫）、自來水、雨水、地下水【每組各50cc】

四、實驗步驟、結果記錄與計算

(一) 稀釋調配不同高嶺土濃度之人工水樣

1. 配製含濁度之人工水樣（高嶺土濃度：0.500g/L）1000cc：秤取 0.500g 高嶺土，傾入試劑水中定容至 1000cc，攪拌均勻之，得高嶺土濃度：0.500g/L 或 500mg/L。
2. 取 50 或 100cc 量筒，依下表取已配製含濁度之人工水樣（高嶺土濃度：0.500g/L 或 500mg/L）體積，並依下表稀釋調配之，每一水樣各取體積 50cc，置入試管中備用：取水樣時，應充分攪拌均勻。

①	人工水樣之高嶺土濃度	0.500g/L 或 500mg/L						
②	水樣編號	1	2	3	4	5	6	7
③	取原人工水樣體積C（cc）	1	5	10	20	30	40	50
④	稀釋時使用無濁度水之體積B（cc）	49	45	40	30	20	10	0
⑤	稀釋倍數	50	10	5	2.5	1.67	1.25	1
⑥	稀釋後高嶺土濃度（mg/L）	10	50	100	200	300	400	500

【註3】稀釋倍數＝（原水樣體積 C＋稀釋時使用無濁度水之體積 B）／原水樣體積 C

(二) 濁度計校正：使用前需先以適當之標準濁度懸浮液於各濁度範圍校正，或依照製造商提供之儀器操作手冊之說明校正儀器。

(三) 濁度測定：搖動水樣使固態顆粒均勻分散，待氣泡消失後，將水樣倒入樣品試管中，直接從濁度計讀取濁度值。

1. 水樣之濁度應記錄至下表所列之最近值。

濁度（NTU）	0.0～1.0	1～10	10～40	40～100	100～400	400～1000	>1000
最近值	0.05	0.1	1	5	10	50	100

2. 人工水樣：取 (一) 之（稀釋）人工水樣，測定各濁度；結果記錄如下：

①	水樣編號	1	2	3	4	5	6	7
②	原人工水樣體積C（cc）	1	5	10	20	30	40	50
③	稀釋時使用無濁度水之體積B（cc）	49	45	40	30	20	10	0
④	稀釋倍數	50	10	5	2.5	1.67	1.25	1
⑤	高嶺土濃度（mg/L）（X軸）	10	50	100	200	300	400	500
⑥	稀釋後水樣之濁度A（NTU）（Y軸）							
⑦	（還原為稀釋前）原人工水樣濁度（NTU）　【註4】							

【註4】原水樣濁度（NTU）＝〔A×(B＋C)〕/C

　　　A：稀釋後水樣之濁度（NTU）

　　　B：稀釋時使用無濁度水之體積（cc）

　　　C：原水樣體積（cc）

3. 試繪圖（人工水樣），X 軸：高嶺土濃度（mg/L）－Y 軸：稀釋後水樣之濁度 A（NTU）於方格紙

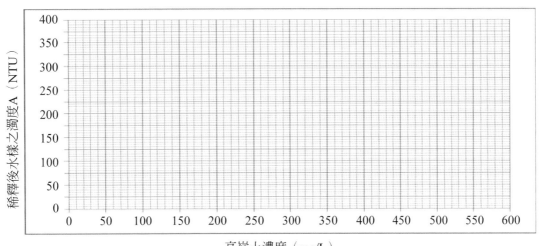

4. 未知濁度之水樣：取地表水（溪、河、湖泊、潭、水庫）、自來水、雨水、地下水或人工水樣，各約 50cc，測定濁度；結果記錄如下表：

①	水樣編號	1	2	3	4	5	6
②	水樣種類						
③	濁度（NTU）						

(四) 廢液分類處理原則：依一般無機廢液處理。

五、心得與討論

實驗 4：水中電解質導電度之測定

一、目的

(一) 瞭解電解質的概念。

(二) 利用導電度之測定，瞭解電解質、非電解質於水中之導電性質。

二、相關知識

化合物溶於水，可以導電者爲「電解質（electrolyte）」；不能導電者爲「非電解質（non-electrolyte）」。

溶於水之電解質能導電，非電解質不能導電，說明下：

(一) 電解質溶於水，生成帶正電荷之陽離子和帶負電荷之陰離子，其陰、陽離子之總電量相等而電荷相異，故水溶液呈電中性。此現象於離子化合物稱爲解離作用，於酸、鹼稱爲游離作用。

(二) 陰、陽離子於水中能自由游（移）動，當電流通入含電解質溶液時，陽離子會向陰極移動，陰離子會向陽極移動；由於帶正、負電荷離子移動於兩極之間形成電流，使含電解質溶液能導電。

「強電解質」係指於水中溶解度較大者之離子化合物，例如，25℃時，氯化鈉（NaCl）於 100cc 水之溶解度爲 35.9g，能完全解離生成氯離子（Cl^-）、鈉離子（Na^+），即 $NaCl_{(aq)} \rightarrow Cl^-_{(aq)} + Na^+_{(aq)}$。於水中解離度較大者之極性共價化合物，例如，氫氯（鹽）酸（HCl）於水中，能完全解離生成氯離子（Cl^-）、氫離子（H^+），即 $HCl_{(aq)} \rightarrow Cl^-_{(aq)} + H^+_{(aq)}$。

「弱電解質」係指於水中溶解度較小者之離子化合物，例如，25℃時，氯化銀（AgCl）溶於水成飽和溶液，解離生成氯離子（Cl^-）、銀離子（Ag^+），其濃度皆爲 $1.7 \times 10^{-5}M$，即 $AgCl_{(s)} \rightarrow Cl^-_{(aq)} + Ag^+_{(aq)}$。於水中解離度較小者之極性共價化合物，例如，醋酸（CH_3COOH）於水中，僅少部分解離生成醋酸根離子（CH_3COO^-）、氫離子（H^+），即 $CH_3COOH_{(aq)} \rightleftharpoons CH_3COO^-_{(aq)} + H^+_{(aq)}$。

「非電解質」係指於水中不論溶解度大小，皆不會解離之共價化合物，例如，25℃時，葡萄糖（$C_6H_{12}O_6$）於 100cc 水之溶解度爲 110g，但其不能解離生成離子，即 $C_6H_{12}O_{6(aq)} \rightarrow C_6H_{12}O_{6(aq)}$。

表 1 列出部分之電解質及非電解質。

表 1：部分之電解質及非電解質

電解質	強電解質	離子化合物（於水中溶解度較大者）| 例如：氯化鈉（NaCl）、氯化鉀（KCl）、氫氧化鈉（NaOH）、氫氧化鉀（KOH）、氯化鈣（CaCl$_2$）、硝酸鈉（NaNO$_3$）、硝酸鉀（KNO$_3$）、碳酸鈉（Na$_2$CO$_3$）、硫酸鈉（Na$_2$SO$_4$）、…等
		極性共價化合物（於水中解離度較大者）| 例如：氫氯（鹽）酸（HCl）、硝酸（HNO$_3$）、硫酸（H$_2$SO$_4$）、亞硫酸（H$_2$SO$_3$）、亞氯酸（HClO$_2$）、磷酸（H$_3$PO$_4$）
	弱電解質	離子化合物（於水中溶解度較小者）| 例如：硫化汞（HgS）、硫化銀（AgS）、氫氧化鐵（Fe(OH)$_3$）、硫化銅（CuS）、氫氧化鋁（Al(OH)$_3$）、硫化鉛（PbS）、…、氯化銀（AgCl）、碳酸鈣（CaCO$_3$）、…等
		極性共價化合物（於水中解離度較小者）| 例如：氫氰酸（HCN）、氫硫酸（H$_2$S）、次氯酸（HClO）、碳酸（H$_2$CO$_3$）、醋酸（CH$_3$COOH）、氨水（NH$_3$·H$_2$O）、聯氨（N$_2$H$_4$）、羥氨（HONH$_2$）、水（H$_2$O）、…等
非電解質	共價化合物（於水中不游離者）|	例如：葡萄糖（C$_6$H$_{12}$O$_6$）、蔗糖（C$_{12}$H$_{22}$O$_{11}$）、尿素（(NH$_2$)$_2$CO）、甘油（丙三醇C$_3$H$_5$(OH)$_3$）、醇類R-OH（如乙醇C$_2$H$_5$OH）、醚類（R-O-R'）、酮類（R-CO-R'）、醛類（R-COH）、…等

【註 1】溶解度、解離度較大或較小者，常為相對之概念。

　　水溶液之導電能力，常以「導電度（Electrical Conductivity，EC）」表示，即定溫時，將電流通過 1cm^2 截面積、長 1cm 之液柱時電阻（Resistance）之倒數，單位為 mho/cm（姆歐／公分）。當水溶液之導電度較小時，以 10^{-3}mho/cm（姆歐／公分）表示，記為 mmho/cm（毫姆歐／公分），即 1 mmho/cm = 1×10^{-3}mho/cm；或以 10^{-6}mho/cm（姆歐／公分）表示，記為 μmho/cm（微姆歐／公分），即 1μmho/cm = 1×10^{-6}mho/cm。

【註 2：Electrical Conductivity（EC）有翻譯為「導電度」或「電導度」，單位中之「mho（姆歐）」係由電阻單位「ohm（歐姆）」的字母順序顛倒而得，或有以上下顛倒的「Ω」來表示；現常見使用單位為「西門子〔Siemens，（S）〕」，「導電度」單位：1mho/cm = 1 姆歐／公分 = 1S/cm。】

　　標準導電度溶液係選用 0.01M（N）氯化鉀溶液，表 2 所示為 0.01M（N）標準氯化鉀溶液於不同溫度時之導電度值；以標準導電度溶液先行校正「導電度計」後，再測定水樣（水或廢污水）之導電度。

表 2：0.01M（N）標準氯化鉀溶液於不同溫度時之導電度值

溫度（℃）	15	16	17	18	19	20	21	22	23
導電度（μmho/cm）	1142	1169	1196	1223	1250	1277	1304	1331	1358
溫度（℃）	24	25	26	27	28	29	30	31	32
導電度（μmho/cm）	1385	1412	1439	1466	1493	1525	1554	1584	1613

例1：25℃、0.010M氯化鉀（KCl）溶液1000cc，應如何配製？【原子量：K = 39.10、Cl = 35.45】
解：氯化鉀（KCl）莫耳質量 = 39.10 + 35.45 = 74.55（g/mole）
　　　設秤取標準級氯化鉀（105℃烘乾2小時）W（g），則
　　　0.010 = (W/74.55)/(1000/1000)
　　　W = 0.7455（g）
　　　溶解0.7455g標準級氯化鉀（105℃烘乾2小時）於去離子試劑水中，（25℃）再稀釋至1000cc；即得。

　　水溶液之導電度與溫度有關（標準溫度為 25℃），若有溫度測定補償裝置者，則直接由導電度計讀值、記錄即可；若無溫度測定補償裝置者，則以下式計算：【註 3：溫度補償（Temperature compensation）：因待測溶液之溫度可能不是 25℃，為標準化計，將異於 25℃ 之待測溶液之導電度值計算至 25℃時的值，此即為溫度補償。】

$$k_{25} = \frac{k_t}{1 + 0.019 \times (t - 25)} \quad (\text{mmho/cm 或 μmho/cm})$$

式中：

k_{25} = 換算成 25℃時之導電度（mmho/cm 或 μmho/cm）【註 4：1mmho/cm = 1000μmho/cm】
k_t = 在 t℃時測得之導電度（mmho/cm 或 μmho/cm）【註 5：1μmho/cm = 1×10⁻³mmho/cm】

例2：A水樣於18℃時，經導電度計測得導電度（k_t）為1223μmho/cm；B水樣於29℃時，經導電度計測得導電度（k_t）為152.5mmho/cm。換算成25℃時之導電度各為？（μmho/cm）
解：設A水樣、B水樣於25℃時之導電度各為k_{A25}、k_{B25}（μmho/cm），代入
　　　$k_{25} = k_t / [1 + 0.0191(t - 25)]$
　　　$k_{A25} = 1223/[1 + 0.0191(18 - 25)] = 1412(\text{μmho/cm}) = 1.412 \times 10^3 (\text{μmho/cm})$
　　　$k_{B25} = 152.5/[1 + 0.0191(29 - 25)] = 141.7(\text{mmho/cm}) = 141.7 \times 10^3 (\text{μmho/cm}) = 1.417 \times 10^5 (\text{μmho/cm})$

　　水溶液中所含電解質種類愈多、離子濃度愈高，電阻愈小，其導電能力愈大，「導電度」愈大；所含電解質種類愈少、離子濃度愈低，電阻愈大，其導電能力愈小，「導電度」愈小。
　　於農業灌溉用水，若水中之離子（如 NO_3^-、NH_4^+、PO_4^{3-}、K^+、Ca^{2+}、Mg^{2+}、SO_4^{2-}、Na^+、HCO_3^-、Cl^-）濃度過高，將使土壤鹽化，作物葉片末端或邊緣成焦黑狀，甚或落葉或凋萎，故「灌溉水質標準」訂有「電導度（EC）」，其限值為 750（μS/cm，25℃）。
　　行政院環境保護署公告之「水質檢測方法總則」，將實（檢）驗室用之試劑水品質，依組成成分含量，分為四個等級，如表 3 所示。

表3：試劑水品質等級區分

水質參數 ＼ 等級區分	超高	高	中	低
電阻值，megohm‑cm，25 ℃	> 16	> 10	> 1	0.1
導電度，mmho /cm，25℃	**< 0.06**	**< 0.1**	**< 1**	**10**
二氧化矽，mg / L	< 0.05	< 0.05	< 0.1	< 1

　　需注意者：量測水質之「導電度」，僅可以得知水中離子之導電能力大小，但無法得知含有哪些種類之離子，亦無法得知所含非電解質之種類及濃度。

例3：氯化氫水溶液（鹽酸）為強酸，於水中視為完全解離，試計算：【註6：水解離之$[H^+] = [OH^-] = 1.0 \times 10^{-7}$ M，忽略不計。】

(1) 0.1M鹽酸（HCl）水溶液中，氯離子（Cl^-）、氫離子（H^+）各為？（mole/L）

解：鹽酸（HCl）為強酸，於水中能完全解離生成氯離子（Cl^-）、氫離子（H^+），即

$$HCl_{(aq)} \rightarrow Cl^-_{(aq)} + H^+_{(aq)}$$

開始時：　　　0.1　　　　0　　　　　0

平衡時：　　　0　　　　　0.1　　　　0.1

即0.1M鹽酸（HCl）水溶液中，氯離子（Cl^-）= 0.1（mole/L）、氫離子（H^+）= 0.1（mole/L）

(2) 0.01M鹽酸（HCl）水溶液中，氯離子（Cl^-）、氫離子（H^+）各為？（mole/L）

解：鹽酸（HCl）於水中，能完全解離生成氯離子（Cl^-）、氫離子（H^+），即

$$HCl_{(aq)} \rightarrow Cl^-_{(aq)} + H^+_{(aq)}$$

開始時：　　　0.01　　　　0　　　　　0

平衡時：　　　0　　　　　0.01　　　　0.01

即0.01M鹽酸（HCl）水溶液中，氯離子（Cl^-）= 0.01（mole/L）、氫離子（H^+）= 0.01（mole/L）

例4：醋酸（CH_3COOH）為弱酸，於水中僅部分解離，醋酸的解離平衡常數$K_a = 1.8 \times 10^{-5}$（25℃）。試計算【註7：水解離之$[H^+] = [OH^-] = 1.0 \times 10^{-7}$ M，忽略不計。】

(1) 0.1M醋酸（CH_3COOH）溶液中之$[CH_3COOH]$、$[CH_3COO^-]$、$[H^+]$及解離度（α）各為？

解：

$$CH_3COOH_{(aq)} \rightleftharpoons CH_3COO^-_{(aq)} + H^+_{(aq)}$$

開始時：　　0.1　　　　　　　0　　　　　　　0

平衡時：　　0.1 − x　　　　　x　　　　　　　x

$K_a = [CH_3COO^-][H^+]/[CH_3COOH]$

$1.8 \times 10^{-5} = (x)(x)/(0.1 - x) = x^2/(0.1 - x)$

$1.8 \times 10^{-5} \times (0.1 - x) = x^2$

$x^2 + 1.8 \times 10^{-5}x - 1.8 \times 10^{-6} = 0$

$x = 1.33 \times 10^{-3}(M) = [CH_3COO^-] = [H^+]$

$[CH_3COOH] = 0.1 - 1.33 \times 10^{-3} \fallingdotseq 9.867 \times 10^{-2}$ (M)

0.1M醋酸（CH_3COOH）溶液之解離度（α）= $(1.33 \times 10^{-3}/0.1) \times 100\% = 1.33\%$

(2) 0.01M醋酸（CH_3COOH）溶液中之$[CH_3COOH]$、$[CH_3COO^-]$、$[H^+]$及解離度（α）各為？

解：

$$CH_3COOH_{(aq)} \rightleftharpoons CH_3COO^-_{(aq)} + H^+_{(aq)}$$

開始時：　　0.01　　　　　　0　　　　　　　0

平衡時：　　0.01 − y　　　　y　　　　　　　y

$K_a = [CH_3COO^-][H^+]/[CH_3COOH]$

$1.8 \times 10^{-5} = (y)(y)/(0.01 - y) = y^2/(0.1 - y)$

$1.8 \times 10^{-5} \times (0.01 - y) = y^2$

$y^2 + 1.8 \times 10^{-5}y - 1.8 \times 10^{-7} = 0$

$y = 4.15 \times 10^{-4}(M) = [CH_3COO^-] = [H^+]$

$[CH_3COOH] = 0.01 - 4.15 \times 10^{-4} \fallingdotseq 9.585 \times 10^{-3}$ (M)

0.01M醋酸（CH_3COOH）溶液之解離度（α）= $(4.15 \times 10^{-4}/0.01) \times 100\% = 4.15\%$

三、器材與藥品

1.溫度計（可讀至0.1℃）	4.自來水【每組50cc】
2.燒杯（50cc、200cc）	5.溪（或河、湖、潭、池）水【每組50cc】
3.去離子試劑水	6.廢（污）水處理廠之放流水【每組50cc】

7.水浴設備（有恆溫裝置）【註6】導電度計附有溫度測定及補償裝置者，則不需此設備。
8.0.1M氯化鉀（KCl）溶液1000cc：取1000cc定量瓶，溶解7.4550g標準級氯化鉀（105℃烘乾2小時）於去離子試劑水中，稀釋至標線。【每組50cc】
9.0.01M氯化鉀（KCl）溶液1000cc：取100cc 0.1M氯化鉀溶液於1000cc定量瓶中，加入去離子試劑水，稀釋至刻度線。或取1000cc定量瓶，溶解0.7455g標準級氯化鉀（105℃烘乾2小時）於去離子試劑水中，稀釋至標線。【每組50cc】
10.0.1M鹽酸（HCl）溶液1000cc：取1000cc定量瓶，內裝約800～900cc去離子試劑水；以裝安全吸球之刻度吸管吸取8.30cc濃鹽酸（HCl，約36～37%），沿定量瓶內壁緩緩加入，將定量瓶蓋上蓋子，左右輕輕搖動使均勻；再加入試劑水至標線，搖勻之。【每組90cc（＝40＋50）】 【註8：注意：強酸稀釋時，應將強酸加入水中；嚴禁將水加入強酸中。實驗室之濃鹽酸（HCl）為強酸，外觀透明無色，溶液及蒸氣極具腐蝕性，開瓶、操作時應戴安全手套，並於抽氣櫃內操作。】
11.0.01M鹽酸（HCl）溶液1000cc：取100cc 0.1M鹽酸溶液於1000cc定量瓶中，加入去離子試劑水，稀釋至標線。【每組50cc】
12.0.1M醋酸（CH_3COOH）溶液1000cc：取1000cc定量瓶，內裝約700～800cc去離子試劑水；以裝安全吸球之刻度吸管取5.60cc濃醋酸（約18M，99%以上），沿定量瓶內壁緩緩加入，將定量瓶蓋上蓋子，左右輕輕搖動使均勻；再加入試劑水至標線，搖勻之。【每組50cc】
13.0.01M醋酸（CH_3COOH）溶液1000cc：取100cc 0.1M醋酸溶液於1000cc定量瓶中，加入去離子試劑水，稀釋至標線。【每組50cc】
14.0.1M蔗糖（$C_{12}H_{22}O_{11}$）溶液1000cc：取1000cc定量瓶，溶解34.234g蔗糖於去離子試劑水中，稀釋至標線。【每組50cc】
15.0.01M蔗糖（$C_{12}H_{22}O_{11}$）溶液1000cc：取100cc 0.1M蔗糖溶液於1000cc定量瓶中，加入去離子試劑水，稀釋至標線。【每組50cc】
16.酒精（C_2H_5OH）溶液（v/v＝5%）1000cc：取52.63cc（v/v＝95%）酒精溶液於1000cc定量瓶中，加入去離子試劑水，稀釋至標線。【每組50cc】
17.碳酸鈣（$CaCO_3$）飽和溶液1000cc：取1000cc定量瓶，溶解0.10g碳酸鈣於去離子試劑水中，稀釋至標線，待其沉澱後，取上澄液即是。【每組50cc】
18.導電度計：包括導電電極（白金電極或其他金屬製造之電極，至少具有1.0之電極常數者）、鹽橋（使用範圍：1～1000μmho/cm或更大者）或溫度測定及補償裝置；另導電度計之電極表面需經常保持乾淨，使用前需用標準氯化鉀溶液校正。 【註9：導電度之測定範圍與導電度槽之電極常數C值有關，如表3所示。】

表3：電極常數 C 與測定範圍之關係

電極常數（cm^{-1}）	0.01	0.1	1	10	50
測定範圍（μmho/cm）	20 以下	1～200	10～2000	100～20000	1000～200000

四、實驗步驟、結果記錄與計算

(一) 不同濃度鹽酸（HCl）溶液之導電度測定

1. 先以 0.01M 標準氯化鉀溶液校正導電度計，記錄水溫、導電度值。（應依表 2 調整導電度計之導電度值）【註 10：(1) 導電度測定時，待測溶液量應能將電極棒底部感應端完全浸沒。(2) 若有水浴裝置，使保持於恆溫 25±0.5℃，並校正導電度值為 1412（μmho/cm）。(3) 若導電度計附有溫度測定及補償裝置者，則依操作手冊操作，不需另行校正溫度偏差（亦可不需水浴裝置）。】

2. 以 50cc 燒杯取 0.1M 鹽酸（HCl）溶液（約 40cc），將其置入滴定管中（至刻度 20cc 位置）。

3. 另取 200cc 燒杯，加入 100cc 試劑水，測其水溫（t℃）、導電度值（k_t），記錄之。【註 11】導電度測定時，待測溶液量應能將電極棒底部感應端完全浸沒。

4. 將 2. 之滴定管依序滴入 3、6、9、12、15、18、21、24、27、30cc 之 0.1M 鹽酸（HCl）溶液於 3. 之燒杯中，過程並以玻棒緩緩攪拌之，測各水溫（t℃）、導電度值（k_t），記錄之。

5. 實驗結束，可將記錄之各導電度值（k_t）換算成 25℃時之導電度值（k_{25}），比較之。

0.01M標準氯化鉀溶液		溫度（t）：____（℃）		導電度值k_t：____（μmho/cm）			導電度值k_{25}：____（μmho/cm）				
①	0.1M 鹽酸（HCl）溶液滴入量（cc）	100cc 試劑水									
		0	3	6	9	12	15	18	21	24	27	30
②	溫度 t（℃）										
③	導電度值 k_t（μmho/cm）										
④	導電度值 k_{25}（μmho/cm）										

【註 12】$k_{25} = k_t / [1 + 0.0191(t - 25)]$（μmho/cm）　　　【1mmho/cm = 1000μmho/cm】

式中：k_{25} = 換算成 25℃時之導電度（μmho/cm）、k_t = 在 t℃時測得之導電度（μmho/cm）

(二)各種溶液（水樣）之導電度測定

1. 有關水浴裝置（25±0.5℃）、導電度計之校正，依實驗步驟 (一)1. 進行。【註 13：若導電度計附有溫度測定及補償裝置者，則依操作手冊操作，不需另行校正溫度偏差。】

2. 以 50cc 燒杯分別取 50cc 之各待測溶液（水樣），分別測其水溫（t℃）、導電度值（k_t），記錄之。【註 14：測定水樣時，電極應先以充分之去離子試劑水淋洗，然後再以水樣淋洗，再測其導電度。】

3. 水樣多時，應於測定過程中，以 0.01M（N）標準氯化鉀溶液校正之。

4. 實驗結束，可將記錄之各導電度值（k_t）換算成 25℃時之導電度值（k_{25}）。

待測溶液（水樣）		溫度 t（℃）	導電度值k_t（μmho/cm）	導電度值k_{25}（μmho/cm）	待測溶液（水樣）	溫度 t（℃）	導電度值k_t（μmho/cm）	導電度值k_{25}（μmho/cm）
①	0.01M 氯化鉀（KCl）溶液				⑧ 自來水			
②	0.1M 氯化鉀（KCl）溶液				⑨ 去離子試劑水			
③	0.01M 鹽酸（HCl）溶液				⑩ 0.01M 蔗糖（$C_{12}H_{22}O_{11}$）溶液			
④	0.1M 鹽酸（HCl）溶液				⑪ 0.1M 蔗糖（$C_{12}H_{22}O_{11}$）溶液			
⑤	0.01M 醋酸（CH_3COOH）溶液				⑫ 酒精（C_2H_5OH）溶液（v/v = 5%）			
⑥	0.1M 醋酸（CH_3COOH）溶液				⑬ 溪（或河、湖、潭、池）水			
⑦	碳酸鈣（$CaCO_3$）飽和溶液				⑭ 廢（污）水處理廠之放流水			

【註 15】$k_{25} = k_t / [1 + 0.0191(t - 25)]$（μmho/cm）　　　　【1mmho/cm = 1000μmho/cm】

式中：k_{25} = 換算成25℃時之導電度（μmho/cm）、k_t = 在 t℃時測得之導電度（μmho/cm）

5. 由 4. 之結果，試將各待測溶液（水樣）之導電度值（k_{25}）由大→小排序比較之？

待測溶液（水樣）之導電度值（k_{25}）：大→小							
待測溶液（水樣）種類	1.	2.	3.	4.	5.	6.	7.
	8.	9.	10.	11.	12.	13.	14.

6. 由 4. 之結果，試指出各待測溶液（水樣），何者可能含強電解質？弱電解質？非電解質？

項目		各待測溶液（水樣）
①	（可能）含強電解質	
②	（可能）含弱電解質	
③	（可能）含非電解質	

7. 含鹽酸廢液收集於無機酸廢液貯存桶；含碳酸鈣（$CaCO_3$）廢液收集於重金屬廢液貯存桶；含有機物廢液收集於有機物廢液貯存桶。【註 16：本實驗之各待測溶液（水樣）或濃度低、或污染強度低；若實驗室之廢水有集排至廢水處理廠處理者，可逕予排放處理。】

五、心得與討論

實驗 5：氧化還原滴定 —— 漂白水中有效氯之測定

一、實驗目的

(一) 瞭解漂白水中有效氯之意義。

(二) 學習氧化還原滴定——硫代硫酸鈉溶液之標定。

(三) 學習氧化還原滴定——漂白水中有效氯之定量。

二、相關知識

(一) 氯氣（Cl_2）

「氯氣（Cl_2）」常溫常壓時呈黃綠色氣體，化學性質很活潑，為強氧化劑，具強化學性、腐蝕性，具強烈刺激性、窒息氣味，為有毒的氣體，會刺激人體呼吸道黏膜，輕則引起胸部灼熱、疼痛和咳嗽，嚴重者可導致死亡；氯氣不易操作控制，若外洩常造成人、畜、植物的傷亡，如工業儲槽洩漏、運送時意外洩漏、游泳池氯氣鋼瓶洩漏或加氯機器故障洩漏。「氯」可作為消毒劑（如自來水淨水場、廢污水處理廠）、漂白劑（如衣物、紙張）、可與金屬（如鈉、銅）、非金屬（氫氣）反應。

【註1：氯氣對人體之毒害，隨暴露濃度愈高、時間愈久毒害愈大；一般而言，氯氣（Cl_2）之嗅覺閾值與對人體毒性如表 1 所示。】

表 1：氯氣（Cl_2）之嗅覺閾值與對人體毒性

氯氣濃度（ppm）	嗅覺閾值與對人體毒性
0.2～0.3	嗅覺閾值
1	工作環境時量平均容許濃度（TWA）
1～3	輕微黏膜刺激
3	短時間暴露值（STEL）
5～15	上呼吸道中等度刺激
30	立即胸悶痛、嘔吐、呼吸困難、咳嗽
40～60	毒性肺炎及肺水腫
430	30分鐘即致命
1000	數分鐘內致命

【註2】1. TLV-TWA（Threshold Limit Value-Time Weighted Average）：時量平均忍限值，相當 8 小時日時量平均容許濃度，指每天工作 8 小時，每週工作 5 天，員工可長期重複暴露於某作業環境中，而不會對身體健康造成不良影響之毒性氣體最大容許濃度。

2. TLV-STEL（Threshold Limit Value-Short Term Exposure Limit）：短時間暴露忍限值，指工作人員暴露於毒性氣體環境中持續 15 分鐘，每天 4 次（每次之間距不得短於 60 分鐘），並不會造成身體健康方面刺激性、慢性或不可恢復性之傷害的毒性氣體最大濃度。

3. 資料來源：http://www.pcc.vghtpe.gov.tw/old/docms/30201.htm 氯氣之簡介，台北榮總萬謹醫師。

氯氣（Cl_2）溶於水中可以下平衡式表示：

1. 溶於水分解為氫離子（H^+）、氯離子（Cl^-）、次氯酸（$HClO$）

$$Cl_{2(g)} + H_2O_{(l)} \rightleftharpoons H^+_{(aq)} + Cl^-_{(aq)} + HClO_{(aq)}$$

2. 次氯酸（$HClO$）再解離為氫離子（H^+）、次氯酸根離子（ClO^-）

$$HClO_{(aq)} \rightleftharpoons H^+_{(aq)} + ClO^-_{(aq)}$$

(二) 次氯酸（HClO）

「次氯酸（$HClO$）」，結構式 H–O–Cl，是一種強氧化劑，僅存於水溶液中，濃溶液呈黃色，稀溶液無色，有非常刺鼻的氣味，極不穩定，為弱酸，能作用殺死水裏的致病菌，所以自來水常用氯氣來殺菌消毒。另次氯酸能使染料和有機色質褪色，可用作漂白劑。

(三) 次氯酸鈉（NaClO）

次氯酸鈉溶於水中可以下平衡式表示：

$$NaClO_{(s)} \rightarrow Na^+_{(aq)} + ClO^-_{(aq)} ; H^+_{(aq)} + ClO^-_{(aq)} \rightleftharpoons HClO_{(aq)}$$

「次氯酸鈉（$NaClO$）」外觀呈（固體）白色粉末或（水溶液）微黃色，有似氯氣的氣味，溶解度：29.3g/100cc 於 0℃（水），具殺菌力及氧化力，可用作漂白劑、氧化劑及水淨化（殺菌消毒）劑；為市售漂白水之有效成分，另含有氫氧化鈉（$NaOH$）、碳酸鈉（Na_2CO_3）、介面活性劑、水等。工業級次氯酸鈉（以有效氯計）一級 13%，二級 10%；用於造紙、紡織、水處理、輕工業等。

【註 3：市售漂白水大部分濃度為 5～8%，一般家用漂白水常需稀釋後使用。】

次氯酸鈉（$NaClO$）之部分化學性質：

1. 次氯酸鈉是強鹼弱酸鹽，溶於水，水溶液呈鹼性：$NaClO_{(aq)}+H_2O_{(l)} \rightarrow HClO_{(aq)}+NaOH_{(aq)}$

2. 次氯酸鈉不穩定，會緩慢起自身氧化還原反應（反應中「氯（Cl）」的化合價既有上升又有下降）生成氯化鈉及氯酸鈉，反應如下：$3NaClO_{(aq)} \rightarrow 2NaCl_{(aq)} + NaClO_{3(aq)}$

3. 和鹽酸反應可產生氯氣：$NaClO_{(aq)} + 2HCl_{(aq)} \rightarrow NaCl_{(aq)} + H_2O_{(l)} + Cl_{2(g)}\uparrow$（氯氣有毒）

4. 和草酸反應可產生二氧化碳氣體：$NaClO_{(aq)} + H_2C_2O_{4(aq)} \rightarrow NaCl_{(aq)} + 2CO_{2(g)}\uparrow + H_2O_{(l)}$

5. 和二氧化碳、水反應，可產生次氯酸：$NaClO_{(aq)} + CO_{2(g)} + H_2O_{(l)} \rightarrow NaHCO_{3(aq)} + HClO_{(aq)}$

6. 次氯酸根離子極不穩定，於日光照射會分解釋出氧氣：$2OCl^-_{(aq)} \rightarrow O_{2(g)}\uparrow + 2Cl^-_{(aq)}$

7. 次氯酸鈉為白色極不穩定固體，與有機物或還原劑相混易產生爆炸反應。次氯酸鈉應禁止接觸還原劑、有機物、尿素和酸類；並避免接觸光照、熱源（避免溫度超過 40℃）。

8. 可能腐蝕金屬，如鎂、鋅、銅、鎳，鐵。

「次氯酸鈉」危害警告訊息、危害防範措施及安全處置與儲存方法，如表 2 所示。

表2：「次氯酸鈉（NaClO）」危害警告訊息、危害防範措施及安全處置與儲存方法（節錄自物質安全資料表）

途徑	「次氯酸鈉」危害警告訊息
1.吸入	(1)霧滴會刺激鼻子及喉嚨。(2)與酸混合或加熱至40℃以上會放出氯氣（有毒）。(3)氯氣會刺激鼻子及喉嚨，濃度高時會嚴重傷害肺部。(4)與氮化合物混合（如胺類），會放出氯胺蒸氣。
2.皮膚接觸	(1)霧滴及溶液會刺激皮膚。(2)嚴重時可能化學灼傷。
3.眼睛接觸	(1)霧滴及溶液會刺激眼睛，濃度高時且未立即處理時會嚴重傷害眼睛。(2)氯及氯胺蒸氣也具刺激性。
4.食入	(1)刺激黏膜、口腔、胃疼痛發炎、噁心、休克、精神混亂、昏迷，甚至死亡。(2)可能引能食道及胃穿孔。

「次氯酸鈉」危害防範措施
1.置於陰涼且通風良好處，緊蓋容器。2.遠離可燃品及酸類。3.佩戴手套、護目鏡、口罩。4.儲存容器使用耐腐蝕材料。

「次氯酸鈉」安全處置與儲存方法	
處置方法	儲存方法
1.避免吸入或接觸到眼睛、皮膚或衣服。 2.需在抽氣櫃內進行分析處理。 3.需避免誤食。 4.避免與不相容物質接觸，如還原劑、有機物、尿素和酸類；可能腐蝕金屬，如鎂、鋅、銅、鎳、鐵。	1.貯存於陰涼、乾燥處，避免陽光直射。 2.容器需加標示且緊密，未使用時亦應加蓋，並防止碰撞。 3.遠離不相容物並與一般作業區分開。 4.遠離熱源、火焰或火花。（避免溫度超過40℃）。 5.使用抗腐蝕之建材及照明、通風系統。 6.限制人員進出儲存區。 7.定期檢查有無洩漏或破損，並避免久儲過期。

(四) 次氯酸鈣（$Ca(ClO)_2$）

次氯酸鈣溶於水中可以下平衡式表示：

$$Ca(ClO)_{2(aq)} \rightarrow Ca^{2+}_{(aq)} + 2ClO^-_{(aq)} ； H^+_{(aq)} + ClO^-_{(aq)} \rightleftharpoons HClO_{(aq)}$$

「次氯酸鈣（$Ca(ClO)_2$）」外觀為白色微黃固體，有強烈氯氣味，具殺菌力及氧化力，吸濕性高，無法久存，溶解度：21.5g/100cc 於 0℃（水），溶解後於水中有石灰殘留，使水中 pH 值偏鹼，殺菌效果較差。性質較氯氣及次氯酸鈉穩定。

次氯酸鈣與二氧化碳、鹽酸反應皆會釋出氯氣（Cl_2），反應如下：

$$2Ca(ClO)_{2(aq)} + 2CO_{2(g)} \rightarrow 2CaCO_{3(s)} + O_{2(g)} + 2Cl_{2(g)}\uparrow（氯氣有毒）$$

$$Ca(ClO)_{2(aq)} + 4HCl_{(aq)} \rightarrow CaCl_{2(aq)} + 2H_2O_{(l)} + 2Cl_{2(g)}\uparrow（氯氣有毒）$$

氯氣（Cl_2）、次氯酸鈉（NaClO）、次氯酸鈣（$Ca(ClO)_2$）溶於水中所產生之次氯酸（HClO）、次氯酸根離子（ClO^-）於水中具有消毒殺菌之效力，被稱為「自由有效氯（Free

Available Chlorine）」。

(五) 氧化還原滴定——漂白水（粉）中有效氯之測定

氧化還原滴定（redox titration）亦常用於分析物質濃度（含量），利用（已知濃度溶液）氧化劑氧化某些物質（未知濃度溶液），滴定達當量點時，即可求出物質之濃度（含量）。氧化還原滴定之操作方法同酸鹼滴定，計算方法亦類似。

氧化還原滴定計量原理係依據：氧化還原反應達滴定終點時，氧化劑之當量數等於還原劑之當量數；亦即氧化劑獲得之電子莫耳數等於還原劑失去之電子莫耳數。（亦可依據化學反應方程式之莫耳數計量）

本實驗分 2 階段進行，說明如下：

第 1 階段：以碘酸鉀（KIO$_3$，一級標準品）標定硫代硫酸鈉（Na$_2$S$_2$O$_3$）溶液濃度

(1) 於（弱）酸性溶液中，含碘酸根離子〔IO$_3^-$，如碘酸鉀（KIO$_3$）〕、碘離子〔I$^-$，如碘化鉀（KI）〕之溶液會反應形成碘分子（I$_2$），此為氧化還原反應，反應式如下：

IO$_3^-$（碘酸根離子，無色）+ 5I$^-$（碘離子，無色）+ 6H$^+$ → 3I$_2$（碘分子，深黃褐色）+ 3H$_2$O

I$_2$（碘分子）生成量與溶液中 IO$_3^-$（碘酸根離子）量成正比。

(2) 再以硫代硫酸鈉（Na$_2$S$_2$O$_3$）溶液滴定含碘分子（I$_2$）溶液

含碘分子（I$_2$）溶液（深黃褐色）與硫代硫酸鈉（Na$_2$S$_2$O$_3$）溶液（無色）會反應成為碘離子（I$^-$，無色）、四硫磺酸根離子（S$_4$O$_6^{2-}$，無色）；此亦為氧化還原反應，反應式如下：

3I$_2$（碘分子，深黃褐色）+ 6S$_2$O$_3^{2-}$（硫代硫酸根離子，無色）→ 6I$^-$（碘離子，無色）+ 3S$_4$O$_6^{2-}$（四硫磺酸根離子，無色）

於滴定反應接近結束前，碘分子（I$_2$）即將反應完畢時，溶液顏色會由深黃褐色→淡黃色，此時加入澱粉為指示劑，使生成碘-澱粉複合物（I$_2$-starch complex；深藍色）溶液呈深藍色，反應如下：【註 4：滴定時，若由淡黃色→無色，其滴定終點常不易判斷；故加入澱粉指示劑，使滴定由藍色→無色，則其滴定終點較易判斷。】

碘分子（I$_2$，深黃褐色）+ 澱粉（starch）→ 碘-澱粉複合物（I$_2$-starch complex；深藍色）

當溶液呈藍色時，表示仍有 I$_2$ 存在（形成深藍色之 I$_2$-starch complex），當所有碘分子（I$_2$）被滴定還原成碘離子（I$^-$），溶液則由藍色轉為無色。滴定呈色反應如下：

3（I$_2$-starch，藍色）+ 6S$_2$O$_3^{2-}$（無色）→ 6I$^-$（無色）+ 3S$_4$O$_6^{2-}$（無色）+ 3starch（無色）

(3) 滴定結束後，即可計算硫代硫酸鈉（Na$_2$S$_2$O$_3$）溶液濃度，如下：

滴定達終點時

$$\underline{1}IO_3^- + 5I^- + 6H^+ \rightarrow 3I_2 + 3H_2O$$
$$3I_2 + \underline{6}S_2O_3^{2-} \rightarrow 6I^- + 3S_4O_6^{2-}$$

於此 1mole KIO$_3$ 可與 6mole Na$_2$S$_2$O$_3$ 反應；即：1/KIO$_3$ 之莫耳數 = 6/Na$_2$S$_2$O$_3$ 之莫耳數。

得：6×KIO$_3$ 之莫耳數 = Na$_2$S$_2$O$_3$ 之莫耳數

故：$6 \times M_{(KIO_3)} \times \dfrac{V_{(KIO_3)}}{1000} = M_{(Na_2S_2O_3)} \times \dfrac{V_{(Na_2S_2O_3)}}{1000}$

式中

$M_{(KIO_3)}$：KIO_3 標準溶液之容積莫耳濃度（mole/L）

$V_{(KIO_3)}$：KIO_3 標準溶液之體積（cc）

$M_{(Na_2S_2O_3)}$：$Na_2S_2O_3$ 溶液之容積莫耳濃度（mole/L）$= 6 \times (M_{(KIO_3)} \times V_{(KIO_3)})/V_{(Na_2S_2O_3)}$

$V_{(Na_2S_2O_3)}$：$Na_2S_2O_3$ 溶液滴定使用之體積（cc）

例1：配製0.035M（0.210N）碘酸鉀（KIO_3，一級標準試藥）標準溶液

(1) 如何配製0.035M碘酸鉀（KIO_3）標準溶液1000cc？

解：KIO_3莫耳質量 $= 39.10 + 126.90 + 16.00 \times 3 = 214.00$（g/mole）

設需KIO_3爲w(g)，則

$0.035 = (w/214.00)/(1000/1000)$

$w = 7.490$ (g)

溶解7.490g KIO_3於試劑水中，並定容至1000cc。

(2) 溶解7.490g KIO_3於試劑水中，並定容至1000cc，則此溶液含KIO_3之當量數爲？（eq）

解：$7.490g/(214.00/6)(g/eq) = 0.210$ (eq)

(3) 本實驗中，0.035M KIO_3標準溶液之當量濃度爲？（N或eq/L）

解：設0.035M KIO_3標準溶液之當量濃度爲$N_{(KIO_3)}$（N或eq/L）

於本實驗反應中：1mole KIO_3 = 6mole $Na_2S_2O_3$，則

$N_{(KIO_3)} = [7.490/(214.00/6)]/(1000/1000)$

$N_{(KIO_3)} = 0.210$（N或eq/L）

例2：如何配製（約）0.10M硫代硫酸鈉（$Na_2S_2O_3 \cdot 5H_2O$）溶液1000cc？

【註5：此硫代硫酸鈉（$Na_2S_2O_3 \cdot 5H_2O$）含5個結晶水。】

解：$Na_2S_2O_3 \cdot 5H_2O$莫耳質量 $= 22.99 \times 2 + 32.06 \times 2 + 16.00 \times 3 + 5 \times (1.01 \times 2 + 16.00) = 248.20$（g/mole）

設需$Na_2S_2O_3 \cdot 5H_2O$爲w（g），則

$0.10 = (w/248.20)/(1000/1000)$

$w = 24.820(g) \doteqdot 25.0(g)$

溶解25.0g $Na_2S_2O_3 \cdot 5H_2O$及0.4g NaOH於試劑水中，並定容至1000cc，貯存於棕色瓶。本溶液仍需以KIO_3標準溶液標定之。

例3：以碘酸鉀（KIO_3，一級標準）標準溶液標定（約0.10M）硫代硫酸鈉（$Na_2S_2O_3 \cdot 5H_2O$）溶液之濃度

取例1之0.035M（= 0.210N）KIO_3標準溶液20.00cc，依實驗步驟(一)標定例2（約0.10M）之$Na_2S_2O_3 \cdot 5H_2O$溶液濃度，達滴定終點共計使用$Na_2S_2O_3 \cdot 5H_2O$溶液41.55cc；試計算

(1) $Na_2S_2O_3 \cdot 5H_2O$溶液正確之容積莫耳濃度爲？（mole/L）

解：滴定反應爲：$IO_3^- + 5I^- + 6H^+ \rightarrow 3I_2 + 3H_2O$；$3I_2 + 6S_2O_3^{2-} \rightarrow 6I^- + 3S_4O_6^{2-}$

滴定達終點時，此反應1 mole KIO_3 = 6 mole $Na_2S_2O_3 \cdot 5H_2O$

設$Na_2S_2O_3 \cdot 5H_2O$溶液正確之容積莫耳濃度爲$M_{(Na_2S_2O_3 \cdot 5H_2O)}$（mole/L），代入

$6 \times M_{(KIO_3)} \times V_{(KIO_3)}/1000 = M_{(Na_2S_2O_3 \cdot 5H_2O)} \times V_{(Na_2S_2O_3 \cdot 5H_2O)}/1000$

$6 \times 0.035 \times 20.00/1000 = M_{(Na_2S_2O_3 \cdot 5H_2O)} \times 41.55/1000$

$M_{(Na_2S_2O_3 \cdot 5H_2O)} \doteqdot 0.101$（mole/L）

(2) $Na_2S_2O_3 \cdot 5H_2O$溶液正確之當量濃度爲？（N或eq/L）

解：滴定達當量點時，KIO_3溶液之當量數（eq）= $Na_2S_2O_3 \cdot 5H_2O$溶液之當量數（eq）

設$Na_2S_2O_3 \cdot 5H_2O$溶液正確之當量濃度爲$N_{(Na_2S_2O_3 \cdot 5H_2O)}$（eq/L），代入

$N_{(KIO_3)} \times (V_{(KIO_3)}/1000) = N_{(Na_2S_2O_3 \cdot 5H_2O)} \times V_{(Na_2S_2O_3 \cdot 5H_2O)}/1000$

$0.210 \times 20.00/1000 = N_{(Na_2S_2O_3 \cdot 5H_2O)} \times 41.55/1000$

$N_{(Na_2S_2O_3 \cdot 5H_2O)} \doteqdot 0.101$（N或eq/L）

（續下表）

例4：以碘酸鉀（KIO₃，一級標準）試藥標定（約0.10M）硫代硫酸鈉（Na₂S₂O₃·5H₂O）溶液之濃度

精秤0.1545g KIO₃，溶解於100cc試劑水，再加入約2g碘化鉀（KI）及5cc1M硫酸溶液（或2～3滴濃硫酸），使完全溶解，置冷暗處5分鐘後，以（約）0.10M Na₂S₂O₃·5H₂O溶液滴定至淡黃色時，加入3cc澱粉指示劑（溶液呈藍色），繼續滴定至藍色消失（呈無色）時爲終點，共計使用Na₂S₂O₃·5H₂O溶液42.90cc。試計算

(1) KIO₃之當量數E_n爲？（eq）

解： 滴定反應爲：$IO_3^- + 5I^- + 6H^+ \rightarrow 3I_2 + 3H_2O$；$3I_2 + 6S_2O_3^{2-} \rightarrow 6I^- + 3S_4O_6^{2-}$

滴定達終點時，此反應1 mole KIO₃ = 6 mole Na₂S₂O₃·5H₂O

KIO₃之當量重$E_{(KIO_3)}$ = 214.00/6 = 35.67（g KIO₃/eq）

KIO₃之當量數$E_n = W_{(KIO_3)}/E_{(KIO_3)}$ = 0.1545/(214.00/6) = 0.00433（eq）

(2) Na₂S₂O₃·5H₂O溶液正確之容積莫耳濃度爲？（mole/L）

解： 設Na₂S₂O₃·5H₂O溶液之正確濃度爲$M_{(Na_2S_2O_3 \cdot 5H_2O)}$（mole/L），代入

$6 \times n_{(KIO_3)} = M_{(Na_2S_2O_3 \cdot 5H_2O)} \times V_{(Na_2S_2O_3 \cdot 5H_2O)}/1000$　【註5：$n_{(KIO_3)}$：碘酸鉀（KIO₃）之莫耳數】

$6 \times (0.1545/214.00) = M_{(Na_2S_2O_3 \cdot 5H_2O)} \times 42.90/1000$

$M_{(Na_2S_2O_3 \cdot 5H_2O)} \fallingdotseq 0.101$（mole/L）

(3) Na₂S₂O₃·5H₂O溶液正確之當量濃度爲？（N或eq/L）

解： 達滴定終點（當量點）時

KIO₃之當量數（eq）= Na₂S₂O₃·5H₂O溶液之當量數（eq）

$W_{(KIO_3)}/E_{(KIO_3)} = N_{(Na_2S_2O_3 \cdot 5H_2O)} \times V_{(Na_2S_2O_3 \cdot 5H_2O)}/1000$

設Na₂S₂O₃·5H₂O溶液之正確濃度爲$N_{(Na_2S_2O_3 \cdot 5H_2O)}$（eq/L），代入

$0.1545/(214.00/6) = N_{(Na_2S_2O_3 \cdot 5H_2O)} \times (42.90/1000)$

$N_{(Na_2S_2O_3 \cdot 5H_2O)} \fallingdotseq 0.101$（N或eq/L）

第2階段：以已知濃度之硫代硫酸鈉（Na₂S₂O₃）溶液滴定漂白水（粉）中有效氯（Cl₂）之含量

市售漂白水的組成分常包含：次氯酸鈉（NaClO）、香精、界面活性劑。次氯酸鈉（NaClO）溶於水中可產生次氯酸根離子（ClO⁻）及次氯酸（HClO），次氯酸（HClO）可再解離爲次氯酸根離子（ClO⁻）。

市售漂白粉的組成分常包含：次氯酸鈣、氯化鈣、氫氧化鈣、碳酸鹽、氯化鈉、水等混合物。漂白粉之有效成分爲 CaCl(ClO)，溶於酸性水溶液中會釋出氯（Cl₂）。

欲測定漂白粉溶於水中之有效氯，可將漂白粉（含 CaCl(ClO)）溶於含碘離子（I⁻）之酸性水溶液中以釋出氯（Cl₂），氯（Cl₂）於水中可游離出次氯酸（HClO），次氯酸（HClO）可再解離爲次氯酸根離子（ClO⁻）。

次氯酸根離子（ClO⁻）、碘離子（I⁻）於酸性溶液會反應形成碘分子（I₂），再以經標定之硫代硫酸鈉（Na₂S₂O₃）溶液滴定之（加入澱粉指示劑），即可定量出碘分子（I₂）之量，而碘（I₂）量即相當於漂白水（粉）中次氯酸根離子（ClO⁻）之量。

化學反應式如下：

$$CaCl(ClO) + 2H^+ \rightarrow Ca^{2+} + Cl_2 + H_2O$$

$$\underline{1}Cl_{2(g)} + H_2O_{(l)} \rightleftharpoons H^+_{(aq)} + Cl^-_{(aq)} + HClO_{(aq)}$$

$$HClO_{(aq)} \rightleftharpoons H^+_{(aq)} + ClO^-_{(aq)}$$

$$\underline{1}ClO^- + 2I^- + 2H^+ \rightarrow Cl^- + I_2 + H_2O$$

$$I_2 + \underline{2}S_2O_3^{2-} \rightarrow 2I^- + S_4O_6^{2-}$$

於此 1 mole Cl_2 與 2 mole $Na_2S_2O_3$ 反應，即：$1/Cl_2$ 之莫耳數 $= 2/Na_2S_2O_3$ 之莫耳數。

得：$2 \times Cl_2$ 之莫耳數 $= Na_2S_2O_3$ 之莫耳數

(1) 於酸性溶液中，次氯酸根離子（ClO^-）、碘離子（I^-）之溶液會反應形成碘分子（I_2），此為氧化還原反應，反應式如下：

ClO^-（次氯酸根離子，無色）$+ 2I^-$（碘離子，無色）$+ 2H^+ \rightarrow Cl^- + I_2$（碘分子，深黃褐色）$+ H_2O$

(2) 再以經標定之硫代硫酸鈉（$Na_2S_2O_3$）標準溶液（加入澱粉指示劑）滴定含碘分子（I_2）之溶液，即可定量出碘（I_2）之量，而碘（I_2）量即相當於漂白水（粉）中次氯酸根離子（ClO^-）之量。即可算出漂白水（粉）之有效氯含量百分比。反應方式、過程同第 1 階段 (2) 所述。

滴定達終點時，1 mole Cl_2 與 2 mole $Na_2S_2O_3$ 反應，即：$1/Cl_2$ 之莫耳數 $= 2/Na_2S_2O_3$ 之莫耳數

即：$2 \times Cl_2$ 莫耳數 $= Na_2S_2O_3$ 莫耳數

故：$2 \times \left[W_{(Cl_2)}/70.90 \right] = M_{(Na_2S_2O_3)} \times (V_{(Na_2S_2O_3)}/1000)$

式中

$W_{(Cl_2)}$：有效氯之重量 (g) $= M_{(Na_2S_2O_3)} \times (V_{(Na_2S_2O_3)}/1000) \times (70.9/2)$
$$= M_{(Na_2S_2O_3)} \times (V_{(Na_2S_2O_3)}/1000) \times 35.45$$

氯（Cl_2）莫耳質量 $= 35.45 \times 2 = 70.90$（g/mole）

$M_{(Na_2S_2O_3)}$：硫代硫酸鈉溶液之容積莫耳濃度（mole/L）

$V_{(Na_2S_2O_3)}$：硫代硫酸鈉溶液滴定使用之體積（cc）

若已知漂白水（粉）之重量為 $W_{（漂白水或漂白粉）}$（g），則漂白水（粉）中含有效氯（Cl_2）之重量百分率（%）計算如下：

漂白水（粉）中含有效氯（Cl_2）重量百分率（%）

$= \left[W_{(Cl_2)}/W_{（漂白水或漂白粉）} \right] \times 100\%$

$= \left\{ \left[M_{(Na_2S_2O_3)} \times (V_{(Na_2S_2O_3)}/1000) \times (70.9/2) \right] / W_{（漂白水或漂白粉）} \right\} \times 100\%$

$= \left\{ \left[M_{(Na_2S_2O_3)} \times (V_{(Na_2S_2O_3)}/1000) \times 35.45 \right] / W_{（漂白水或漂白粉）} \right\} \times 100\%$

例5：以硫代硫酸鈉（$Na_2S_2O_3 \cdot 5H_2O$）標準溶液滴定漂白水中所含有效氯（Cl_2）之重量百分率

取10cc市售漂白水（假設其比重為1.00），以試劑水稀釋至100cc。精取5.00cc經稀釋後之漂白水，依實驗步驟(二)，以經標定之0.101M(N) $Na_2S_2O_3 \cdot 5H_2O$溶液滴定之，達滴定終點共計使用$Na_2S_2O_3 \cdot 5H_2O$溶液 10.25cc。試計算

(1) 經稀釋後之漂白水中所含有效氯（Cl_2）之重量為？(g)〔氯（Cl_2）莫耳質量 $= 35.45 \times 2 = 70.90$ (g/mole)〕

解：設經稀釋後之漂白水中所含有效氯（Cl_2）之重量為$W_{(Cl_2)}$（g），代入

$W_{(Cl_2)} = N_{(Na_2S_2O_3)} \times (V_{(Na_2S_2O_3)}/1000) \times E_{(Cl_2)}$

$W_{(Cl_2)} = 0.101 \times (10.25/1000) \times 35.45 = 0.0367$(g)

另解：於此1 mole Cl_2與2 mole $Na_2S_2O_3$反應，故：$2 \times Cl_2$莫耳數 $= Na_2S_2O_3$莫耳數

$2 \times \left[W_{(Cl_2)}/70.90 \right] = 0.101 \times (10.25/1000)$

$W_{(Cl_2)} = 0.0367$(g)

（續下表）

(2) 經稀釋後之漂白水中所含有效氯（Cl_2）之重量百分率爲？（%）

解：經稀釋後之漂白水中所含有效氯（Cl_2）之重量百分率（%）

= 〔$W_{(Cl_2)}/W_{(漂白水)}$〕×100% = (0.0367/5.00)×100% = 0.734%

(3) 市售漂白水（未稀釋）中所含有效氯（Cl_2）之重量百分率爲？（%）

解：市售漂白水（未稀釋）中所含有效氯（Cl_2）之重量百分率（%）

= 0.734%×(100/10) = 7.34%【稀釋10倍】

例6：以硫代硫酸鈉（$Na_2S_2O_3 \cdot 5H_2O$）標準溶液滴定漂白粉中所含有效氯（Cl_2）之重量百分率

精秤漂白粉4.0352g，依實驗步驟(二)，以經標定之0.101M（N）$Na_2S_2O_3 \cdot 5H_2O$溶液滴定之，達滴定終點共計使用$Na_2S_2O_3 \cdot 5H_2O$溶液25.60cc。試計算

(1) 漂白粉中所含有效氯（Cl_2）之重量爲？（g）〔氯（Cl_2）莫耳質量 = 35.45×2 = 70.90（g/mole）〕

解：設漂白粉中所含有效氯（Cl_2）之重量爲$W_{(Cl_2)}$（g），代入

$W_{(Cl_2)} = N_{(Na_2S_2O_3)} \times (V_{(Na_2S_2O_3)}/1000) \times E_{(Cl_2)}$

$W_{(Cl_2)} = 0.101 \times (25.60/1000) \times 35.45 = 0.0916$(g)

另解：於此1 mole Cl_2與2 mole $Na_2S_2O_3$反應，故：2×Cl_2莫耳數 = $Na_2S_2O_3$莫耳數

$2 \times$〔$W_{(Cl_2)}/70.90$〕= 0.101×(25.60/1000)

$W_{(Cl_2)} = 0.0916$（g）

(2) 漂白粉中所含有效氯（Cl_2）之重量百分率爲？（%）

解：漂白粉中所含有效氯（Cl_2）之重量百分率（%）

= 〔$W_{(Cl_2)}/W_{(漂白粉)}$〕×100% = (0.0916/4.0352)×100% = 2.27%

三、器材與藥品

1.燒杯	2.定量瓶	3.玻棒	4.250cc錐形瓶
5.定量吸管	6.滴定管	7.漏斗	8.碘酸鉀（KIO_3，一級試藥）
9.碘化鉀（KI）	10.市售漂白水（粉）	11.濃硫酸	12.硫代硫酸鈉（$Na_2SO_3 \cdot 5H_2O$）

13.0.50%澱粉指示劑：取100cc試劑水於燒杯中煮沸；另秤取0.50g試藥級可溶性澱粉於燒杯，加入少量室溫之試劑水攪拌成乳（糊）狀液後，緩緩倒入100cc煮沸之試劑水中，繼續煮沸約1～3分鐘後，加蓋冷卻靜置一夜，使用時取其上層澄清液。如欲保存，可加入0.2g水楊酸（Salicylic acid）保存之。

14.配製（約）0.10M（N）硫代硫酸鈉（$Na_2SO_3 \cdot 5H_2O$）溶液1000cc：取約1100cc試劑水煮沸至少5分鐘，冷卻至室溫，備用；溶解24.82g $Na_2S_2O_3 \cdot 5H_2O$和0.4g NaOH於試劑水中，並定容至1000cc，置乾淨有蓋棕色瓶中，貯放於暗處。

15.配製0.035M（或0.210N）碘酸鉀（KIO_3）標準溶液1000cc：溶解7.490g KIO_3（一級標準，經180℃，烘乾2小時）於試劑水中，並定容至1000cc。

16.配製1M硫酸（H_2SO_4）溶液1000cc：取1000cc燒杯，內裝約800cc試劑水；另取54.35cc濃硫酸（約98%），沿燒杯內壁緩緩加入，俟降至室溫，再加入試劑水至1000cc標線後，移至已標示溶液名稱、濃度、配製日期、配製人員姓名之容器中。【註6：注意：強酸稀釋時，應將強酸加入水中；嚴禁將水加入強酸中。實驗室之濃硫酸約爲98%，爲強酸，外觀透明無色，溶液及蒸氣極具腐蝕性，開瓶、操作時應戴安全手套，並於抽氣櫃內操作。】

17.稀釋10倍之市售漂白水試樣500cc：取50cc市售漂白水，再以試劑水稀釋至500cc。

四、實驗步驟、結果記錄與計算（使用容積莫耳濃度計算）

(一) 0.035M碘酸鉀（KIO_3）標準溶液標定（約0.1M）硫代硫酸鈉（$Na_2S_2O_3 \cdot 5H_2O$）溶液之濃度

【註7：$Na_2S_2O_3 \cdot 5H_2O$ 溶液易受 pH、微生物、雜質、氧及陽光等之影響而分解，致濃度會改變，故使用前應予標定濃度。】

1. 精取 20.00cc 0.035M KIO_3 標準溶液二份，記錄之；分別置入 2 個 250cc 錐形瓶中。
2. 錐形瓶中各加入100cc試劑水、約2g碘化鉀（KI）及5cc 1M硫酸溶液（或2～3滴濃硫酸），以玻棒攪拌使完全溶解，置陰暗處約 3 分鐘。【註8：加酸使反應生成碘（I_2）分子。】
3. 取（約 0.1M）$Na_2S_2O_3 \cdot 5H_2O$ 溶液裝入滴定管（至刻度 0 處），記錄滴定管初始之刻度 V_1cc。
4. 如圖示，即以 $Na_2S_2O_3 \cdot 5H_2O$ 溶液滴定 2. 之〔含碘（I_2）分子〕溶液，直至溶液由深黃褐色變為淡黃色時〔此時碘（I_2）分子即將消耗完〕，加入 3cc 澱粉指示劑（溶液呈深藍色），繼續滴定至藍色消失（呈無色），為滴定終點，記錄滴定管之刻度 V_2cc。
5. 計算滴定所使用之 $Na_2S_2O_3 \cdot 5H_2O$ 溶液體積 $V = (V_2 - V_1)$cc，記錄之。
6. 計算 $Na_2S_2O_3 \cdot 5H_2O$ 溶液之正確容積莫耳濃度 $M_{(Na_2S_2O_3 \cdot 5H_2O)}$（mole/L），於下表：

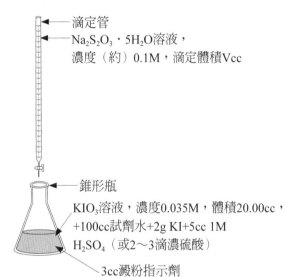

滴定管
$Na_2S_2O_3 \cdot 5H_2O$溶液，
濃度（約）0.1M，滴定體積Vcc

錐形瓶
KIO_3溶液，濃度0.035M，體積20.00cc，
+100cc試劑水+2g KI+5cc 1M
H_2SO_4（或2～3滴濃硫酸）

3cc澱粉指示劑

達滴定終點：深藍色→無色

	項　　目（使用容積莫耳濃度計算）	試樣1	試樣2
①	0.035M碘酸鉀（KIO_3）標準溶液之體積$V_{(KIO_3)}$（cc）		
②	滴定前，滴定管中$Na_2S_2O_3 \cdot 5H_2O$溶液刻度V_1（cc）		
③	滴定後，滴定管中$Na_2S_2O_3 \cdot 5H_2O$溶液刻度V_2（cc）		
④	滴定所使用之$Na_2S_2O_3 \cdot 5H_2O$溶液體積$V_{(Na_2S_2O_3 \cdot 5H_2O)} = (V_2 - V_1)$（cc）		
⑤	經標定之$Na_2S_2O_3 \cdot 5H_2O$溶液容積莫耳濃度$M_{(Na_2S_2O_3 \cdot 5H_2O)}$（mole/L）【註10】		
⑥	經標定之$Na_2S_2O_3 \cdot 5H_2O$溶液容積莫耳濃度平均值$M_{(Na_2S_2O_3 \cdot 5H_2O)ave}$（mole/L）		

【註9】化學反應式如下：(1)$1IO_3^- + 5I^- + 6H^+ \rightarrow 3I_2 + 3H_2O$　(2)$3I_2 + 6S_2O_3^{2-} \rightarrow 6I^- + 3S_4O_6^{2-}$

　　反應中：KIO_3 之莫耳數：$Na_2S_2O_3$ 之莫耳數 = 1：6

【註10】若使用容積莫耳濃度計算：

$6 \times$ 碘酸鉀（KIO_3）之莫耳數＝硫代硫酸鈉（$Na_2S_2O_3 \cdot 5H_2O$）溶液之莫耳數

$6 \times M_{(KIO_3)} \times V_{(KIO_3)}/1000 = M_{(Na_2S_2O_3 \cdot 5H_2O)} \times V_{(Na_2S_2O_3 \cdot 5H_2O)}/1000$

式中：

$M_{(KIO_3)}$：KIO_3 標準溶液之容積莫耳濃度（mole/L）

$V_{(KIO_3)}$：KIO_3 標準溶液之體積（cc）

$M_{(Na_2S_2O_3 \cdot 5H_2O)}$：$Na_2S_2O_3 \cdot 5H_2O$ 溶液之容積莫耳濃度（mole/L）

$V_{(Na_2S_2O_3 \cdot 5H_2O)}$：$Na_2S_2O_3 \cdot 5H_2O$ 溶液滴定使用之體積（cc）

(二) 漂白水中有效氯之定量

1. 取市售漂白水（假設其比重為 1.0），將其 **稀釋 10 倍** 後，備用（例如取 50cc，再以試劑水稀釋至 500cc）。

2. 精取 5.0cc（即 5.0g）經稀釋後之市售漂白水試樣二份，記錄之；分別置入 2 個 250cc 錐形瓶中。

3. 錐形瓶中各加入 100cc 試劑水、約 2g 碘化鉀（KI）及 10cc 1M 硫酸溶液，以玻棒攪拌使完全溶解。

【註 11：加酸使反應生成碘（I_2）分子；此步驟不可加濃鹽酸（HCl），以免產生氯氣（Cl_2）有毒。】

4. 取經標定之 $Na_2S_2O_3 \cdot 5H_2O$ 溶液裝入滴定管（至刻度 0 處），記錄滴定管初始之刻度 V_1cc。

5. 如圖示，即以 $Na_2S_2O_3 \cdot 5H_2O$ 溶液滴定 3. 之〔含碘（I_2）分子〕溶液，直至溶液由深黃褐色變為淡黃色時〔此時碘（I_2）分子即將消耗完〕，加入 3cc 澱粉指示劑（溶液呈深藍色），繼續滴定至藍色消失（呈無色），為滴定終點，記錄滴定管之刻度 V_2cc。

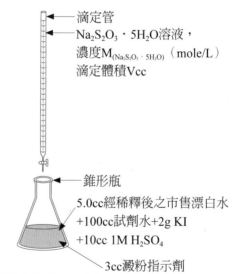

滴定管
$Na_2S_2O_3 \cdot 5H_2O$溶液，濃度$M_{(Na_2S_2O_3 \cdot 5H_2O)}$（mole/L）滴定體積Vcc

錐形瓶

5.0cc經稀釋後之市售漂白水
+100cc試劑水+2g KI
+10cc 1M H_2SO_4

3cc澱粉指示劑

達滴定終點：深藍色→無色

6. 計算滴定所使用之 $Na_2S_2O_3 \cdot 5H_2O$ 溶液體積 $V = (V_2 - V_1)$cc，記錄之。

7. 計算經稀釋後之漂白水中含有效氯（Cl_2）之重量百分率（%）及市售漂白水（未稀釋）中含有效氯（Cl_2）之重量百分率（%），於下表：

項　　目（使用容積莫耳濃度計算）	試樣1	試樣2
① （經稀釋後）漂白水試樣之重量W（經稀釋後漂白水）（g）【假設其比重為1.0】		

（續下表）

②	氯（Cl_2）莫耳質量（g/mole）		$35.45 \times 2 = 70.90$	
③	經標定之$Na_2S_2O_3 \cdot 5H_2O$溶液之容積莫耳濃度$M_{(Na_2S_2O_3 \cdot 5H_2O)ave}$（mole/L）			
④	滴定前，滴定管中$Na_2S_2O_3 \cdot 5H_2O$溶液刻度V_1（cc）			
⑤	滴定後，滴定管中$Na_2S_2O_3 \cdot 5H_2O$溶液刻度V_2（cc）			
⑥	滴定所使用之$Na_2S_2O_3 \cdot 5H_2O$溶液體積$V_{(Na_2S_2O_3 \cdot 5H_2O)} = (V_2 - V_1)$（cc）			
⑦	（經稀釋後）漂白水中含有效氯（Cl_2）之重量$W_{(Cl_2)}$（g）【註12】			
⑧	（經稀釋後）漂白水中含有效氯（Cl_2）之重量百分率 $= [W_{(Cl_2)}/W_{(經稀釋後漂白水)}] \times 100\%$【（⑦/⑧）$\times 100\%$】			
⑨	（經稀釋後）漂白水中含有效氯（Cl_2）之重量百分率平均值（%）			
⑩	（未稀釋）市售漂白水中含有效氯（Cl_2）之重量百分率（%）【⑨$\times 10$】			

【註12】計算（經稀釋後）漂白水中含有效氯（Cl_2）之重量 $W_{(Cl_2)}$（g），如下：

以容積莫耳濃度計算

滴定達終點時：

$2 \times Cl_2$ 之莫耳數 $= Na_2S_2O_3 \cdot 5H_2O$ 之莫耳數

$2 \times [W_{(Cl_2)}/70.90] = M_{(Na_2S_2O_3 \cdot 5H_2O)} \times V_{(Na_2S_2O_3 \cdot 5H_2O)}/1000$

式中

$W_{(Cl_2)}$：（經稀釋後）漂白水中含有效氯（Cl_2）之重量（g）

氯（Cl_2）莫耳質量 $= 35.45 \times 2 = 70.90$（g/mole）

$M_{(Na_2S_2O_3 \cdot 5H_2O)}$：$Na_2S_2O_3 \cdot 5H_2O$ 溶液之容積莫耳濃度（mole/L）

$V_{(Na_2S_2O_3 \cdot 5H_2O)}$：$Na_2S_2O_3 \cdot 5H_2O$ 溶液滴定使用之體積（cc）

五、心得與討論

【附錄：有關本實驗使用當量濃度計算說明】

【註 1：KIO_3 莫耳質量 ＝ 39.10 ＋ 126.9 ＋ 16.00×3 ＝ 214.00(g/mole)、$Na_2S_2O_3$ 莫耳質量 ＝ 22.99×2 ＋ 32.06×2 ＋ 16.00×3 ＝ 158.10(g/mole)】

一、本實驗第1階段滴定達當量點（終點）時，當量濃度（N）之計算

$$\underline{1}IO_3^- + 5I^- + 6H^+ \rightarrow 3I_2 + 3H_2O$$
$$3I_2 + \underline{6}S_2O_3^{2-} \rightarrow 6I^- + 3S_4O_6^{2-}$$

由以上反應式可知，本實驗第 1 階段滴定達當量點 (終點) 時，1mole KIO_3 可與 6mole $Na_2S_2O_3$ 反應。

即：(1/6)mole KIO_3 ＝ (214.00/6)g KIO_3 ＝ 35.67g KIO_3 可與 1mole $Na_2S_2O_3$（＝ 158.10g）反應；相當於每 35.67g KIO_3 可與 158.10g $Na_2S_2O_3$ 反應。

可寫成：【註 2：當量（equivalent，eq）於此可理解為「相當的量」。】

1 當量（eq）的 KIO_3 有 35.67 g，其可與 158.10g $Na_2S_2O_3$ 反應，於此：35.67g KIO_3/eq。

1 當量（eq）的 $Na_2S_2O_3$ 有 158.10g，其可與 35.67g KIO_3 反應，於此：158.10g $Na_2S_2O_3$/eq。

故滴定達當量點（終點）時，1 當量（eq）的 KIO_3（＝ 35.67g）可與 1 當量（eq）的 $Na_2S_2O_3$（＝ 158.10g）反應。

即：反應時 1mole KIO_3 ＝ 214.00g KIO_3 ＝ 6(eq)×35.67(g KIO_3/eq) ＝ 6mole $Na_2S_2O_3$ ＝ 6eq $Na_2S_2O_3$

滴定達當量點時：溶液中碘酸鉀（KIO_3）之當量數（eq）＝ 硫代硫酸鈉（$Na_2S_2O_3$）之當量數（eq）

即：$N_{(KIO_3)} \times (V_{(KIO_3)}/1000) = N_{(Na_2S_2O_3)} \times (V_{(Na_2S_2O_3)}/1000) = W_{(KIO_3)}/(214.00/6) = W_{(KIO_3)}/E_{(KIO_3)}$

式中

$N_{(KIO_3)}$：KIO_3 標準溶液之當量濃度（eq/L）【註 3：滴定時，將 KIO_3 配製成 KIO_3 標準溶液。】

$V_{(KIO_3)}$：KIO_3 標準溶液使用之體積（cc）

$N_{(Na_2S_2O_3)}$：$Na_2S_2O_3$ 溶液之當量濃度（eq/L）

$V_{(Na_2S_2O_3)}$：$Na_2S_2O_3$ 溶液滴定使用之體積（cc）

$W_{(KIO_3)}$：KIO_3 之重量（g）【註 4：滴定時，精秤 KIO_3 試藥重量，再加試劑水溶解稀釋。】

$E_{(KIO_3)}$：KIO_3 之當量重 ＝ (214.00/6)(g/eq) ＝ 35.67(g/eq)

例1：**配製0.210N（＝0.035M）碘酸鉀（KIO$_3$，一級標準試藥）標準溶液**
(1)如何配製0.210N（eq/L）碘酸鉀（KIO$_3$）標準溶液1000cc？
解：KIO$_3$莫耳質量 = 39.10 + 126.90 + 16.00×3 = 214.00(g/mole)
　　KIO$_3$之當量重 = (214.00/6)(g/eq) = 35.67(g/eq)
　　設需KIO$_3$爲w（g），則
　　0.210 = 〔w/(214.00/6)〕/(1000/1000)
　　w = 7.490(g)
　　溶解7.490g KIO$_3$於試劑水中，並定容至1000cc。
(2)本實驗中，0.210N KIO$_3$標準溶液之容積莫耳濃度爲？（mole/L）
解：設0.210N KIO$_3$標準溶液之容積莫耳濃度爲M$_{(KIO_3)}$（mole/L）
　　M$_{(KIO_3)}$ = (7.490/214.00)/(1000/1000)
　　M$_{(KIO_3)}$ = 0.035(mole/L)

例2：如何配製（約）0.10N（＝0.10M）硫代硫酸鈉（Na$_2$S$_2$O$_3$‧5H$_2$O）溶液1000cc？
【註5：此硫代硫酸鈉（Na$_2$S$_2$O$_3$‧5H$_2$O）含5個結晶水。】
解：Na$_2$S$_2$O$_3$‧5H$_2$O莫耳質量 = 22.99×2 + 32.06×2 + 16.00×3 + 5×(1.01×2 + 16.00) = 248.20(g/mole)
　　設需Na$_2$S$_2$O$_3$‧5H$_2$O爲w（g），則
　　0.10 = 〔w/(248.20/1)/(1000/1000)
　　w = 24.820(g)≒25.0(g)
　　溶解25.0g Na$_2$S$_2$O$_3$‧5H$_2$O及0.4g NaOH於試劑水中，並定容至1000cc，貯存於棕色瓶。本溶液正確濃度仍需以KIO$_3$標準溶液標定之。

例3：**以0.210N碘酸鉀（KIO$_3$）標準溶液標定（約0.10N）硫代硫酸鈉（Na$_2$S$_2$O$_3$‧5H$_2$O）溶液之濃度**
取例1之0.210N KIO$_3$標準溶液20.00cc，依實驗步驟(一)，標定例2（約0.10N）之Na$_2$S$_2$O$_3$‧5H$_2$O溶液濃度，達滴定終點共計使用Na$_2$S$_2$O$_3$‧5H$_2$O溶液41.55cc；試計算Na$_2$S$_2$O$_3$‧5H$_2$O溶液正確之當量濃度爲？（eq/L）
解：滴定反應爲：**IO$_3$$^-$ + 5I$^-$ + 6H$^+$ →3I$_2$ + 3H$_2$O；3I$_2$ + 6S$_2$O$_3$$^{2-}$→6I$^-$ + 3S$_4$O$_6$$^{2-}$**
　　滴定達當量點時，KIO$_3$溶液之當量數（eq）= Na$_2$S$_2$O$_3$‧5H$_2$O溶液之當量數（eq）
　　設Na$_2$S$_2$O$_3$‧5H$_2$O溶液正確之當量濃度爲N$_{(Na_2S_2O_3‧5H_2O)}$（eq/L），代入
　　N$_{(KIO_3)}$×(V$_{(KIO_3)}$/1000) = **N$_{(Na_2S_2O_3‧5H_2O)}$**×V$_{(Na_2S_2O_3‧5H_2O)}$/1000
　　0.210×20.00/1000 = **N$_{(Na_2S_2O_3‧5H_2O)}$**×41.55/1000
　　N$_{(Na_2S_2O_3‧5H_2O)}$≒0.101（eq/L）

例4：**以碘酸鉀（KIO$_3$，一級標準）試藥標定（約0.10N）硫代硫酸鈉（Na$_2$S$_2$O$_3$‧5H$_2$O）溶液之濃度**
精秤0.1545g KIO$_3$，溶解於100cc試劑水，再加入約2g碘化鉀（KI）及5cc 1M硫酸溶液（或2～3滴濃硫酸），使完全溶解，置冷暗處5分鐘後，以（約）0.10M Na$_2$S$_2$O$_3$‧5H$_2$O溶液滴定至淡黃色時，加入3cc澱粉指示劑（溶液呈藍色），繼續滴定至藍色消失（呈無色）時爲終點，共計使用Na$_2$S$_2$O$_3$‧5H$_2$O溶液42.90cc。試計算
(1)KIO$_3$之當量數E$_n$爲？（eq）
解：滴定反應爲：**IO$_3$$^-$ + 5I$^-$ + 6H$^+$ →3I$_2$ + 3H$_2$O；3I$_2$ + 6S$_2$O$_3$$^{2-}$→6I$^-$ + 3S$_4$O$_6$$^{2-}$**
　　滴定達終點時，此反應1 mole KIO$_3$ = 6 mole Na$_2$S$_2$O$_3$‧5H$_2$O
　　KIO$_3$之當量重E$_{(KIO_3)}$ = 214.00/6 = 35.67（g KIO$_3$/eq）
　　KIO$_3$之當量數E$_n$ = W$_{(KIO_3)}$/E$_{(KIO_3)}$ = 0.1545/(214.00/6) = 0.00433（eq）
(2)Na$_2$S$_2$O$_3$‧5H$_2$O溶液正確之當量濃度爲？（eq/L）
解：達滴定當量點（終點）時
　　KIO$_3$之當量數（eq）= Na$_2$S$_2$O$_3$‧5H$_2$O溶液之當量數（eq）
　　W$_{(KIO_3)}$/E$_{(KIO_3)}$ = **N$_{(Na_2S_2O_3‧5H_2O)}$**×V$_{(Na_2S_2O_3‧5H_2O)}$/1000
　　設Na$_2$S$_2$O$_3$‧5H$_2$O溶液之正確濃度爲**N$_{(Na_2S_2O_3‧5H_2O)}$**（eq/L），代入
　　0.1545/(214.00/6) = **N$_{(Na_2S_2O_3‧5H_2O)}$**×(42.90/1000)
　　N$_{(Na_2S_2O_3‧5H_2O)}$≒0.101(eq/L)

二、本實驗第2階段滴定達當量點（終點）時，當量濃度（N）之計算 【有關反應式說明請參閱本文】

氯（Cl_2）莫耳質量 $= 35.45 \times 2 = 70.90(g/mole)$

$Na_2S_2O_3$ 莫耳質量 $= 22.99 \times 2 + 32.06 \times 2 + 16.00 \times 3 = 158.10(g/mole)$

滴定達當量點（終點）時，1mole Cl_2 可與 2mole $Na_2S_2O_3$ 反應。

故：(1/2)mole $Cl_2 = [(35.45 \times 2)/2]g\ Cl_2 = 35.45g\ Cl_2$ 可與 1mole $Na_2S_2O_3$（$= 158.10g$）反應；相當於每 35.45g Cl_2 可與 158.10g $Na_2S_2O_3$ 反應。

可寫成：

1 當量（eq）的 Cl_2 有 35.45g，其可與 158.10g $Na_2S_2O_3$ 反應，於此：35.45g Cl_2/eq。

1 當量（eq）的 $Na_2S_2O_3$ 有 158.10g，其可與 158.10g $Na_2S_2O_3$ 反應，於此：158.10g $Na_2S_2O_3$/eq。

故反應時 1mole $Cl_2 = 70.90g\ Cl_2 = 2(eq) \times 35.45(g\ Cl_2/eq) = 2mole\ Na_2S_2O_3 = 2eq\ Na_2S_2O_3$

滴定達當量點時：溶液中氯（Cl_2）之當量數（eq）= 硫代硫酸鈉（$Na_2S_2O_3$）之當量數（eq）

即：$W_{(Cl_2)}/E_{(Cl_2)} = W_{(Cl_2)}/35.45 = N_{(Na_2S_2O_3)} \times (V_{(Na_2S_2O_3)}/1000)$

式中

$W_{(Cl_2)}$：有效氯之重量（g）$= N_{(Na_2S_2O_3)} \times (V_{(Na_2S_2O_3)}/1000) \times E_{(Cl_2)}$
$\qquad\qquad\qquad\qquad\qquad\quad = N_{(Na_2S_2O_3)} \times (V_{(Na_2S_2O_3)}/1000) \times 35.45$

$E_{(Cl_2)}$：氯（Cl_2）之當量重 $= (35.45 \times 2)/2 = 35.45(g/eq)$

$N_{(Na_2S_2O_3)}$：硫代硫酸鈉溶液之當量濃度（eq/L）

$V_{(Na_2S_2O_3)}$：硫代硫酸鈉溶液滴定使用之體積（cc）

若已知漂白水（粉）之重量為 $W_{(漂白水或漂白粉)}$（g），則漂白水（粉）中含有效氯（Cl_2）之重量百分率（%）計算如下：

漂白水（粉）中含有效氯（Cl_2）重量百分率（%）

$= [W_{(Cl_2)}/W_{(漂白水或漂白粉)}] \times 100\%$

$= \{[N_{(Na_2S_2O_3)} \times (V_{(Na_2S_2O_3)}/1000) \times E_{(Cl_2)}]/W_{(漂白水或漂白粉)}\} \times 100\%$

$= \{[N_{(Na_2S_2O_3)} \times (V_{(Na_2S_2O_3)}/1000) \times 35.45]/W_{(漂白水或漂白粉)}\} \times 100\%$

三、實驗步驟、結果記錄與計算

(一) 以0.210N碘酸鉀（KIO_3）標準溶液標定（約0.1N）硫代硫酸鈉（$Na_2S_2O_3 \cdot 5H_2O$）溶液之濃度

【註 6：$Na_2S_2O_3 \cdot 5H_2O$ 溶液易受 pH、微生物、雜質、氧及陽光等之影響而分解，致濃度會改變，故使用前應予標定濃度。】

1. 精取 20.00cc 0.210N KIO_3 標準溶液二份，分別置入 2 個 250cc 錐形瓶中；記錄之。

2. 錐形瓶中各加入 100cc 試劑水、約 2g 碘化鉀（KI）及 5cc 1M 硫酸溶液（或 2～3 滴濃硫酸），以玻棒攪拌使完全溶解，置陰暗處約 3 分鐘。【註 7：加酸使反應生成碘（I_2）分子。】

3. 取（約 0.1N）$Na_2S_2O_3 \cdot 5H_2O$ 溶液裝入滴定管（至刻度 0 處），記錄滴定管初始之刻度 V_1 cc。

4. 即以 $Na_2S_2O_3 \cdot 5H_2O$ 溶液滴定 2. 之〔含碘（I_2）分子〕溶液，直至溶液由深黃褐色變為淡黃色時〔此時碘（I_2）分子即將消耗完〕，加入 3cc 澱粉指示劑（溶液呈深藍色），繼續滴定至藍色消失（呈無色），為滴定終點，記錄滴定管之刻度 V_2 cc。

5. 計算滴定所使用之 $Na_2S_2O_3 \cdot 5H_2O$ 溶液體積 V = ($V_2 - V_1$) cc，記錄之。

6. 計算 $Na_2S_2O_3 \cdot 5H_2O$ 溶液之正確當量濃度 $N_{(Na_2S_2O_3 \cdot 5H_2O)}$（eq/L），於下表：

項　目（使用當量濃度計算）	試樣1	試樣2
① 碘酸鉀（KIO_3）標準溶液之當量濃度$N_{(KIO_3)}$（eq/L）		
② 碘酸鉀（KIO_3）標準溶液之體積$V_{(KIO_3)}$（cc）		
③ 滴定前，滴定管中$Na_2S_2O_3 \cdot 5H_2O$溶液刻度V_1（cc）		
④ 滴定後，滴定管中$Na_2S_2O_3 \cdot 5H_2O$溶液刻度V_2（cc）		
⑤ 滴定所使用之$Na_2S_2O_3 \cdot 5H_2O$溶液體積$V_{(Na_2S_2O_3 \cdot 5H_2O)}$ = ($V_2 - V_1$)（cc）		
⑥ 經標定之$Na_2S_2O_3 \cdot 5H_2O$溶液當量濃度$N_{(Na_2S_2O_3 \cdot 5H_2O)}$（eq/L）【註8】		
⑦ 經標定之$Na_2S_2O_3 \cdot 5H_2O$溶液當量濃度平均值$N_{(Na_2S_2O_3 \cdot 5H_2O)ave}$（eq/L）		

【註8】使用當量濃度計算：

滴定達當量點時：溶液中 KIO_3 之當量數（eq）＝$Na_2S_2O_3 \cdot 5H_2O$ 之當量數（eq）

$N_{(KIO_3)} \times (V_{(KIO_3)}/1000) = N_{(Na_2S_2O_3 \cdot 5H_2O)} \times (V_{(Na_2S_2O_3)}/1000))$

式中：

$N_{(KIO_3)}$：KIO_3 標準溶液之當量濃度（eq/L）

$V_{(KIO_3)}$：KIO_3 標準溶液使用之體積（cc）

$N_{(Na_2S_2O_3 \cdot 5H_2O)}$：$Na_2S_2O_3 \cdot 5H_2O$ 溶液之當量濃度（eq/L）

$V_{(Na_2S_2O_3 \cdot 5H_2O)}$：$Na_2S_2O_3 \cdot 5H_2O$ 溶液滴定使用之體積（cc）

(二) 漂白水（粉）中有效氯之定量

1. 取市售漂白水（假設其比重為 1.0），將其 稀釋 10 倍 後備用（例如取 50cc，再以試劑水稀釋至 500cc）。

2. 精取 5.0cc（即 5.0g）經稀釋後漂白水試樣二份，分別置入 2 個 250cc 錐形瓶中；記錄之。

3. 錐形瓶中各加入 100cc 試劑水、約 2g 碘化鉀（KI）及 10cc 1M 硫酸溶液，以玻棒攪拌使完全溶解。

　　【註 9：加酸使反應生成碘（I_2）分子；此步驟不可加濃鹽酸（HCl），以免產生氯氣（Cl_2）有毒。】

4. 取經標定之 $Na_2S_2O_3 \cdot 5H_2O$ 溶液裝入滴定管（至刻度 0 處），記錄滴定管初始之刻度

V_1 cc。

5. 即以 $Na_2S_2O_3 \cdot 5H_2O$ 溶液滴定 3. 之〔含碘（I_2）分子〕溶液，直至溶液由深黃褐色變爲淡黃色時〔此時碘（I_2）分子即將消耗完〕，加入3cc澱粉指示劑（溶液呈深藍色），繼續滴定至藍色消失（呈無色），爲滴定終點，記錄滴定管之刻度 V_2 cc。

6. 計算滴定所使用之 $Na_2S_2O_3 \cdot 5H_2O$ 溶液體積 $V = (V_2 - V_1)$ cc，記錄之。

7. 計算經稀釋後之漂白水中含有效氯（Cl_2）之重量百分率（%），於下表。

8. 計算（未稀釋）市售漂白水中含有效氯（Cl_2）之重量百分率（%），於下表：

項 目（使用當量濃度計算）	試樣1	試樣2
① （經稀釋後）漂白水試樣之重量W $_{（經稀釋後漂白水）}$（g）【假設其比重爲1.0】		
② 氯（Cl_2）莫耳質量（g/mole）	$35.45 \times 2 = 70.90$	
③ 氯（Cl_2）之當量重E（g/eq）	$70.90/2 = 35.45$	
④ 經標定之$Na_2S_2O_3 \cdot 5H_2O$溶液之當量濃度$N_{(Na_2S_2O_3 \cdot 5H_2O)ave}$（eq/L）		
⑤ 滴定前，滴定管中$Na_2S_2O_3 \cdot 5H_2O$溶液刻度V_1（cc）		
⑥ 滴定後，滴定管中$Na_2S_2O_3 \cdot 5H_2O$溶液刻度V_2（cc）		
⑦ 滴定所使用之$Na_2S_2O_3 \cdot 5H_2O$溶液體積$V_{(Na_2S_2O_3 \cdot 5H_2O)} = (V_2 - V_1)$（cc）		
⑧ （經稀釋後）漂白水中含有效氯（Cl_2）之重量$W_{(Cl_2)}$（g） 【註10】		
⑨ （經稀釋後）漂白水中含有效氯（Cl_2）之重量百分率 $= 〔W_{(Cl_2)}/W_{（漂白水）}〕 \times 100\%$		
⑩ （經稀釋後）漂白水中含有效氯（Cl_2）之重量百分率平均值（%）		
⑪ （未稀釋）市售漂白水中含有效氯（Cl_2）之重量百分率（%）【⑩×10】		

【註10】計算漂白水中含有效氯（Cl_2）之重量 $W_{(Cl_2)}$（g），如下：

以當量濃度計算：滴定達當量點時：

$Na_2S_2O_3 \cdot 5H_2O$ 之當量數 = Cl_2 之當量數

$N_{(Na_2S_2O_3 \cdot 5H_2O)} \times V_{(Na_2S_2O_3 \cdot 5H_2O)}/1000 = W_{(Cl_2)}/E_{(Cl_2)}$

式中

$N_{(Na_2S_2O_3 \cdot 5H_2O)}$：$Na_2S_2O_3 \cdot 5H_2O$ 溶液之當量濃度（eq/L）

$V_{(Na_2S_2O_3 \cdot 5H_2O)}$：$Na_2S_2O_3 \cdot 5H_2O$ 溶液滴定使用之體積（cc）

$E_{(Cl_2)}$：氯（Cl_2）之當量重 = $(35.45 \times 2)/2 = 35.45$（g/eq）

$W_{(Cl_2)}$：有效氯之重量（g）

實驗 6：萃取

一、目的

(一) 瞭解萃取之原理。

(二) 學習萃取之操作並分離混合物中之醋酸。

二、相關知識

(一) 萃取

「萃取（extraction）」係利用溶質（A）於兩種比重不同且互相不溶（或微量互溶）的溶劑（B、C）中溶解平衡濃度或分配係數（K）的不同，將混合物中的某一特定成分（溶質 A），由溶劑 B 中轉移到溶劑 C 中的方法。選擇適當之溶劑，經多次萃取，可將大部分之某特定成分（溶質 A）提取（分離）出來。

萃取是一種廣泛應用的單元操作，常應用於：(1) 於水溶液中之反應產物需藉由有機溶劑以萃取方法分離之；(2) 於反應混合物中以水萃取酸性或鹼性催化劑，或無機鹽類；(3) 以無機稀酸或無機稀鹼自有機溶劑中萃取出有機酸（鹼）類，以分離有機化合物。【註 1：萃取常用於不能以蒸餾法分離之物質，但萃取不能獲得極純物，經萃取獲得之粗產物常需以結晶或蒸餾再精製。】

利用相似相溶原理，萃取有兩種方式：

1. 液 - 液萃取：用選定的溶劑分離液體混合物中的某一特定成分（溶質），萃取溶劑必須與被萃取的混合物液體互相不溶（或微量互溶）、具選擇性的溶解能力、熱穩定性、化學穩定性、較小的毒性和腐蝕性。例如：以苯（C_6H_6）萃取分離煤焦油中的酚（C_6H_5OH）；以四氯化碳（CCl_4）萃取分離水中的溴（Br_2）。

2. 固 - 液萃取：又稱浸取，以溶劑分離固體混合物中的某一特定成分（溶質），例如：以水浸取甜菜中的糖類；以酒精浸取黃豆中的油脂以提高油脂產量；熱水可將咖啡因由磨碎的咖啡豆中萃取出來；熱水可將香草精由香草豆中萃取出來。

萃取常被用於化學實驗中，但其操作過程並不會造成被萃取物質化學成分的改變（或化學反應），故萃取操作為一個物理過程。有機化學實驗常藉萃取來提純和純化化合物，經由萃取，能由液體或固體混合物中提取（分離）出所需要的化合物。

(二) 分液漏斗之使用

　　實驗室中常使用分液漏斗（separatory funnel）進行液相萃取；於分液漏斗中加入試樣溶液（混合物）及一種與試樣溶液互相不溶（或微量互溶）的溶劑，再將兩種溶劑（或溶液）充分混合，利用某特定成分（溶質）於兩種溶劑中的不同溶解度，將某特定成分（溶質）萃取到溶解度較大的溶劑內，而從試樣溶液（混合物）中分離。例如，先將水層混合物〔含特定成分（溶質）〕置入分液漏斗中，再將選定之有機溶劑加入；繼而加蓋並充分搖動漏斗，使二液相充分混合；再將分液漏斗靜置數分鐘，直至水層及有機溶劑完全分層；再旋開分液漏斗下部之旋塞（活栓），使下層之液相流至另一容器中，如此即將二液相分離，如圖1所示。

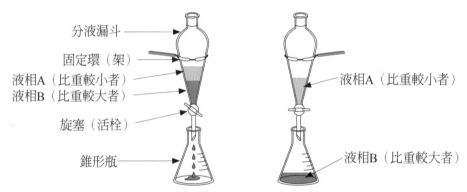

圖1：以分液漏斗分離兩互不相溶（或微量互溶）之液相（有機溶劑層在上層或下層，依比重而定）

(三) 分配係數

　　萃取係依據溶質 A 於兩種比重不同且互相不溶（或微量互溶）的溶劑（B、C）中有不同的溶解平衡濃度，溶劑 C（萃取相，溶質之溶解度較大者）可將溶於溶劑 B（萃餘相，溶質之溶解度較小者）中之溶質 A 轉移溶於溶劑 C（萃取相）中而達平衡分配，此不同溶解平衡濃度之比值為一常數，稱為「分配係數（distribution coefficient）」，以 K 表示，如圖2所示：

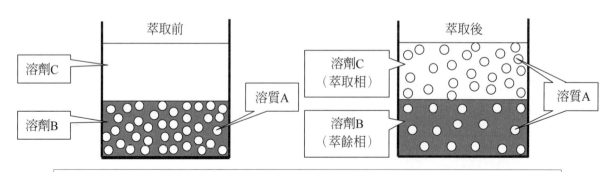

分配係數K ＝ 溶質A於萃取相之平衡濃度C_V（g/cc）／ 溶質A於萃餘相之平衡濃度C_L（g/cc）

圖2：液相間溶質分子之平衡分配示意

　　即：

　　分配係數（K）爲定溫下，溶質 A 於萃取相 C_V 與萃餘相 C_L 之平衡濃度比值，爲一常數值，如下式：

$$K = \frac{溶質\ A\ 於萃取相之平衡濃度（g/cc）}{溶質\ A\ 於萃餘相之平衡濃度（g/cc）} = \frac{C_V}{C_L}$$

　　通常一次溶劑之萃取並無法萃取出大部分的溶質，但使用少量溶劑進行多次萃取，這將比使用大量溶劑僅萃取一次效率高得多，說明如下：

1. 一次萃取

若體積爲 L 之混合液含有溶質重爲 m_0，以 V 體積之溶劑進行一次萃取，假設萃取後體積變化可忽略，則殘留於萃餘相之溶質重爲 m_1，則可由分配係數導出下式：

$$K = \frac{\left[\dfrac{(m_0 - m_1)}{V}\right]}{\left(\dfrac{m_1}{L}\right)}$$

得：$m_1 = m_0 \times \left(\dfrac{L}{KV+L}\right)$

被萃取出之溶質重 $m = m_0 - m_1$

可知：萃取溶劑之體積（V）愈多，萃取效果愈好；分配係數（K）愈大，萃取效果愈佳。

例1：20℃時，100cc水可溶解0.24g壬二酸，100cc乙醚可溶解2.70g壬二酸，則壬二酸於乙醚與水中之分配係數（K）爲？

解：K＝壬二酸對乙醚（萃取相）之平衡濃度／壬二酸對水（萃餘相）之平衡濃度
　　　＝(2.70g/100cc)/(0.24g/100cc) = 11.25

【註2：壬二酸（azelaic acid），俗名杜鵑花酸，爲無色至淡黃色晶體或結晶粉末，微溶於冷水，溶於熱水、乙醚，易溶於乙醇。用作增塑劑，並用於醇酸樹脂、漆和化工合成。】

例2：20℃時，0.24g壬二酸溶解於100cc水中

(1) 當以100cc乙醚進行1次萃取時，可萃取出之壬二酸重爲？（g）

解：已知壬二酸於乙醚與水中之分配係數K = 11.25
　　　設100cc乙醚可萃取出之壬二酸爲W_1（g），則水中殘留之壬二酸 = (0.24 − W_1)（g）
　　　代入：K = 11.25 = (W_1/100)/[(0.24 − W_1)/100]
　　　得：$W_1 \doteqdot 0.22$（g）【可萃取出之壬二酸重】
　　　則水中殘留之壬二酸 = 0.24 − 0.22 = 0.02（g）

另解：設水中殘留之壬二酸爲m_1（g）
　　　　代入$m_1 = m_0[L/(KV + L)]$ = 0.24×[100/(11.25×100 + 100)]$\doteqdot$0.02（g）
　　　　得：100cc乙醚可萃取出之壬二酸 = 0.24 − 0.02 = 0.22（g）【可萃取出之壬二酸重】

(2) 水中壬二酸被乙醚萃取出之百分率爲？（%）

解：水中壬二酸被乙醚萃取出之百分率 = (0.22/0.24)×100% = 91.67（%）

【註3：若有微量之壬二酸溶於水中時，即可以乙醚將其萃取出，再將乙醚蒸餾或蒸發後可得較純之壬二酸。】

2. 多次萃取

當體積為 L 之混合液含有溶質重為 m_0，若將 V 體積之溶劑分 n 次進行萃取〔即每次加入（V/n）溶劑〕，假設萃取後體積變化可忽略，則最後殘留於萃餘相之溶質重為 m_n，則可由分配係數導出下式：

$$m_n = m_0 \times \left[\frac{nL}{KV + nL}\right]^n$$

被萃取出之溶質重 $m = m_0 - m_n$

可知：萃取溶劑之體積（V）愈多，萃取效果愈好；相同溶劑量時，以少量多次萃取效果較佳。

例3：20℃時，0.24g壬二酸溶解於100cc水中，欲以乙醚萃取

(1) 當連續各以50cc乙醚進行2次萃取時，可萃取出之壬二酸為？（g）

解：已知壬二酸於乙醚與水中之分配係數K = 11.25

　　設第1次以50cc乙醚可萃取出之壬二酸為W_1（g），則水中殘留之壬二酸 = (0.24 − W_1)（g）

　　故：K = 11.25 = (W_1/50)／〔(0.24 − W_1)/100〕

　　得：W_1≒0.204（g）【第1次可萃取出之壬二酸重】

　　則水中殘留之壬二酸 = (0.24 − 0.204) = 0.036（g）【經1次萃取後殘留之壬二酸重】

　　設第2次以50cc乙醚可萃取出之壬二酸為W_2（g），則水中殘留之壬二酸 = (0.036 − W_2)（g）

　　故：K = 11.25 = (W_2/50)／〔(0.036 - W_2)/100〕

　　得：W_2≒0.0305（g）【第2次可萃取出之壬二酸重】

　　則水中殘留之壬二酸 = 0.036 − 0.0305 = 0.0055（g）【經2次萃取後殘留之壬二酸重】

　　得：連續各以50cc乙醚進行2次萃取時，可萃取出之壬二酸 = 0.24 − 0.0055 = 0.2345（g）

　　【或 = W_1 + W_2 = 0.204 + 0.0306 = 0.2345(g)】

另解：設經2次萃取後，水中殘留之壬二酸為m_2（g）

　　代入$m_n = m_0 \left[nL/(KV + nL)\right]^n$

　　得：m_2 = 0.24×〔2×100/(11.25×100 + 2×100)〕^{2}≒0.0055（g）

　　得：連續各以50cc乙醚進行2次萃取時，可萃取出之壬二酸 = 0.24 − 0.0055 = 0.2345（g）

(2) 水中壬二酸被乙醚萃取出之百分率為？（%）

解：水中壬二酸被乙醚萃取出之百分率 = (0.2345/0.24)×100% = 97.7（%）

例4：以0.30N氫氧化鈉（NaOH）溶液滴定醋酸（CH₃COOH）水溶液

(1) 取10.0cc醋酸（CH_3COOH）水溶液（90cc試劑水 + 4.5cc濃醋酸），以0.30N氫氧化鈉（NaOH）溶液滴定之，計使用氫氧化鈉溶液體積25.65cc，試計算於10.0cc醋酸水溶液中，所含醋酸之當量數（E_n）為？（eq）

解：醋酸之當量數（E_n）= $N_b \times V_b$/1000

　　10.0cc醋酸水溶液中，所含CH_3COOH之當量數（E_n）= 0.30×26.65/1000 = 0.0077（eq）

(2)於10.0cc醋酸水溶液中，所含醋酸之克數（W_{a1}）為？（g）

解：CH_3COOH莫耳質量（M_a）= 12.01×2 + 1.008×4 + 16.00×2 = 60.052（g/mole）

　　CH_3COOH當量重（E）= 60.052/1 = 60.052（g/eq）

　　於10.0cc醋酸水溶液中，所含CH_3COOH之克數（W_{a1}）= 0.0077×60.052 = 0.462（g）

　　【註4：醋酸（CH_3COOH）為單質子酸，故：$W_{a1} = E_n \times E = E_n \times M_a$。】

(3)每1cc氫氧化鈉（NaOH）溶液可中和之醋酸量為？（g）

解：每1cc氫氧化鈉溶液可中和之CH_3COOH量 = 0.462/25.65 = 0.018（g）

(4)於30cc醋酸水溶液中，所含醋酸之克數（W_{a2}）為？（g）

解：30cc醋酸水溶液中，所含CH_3COOH之克數（W_{a2}）= 30×0.462/10 = 1.386（g）

（續下表）

> **例5：乙醚萃取醋酸水溶液中之醋酸（2次萃取，每次30cc乙醚，總計使用60cc乙醚）**
> (1) 取例4之醋酸水溶液30cc於分液漏斗中，以乙醚萃取2次（每次各30cc），再將經乙醚萃取後之醋酸水
> 　　溶液以0.30N氫氧化鈉溶液滴定之，計使用氫氧化鈉溶液體積43.90cc，試計算經乙醚2次萃取後，水層
> 　　中仍殘留之醋酸量為？（g）【於此，每1cc氫氧化鈉溶液可中和之CH_3COOH量 = 0.018（g）】
> **解**：水層中仍殘留之CH_3COOH量 = 0.018×43.90 = 0.790（g）
> (2) 經乙醚2次萃取，水層中被乙醚萃取出之醋酸量為？（g）
> **解**：經乙醚2次萃取，水層中被乙醚萃取出之CH_3COOH量 = 1.386 − 0.790 = 0.596（g）
> (3) 經乙醚2次萃取，水層中被乙醚萃取出之醋酸量百分率為？（%）
> **解**：經乙醚2次萃取，水層中被乙醚萃取出之CH_3COOH量百分率 = (0.596/1.386)×100% = 43.0（%）

(四) 常使用之萃取溶劑

　　萃取常用於分離反應產物，因反應完成後反應（容）器中會有溶劑、有機產物、副產物及無機化合物等混合物。為分離出有機產物，一般先加入水以溶解分離出無機物，再以不溶於水的有機溶劑萃取出有機化合物。

　　選擇萃取所用的溶劑需符合下列條件：(1) 萃取溶劑與原溶劑不互溶或微溶；(2) 被萃取物應可溶於萃取溶劑，且不得與之作用；(3) 原溶劑中所含較多的雜質不得溶於萃取溶劑；(4) 萃取溶劑應具高揮發性，以利移除。此外，萃取溶劑最好無毒且不易燃，但大部分有機溶劑無法符合這兩項特性；例如：乙醚為最常用的萃取溶劑，其揮發性高但易燃；苯有毒且易燃；鹵化烴並非都易燃，但大部分有毒。表1列出一些萃取溶劑之資料。

表1：某些溶劑之外觀、密度、沸點與溶解度（水）

溶劑種類	化學式	外觀	密度 (g/cc)	沸點 (℃)	溶解度（水） g/100cc (20℃)	備註
水	H_2O	無色透明液體	1.00（4℃）	100	—	—
乙醇	CH_3CH_2OH	無色清澈液體	0.789	78.4	混溶	易燃
正己烷	C_6H_{14}	無色液體	0.6548	69	0.001	易燃、有毒、危害環境
石油醚	petroleum ether	無色透明液體	0.63～0.66	30～60	不溶於水	極易燃
乙醚	$(C_2H_5)_2O$	無色透明液體	0.7134	34.6	6.9	極易燃、刺激性、有毒
丙酮	CH_3COCH_3	無色液體	0.79	56.5	混溶	易燃、刺激性
苯	C_6H_6	無色透明液體	0.8765	80.1	0.18	易燃、有毒、致癌
二氯甲烷	CH_2Cl_2	無色透明液體	1.3255	39.0	1.3	可燃（但不易被點燃）、有毒
三氯甲烷	$CHCl_3$	無色透明液體	1.4832	61.2	0.8	可燃（但不易被點燃）、有毒、致癌、刺激性
四氯化碳	CCl_4	無色液體	1.5842	76.7	0.8g/L（25℃）	不可燃、有毒、致癌、危害環境

【註5】「化學物質」之相關資料可參考：勞動部職業安全衛生署之「化學品全球分類及標示調和制度 GHS（Globally Harmonized System of Classification and Labelling of Chemicals），http://ghs.osha.gov.tw」、行政院環境保護署毒理資料庫查詢 http://flora2.epa. gov.tw/toxicweb/toxicuc4/database.asp、物質安全資料表（MSDS）。

　　常用於萃取水溶液中溶質之有機溶劑通常沸點較低，易使用蒸發或蒸餾法將其與被萃取出之溶質分離；甲醇和乙醇皆可與水互溶，不適合作為萃取溶劑。另表 1 中鹵烷類之比重大於水的比重，故沉於分液漏斗的下層，其他與水不混溶且比重小於水的溶劑則浮於水層之上。要分辨何者為水層，何者為有機層，最簡單的方法即在試管中放入少量的水，取數滴有機溶劑滴入試管中，觀察該有機溶劑與水層是否互溶？或沉於下層或浮於上層？

三、器材與藥品

1. 50cc滴定管	2. 125cc錐形瓶	3. 濃（冰）醋酸（CH$_3$COOH）
4. 分液漏斗（125～250cc）	5. 氫氧化鈉（NaOH）	6. 乙醚
7. 鐵架（含鐵夾或鐵環）	8. 小燒杯	

9. 配製0.30N氫氧化鈉（NaOH）溶液1000cc：取約1100cc試劑水，入燒杯將其煮沸（驅CO$_2$）後，覆蓋錶玻璃，冷卻至室溫；取1000cc定量瓶，內裝約800～900cc冷卻後之試劑水；秤12.000g之NaOH（於此暫視其純度為100％；動作應稍快，減少其潮解），傾入定量瓶中，蓋上蓋子，搖盪攪拌使完全溶解後，再加入試劑水至標線搖勻，置塑膠容器中。（亦可以磁攪拌器使攪拌溶解）【註6：此溶液尚未標定。】

10. 酚酞（phenophthalein）指示劑：取1.0g酚酞溶於100cc酒精中。

四、實驗步驟與結果記錄及計算

(一) 以0.30N氫氧化鈉（NaOH）溶液滴定醋酸（CH$_3$COOH）水溶液

1. 取 50cc 滴定管，置入 0.30N 氫氧化鈉（NaOH）溶液至刻度為 0 處，備用。
2. 取 125cc 錐形瓶，置入 90cc 試劑水及 4.5cc 濃（冰）醋酸（CH$_3$COOH），混合之，得醋酸水溶液（94.5cc），備用。
3. 另取 125cc 錐形瓶，置入步驟 2. 醋酸水溶液 10cc，滴入 2 滴酚酞指示劑（呈無色），以 0.30N 氫氧化鈉溶液滴定之，至溶液呈紅色為滴定終點，記錄滴定所需之氫氧化鈉溶液體積。
4. 結果記錄及計算於下表

	項 目	結果記錄及計算	
		第1次	第2次
①	氫氧化鈉（NaOH）溶液之當量濃度N$_b$（N或eq/L）		
②	滴定10cc醋酸（CH$_3$COOH）水溶液，所使用之NaOH溶液體積V$_b$（cc）		
③	於10cc CH$_3$COOH水溶液中，所含CH$_3$COOH之當量數E$_n$（eq）【E$_n$ = N$_b$×V$_b$/1000】		
④	CH$_3$COOH當量重E（g/eq）【即CH$_3$COOH莫耳質量M$_a$（g/mole）】	60.052	
⑤	於10cc CH$_3$COOH水溶液中，所含CH$_3$COOH之克數W$_{a1}$（g）【W$_{a1}$ = E$_n$×E = E$_n$×M$_a$】		

（續下表）

⑥	1cc NaOH溶液可中和之CH_3COOH量（g）	【W_{a1}/V_b】		
⑦	於30cc CH_3COOH水溶液中，所含CH_3COOH之克數W_{a2}（g）	【$W_{a2} = 3 \times W_{a1}$】		
⑧	於30cc CH_3COOH水溶液中，所含CH_3COOH之克數平均值$W_{a2(ave)}$（g）			

【註7】$NaOH_{(aq)} + CH_3COOH_{(aq)} \rightarrow CH_3COONa_{(aq)} + H_2O_{(l)}$

(二)乙醚萃取醋酸（1次萃取，使用30cc乙醚）

1. 準備一分液漏斗，關閉旋塞，置入 30cc 醋酸水溶液，另再加入 30cc 乙醚，蓋上蓋子（溶液分為2層，上層為乙醚，下層為醋酸水溶液）。【註8：乙醚極易燃，嚴禁接觸火（熱）源。】

2. 輕搖數下分液漏斗，使上、下層溶液混合，再立即將分液漏斗倒拿，打開旋塞洩掉部分揮發之乙醚氣體（以降低分液漏斗瓶內之氣體壓力）。

3. 再關閉旋塞，手持分液漏斗使成水平，再水平輕搖 2～3 次，停止；再將分液漏斗倒拿，再洩壓 1 次（共洩壓約 2～3 次）。

4. 再關閉旋塞，（上下）搖動分液漏斗 10～15 次，使上、下層溶液充分混合，停止搖動。

5. 將分液漏斗置於分液漏斗架上，旋轉蓋子（蓋子呈圓柱體部分有一平面，將其與分液漏斗頸部之洩氣孔對齊）使內外氣壓平衡。

6. 靜置分液漏斗約 2～4 分鐘，直至瓶內液體明顯分成 2 層。

7. 取一小錐形瓶置分液漏斗下方，打開旋塞使水層（下層，仍含有部分之醋酸）流入小錐形瓶中。

8. 另備一小燒杯，將分液漏斗中剩餘之乙醚層洩於其中（此乙醚層中含有部分之醋酸）。

9. 於步驟 7. 小錐形瓶（含水層）中滴入 2～3 滴酚酞指示劑（呈無色），以 0.30N 氫氧化鈉溶液滴定之，至溶液呈紅色為滴定終點，記錄滴定所需之氫氧化鈉溶液體積。

10. 計算水層中仍殘留之醋酸（CH_3COOH）量、被乙醚萃取出之醋酸（CH_3COOH）量及被乙醚萃取出之醋酸（CH_3COOH）量百分率（%）。

11. 乙醚置入（非含氯）有機廢液桶貯存待處理。

	項　　目〔乙醚萃取醋酸（1次萃取，使用30cc乙醚）〕	結果記錄及計算
⑨	經乙醚1次萃取後，滴定水層所使用之NaOH溶液體積V_{b1}（cc）	
⑩	經乙醚1次萃取後，水層中仍殘留之CH_3COOH量（g）【⑥×⑨】	
⑪	經乙醚1次萃取，水層中被乙醚萃取出之CH_3COOH量（g）【⑦−⑩】	
⑫	經乙醚1次萃取，水層中被乙醚萃取出之CH_3COOH量百分率（%）【(⑪/⑧)×100%】	

(三) 乙醚萃取醋酸（2次萃取，每次15cc乙醚，總計使用30cc乙醚）

1. 準備一分液漏斗，關閉旋塞，置入 30cc 醋酸水溶液，另再加入 15cc 乙醚，蓋上蓋子（溶液分為2層，上層為乙醚，下層為醋酸水溶液）。【註9：乙醚極易燃，嚴禁接觸火（熱）源。】

2. 輕搖數下分液漏斗，使上、下層溶液混合，再立即將分液漏斗倒拿，打開旋塞洩掉部分揮發之乙醚氣體（以降低瓶內氣體壓力）。

3. 再關閉旋塞，手持分液漏斗使成水平，再水平輕搖 2～3 次，停止；再將分液漏斗倒拿，再洩壓 1 次（共洩壓約 2～3 次）。

4. 再關閉旋塞，（上下）搖動分液漏斗 10～15 次，使上、下層溶液充分混合，停止。

5. 將分液漏斗置於分液漏斗架上，旋轉蓋子（蓋子呈圓柱體部分有一平面，將其與分液漏斗頸部之洩氣孔對齊）使內外氣壓平衡。

6. 靜置分液漏斗約 2～4 分鐘，直至瓶內液體明顯分成 2 層。

7. 取一小錐形瓶置分液漏斗下方，打開旋塞使水層（下層，仍含有部分之醋酸）流入小錐形瓶中。

8. 另備一小燒杯，將分液漏斗中剩餘之乙醚層洩於其中。（此乙醚層中含有部分之醋酸）

9. 再將步驟 7. 小錐形瓶中之水層倒回分液漏斗中，另再加入 15cc 乙醚，重複步驟 2.～6. 進行第 2 次萃取。

10. 萃取結束後，再將水層分離出於步驟 7. 小錐形瓶中，滴入 2～3 滴酚酞指示劑（呈無色），以 0.30N 氫氧化鈉溶液滴定之，至溶液呈紅色爲滴定終點，記錄滴定所需之氫氧化鈉溶液體積。

11. 計算水層中仍殘留之醋酸（CH_3COOH）量、被乙醚萃取出之醋酸（CH_3COOH）量及被乙醚萃取出之醋酸（CH_3COOH）量百分率（%）。

12. 乙醚置入（非含氯）有機廢液桶貯存待處理。

項　　　目【2次萃取，每次15cc乙醚，總計使用30cc乙醚】	結果記錄及計算
⑬　經乙醚2次萃取後，滴定水層所使用之NaOH溶液體積V_{b2}（cc）	
⑭　經乙醚2次萃取後，水層中仍殘留之CH_3COOH量（g）【⑥×⑬】	
⑮　經乙醚2次萃取，水層中被乙醚萃取出之CH_3COOH量（g）【⑧－⑭】	
⑯　經乙醚2次萃取，水層中被乙醚萃取出之CH_3COOH量百分率（%）【（⑮/⑧）×100%】	

五、心得與討論

_____

_____

_____

_____

_____

_____

_____

_____

實驗 7：水中酸度、鹼度之測定 ── 指示劑滴定法

一、目的

(一) 瞭解水中酸度及鹼度之意義。

(二) 瞭解水中酸度及鹼度測定原理。

(二) 練習水中酸度及鹼度之測定及其計算。

二、相關知識

【註 1：「氫離子濃度指數（pH）」、「酸度（acidity）」、「鹼度（alkalinity）」，其定義各不相同，切勿混淆。】

(一) 水中酸度及其來源、重要性、測定之原理及計算

1. 水中酸度及其來源

許多自然水、家庭污水或事業廢水中常含有形成「酸度（acidity）」之化學物質，例如，含有來自無機酸、有機酸等高強（濃）度的酸，或含（溶）有二氧化碳（CO_2）- 碳酸（H_2CO_3）- 碳酸氫鹽（HCO_3^-）系統。

(1) 無機酸、有機酸形成之酸度

事業廢水中常含有無機酸或有機酸，如冶金工業、製造合成有機物的工廠、電鍍工廠 ⋯⋯ 等，其使用硫酸、鹽酸、硝酸、有機酸（如醋酸）⋯⋯ 等所排出之廢酸，能釋出氫離子（H^+），亦為水中酸度之來源，如下列方程式：

$$H_2SO_4 \rightarrow SO_4^{2-} + 2\,\boxed{H^+}$$
$$HCl \rightarrow Cl^- + \boxed{H^+}$$
$$HNO_3 \rightarrow NO_3^- + \boxed{H^+}$$
$$CH_3COOH \rightleftharpoons CH_3COO^- + \boxed{H^+}$$

或含 Fe^{3+}、Al^{3+} 離子之鹽類溶於水中亦會釋出 H^+，亦為水中酸度之來源，如下列方程式：

$$FeCl_3 + H_2O \rightleftharpoons Fe(OH)_3 \downarrow + 3\,\boxed{H^+} + 3Cl^-$$

自然界的水亦可能會含有礦酸（無機酸），如水流經含硫（S）、硫化物（S^{2-}）、硫鐵礦（FeS_2，二硫化鐵）的礦區，硫氧化菌（能氧化硫化合物的細菌）於厭氧環境能將還原性硫化物氧化成硫酸或硫酸鹽，如下列方程式：

$$2H_2S+O_2 \xrightarrow{\text{硫氧化菌}} 2H_2O+2S$$

$$2S+3O_2+2H_2O \xrightarrow{\text{硫氧化菌}} 2\boxed{H_2SO_4}$$

$$2FeS_2+7O_2+2H_2O \xrightarrow{\text{硫氧化菌}} 2FeSO_4 + 2\boxed{H_2SO_4}$$

(2)「二氧化碳（CO_2）- 碳酸（H_2CO_3）- 碳酸氫根（HCO_3^-）系統」形成之酸度

二氧化碳（CO_2）普遍存在於自然界的水中，其或經由大氣而溶解於水體中（當大氣中 CO_2 的分壓大於水中 CO_2 的分壓），或水體中之有機物被（好氧、厭氧）微生物代謝而產生之 CO_2 溶解於水體中。新鮮雨水含有 CO_2 約 0.5～2.0mg/L；地面水或湖水表層約 0～5mg/L。地下水、湖泊或水庫的底（深）層水常含有大量的 CO_2，其濃度與有機物被（好氧、厭氧）微生物代謝的量有關，惟此部分所產生之 CO_2 不易逸至大氣中，其濃度通常在 30～50mg/L 以下，或可高達數百 mg/L。另夜晚水體中不發生光合作用時，於水體中 CO_2 的分壓若大於大氣中 CO_2 的分壓，則 CO_2 將由水體中進入大氣中。

大氣中之二氧化碳（CO_2）或水環境中有機物被微生物代謝所產生之 CO_2 溶於水，會形成「二氧化碳（CO_2）、碳酸（H_2CO_3）、碳酸氫根離子（HCO_3^-）、碳酸根離子（CO_3^{2-}）、氫氧根離子（OH^-）及氫離子（H^+）」之平衡系統，如下列方程式：

$$CO_{2(g)} + H_2O_{(l)} \rightleftharpoons \boxed{H_2CO_3}_{(aq)} \rightleftharpoons \boxed{H^+}_{(aq)} + HCO_3^-{}_{(aq)}$$

$$\boxed{HCO_3^-}_{(aq)} \rightleftharpoons \boxed{H^+}_{(aq)} + CO_3^{2-}{}_{(aq)}$$

$$CO_3^{2-}{}_{(aq)} + H_2O_{(l)} \rightleftharpoons OH^-{}_{(aq)} + HCO_3^-{}_{(aq)}$$

另含二氧化碳（CO_2）之地下水流經石灰岩地層〔含碳酸鈣（$CaCO_3$）或碳酸鎂（$MgCO_3$）〕，常會溶出碳酸氫鹽（HCO_3^-），亦為水中酸度來源，如下列方程式：

$$CO_{2(g)}+H_2O_{(l)}+CaCO_{3(s)} \rightarrow Ca(HCO_3)_{2(aq)}$$

$$Ca(HCO_3)_{2(aq)} \rightarrow Ca^{2+}{}_{(aq)} + 2HCO_3^-{}_{(aq)}$$

$$\boxed{HCO_3^-}_{(aq)} \rightleftharpoons \boxed{H^+}_{(aq)} + CO_3^{2-}{}_{(aq)}$$

二氧化碳（CO_2）溶於水，致產生能釋出氫離子（H^+）之物質者，如碳酸（H_2CO_3）、碳酸氫根離子（HCO_3^-），為水中酸度來源之一。

2. 酸度之重要性

於自來水工程中，含酸度（主要來自二氧化碳 — 碳酸鹽系統）之水於管線輸送、貯存或處理時，會引起管線或設備之腐蝕問題；於使用石灰或石灰 - 蘇打灰法進行硬水軟化時，來自二氧化碳 - 碳酸鹽系統之酸度需予考慮（估計化學藥品加藥量）；於事業廢水中，含酸度（主要來自無機酸、有機酸）之水於管線輸送、貯存或處理、排放（放流）時，會引起管線或設備之腐蝕、水質處理（化學處理、生物處理）控制、環保法規（是否符合放流水標準？）等問題；此常需調整水質之 pH 值，使於適當之範圍，而測定水中酸度，除可判斷形成酸度之化學物質濃度，亦為計算化學藥品（鹼劑）加藥量、貯存空間設備容量、經費預算之基礎。

灌溉用水若含有大量之 HCO_3^- 或 CO_3^{2-}，可能使土壤中鈣、鎂離子（Ca^{2+}、Mg^{2+}）形成碳酸鹽沉澱物，此種作用可能使灌溉水中鈉離子（Na^+）之相對濃度增加，而增強土壤中可置換性鈉之聚積，危害土壤。此反應常以如下方式進行：

$$Ca^{2+} + Na^+ + 3HCO_3^- \rightarrow CaCO_3 \downarrow + Na^+ + HCO_3^- + CO_2 + H_2O$$

3. 酸度測定之原理 ── 滴定法及計算

水之「酸度」係指水所能提供氫離子（H^+）能力之一種量度；將水樣以標準鹼溶液（氫氧化鈉 NaOH）滴定，並使用特定之 pH 指示劑，達某特定的 pH 值（4.5 及 8.3）為滴定終點，所需要標準鹼之當量數，轉換為：每公升水樣所含碳酸鈣之毫克數表示（mg as $CaCO_3$/L）。圖 1 為酸度範圍滴定與 pH 值範圍之關係示意。

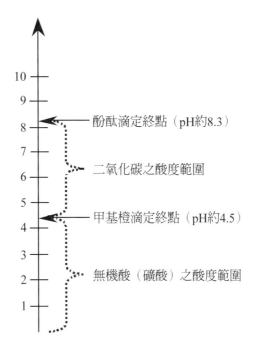

圖 1：酸度範圍滴定與 pH 值範圍之關係示意

以標準鹼（0.02N NaOH）溶液滴定中和水中酸度物質〔二氧化碳與無機酸（礦酸）或少量之有機酸〕，並以適當指示劑顯示其滴定終點。滴定分兩階段，說明如下：

(1) 滴定之第一階段：

天然水或事業廢水之 pH 若低於 4.5 時，其酸度主要是由無機（礦）酸（或少量之有機酸，如醋酸）所形成，若以甲基橙為指示劑，滴定到 pH = 4.5 之酸度（因滴定到 pH = 4.5 時，大多數無機酸已被中和），稱為甲基橙酸度（methyl orange acidity，MO 酸度）或礦酸酸度（mineral acidity），計算如下：

甲基橙酸度（以 mg $CaCO_3$/L 表示）$= \dfrac{(A \times N \times 50,000)}{V}$

A：滴定至 pH = 4.5 時，所使用標準鹼溶液之體積，cc

　　　N：標準鹼（氫氧化鈉 NaOH）溶液之當量濃度，eq/L（或 N）

　　　V：水樣體積，cc

(2) 滴定之第二階段：

　　若需測定水樣之無機（礦）酸與弱酸（二氧化碳系統為主）之總酸度，可使用酚酞為指示劑，滴定到 pH = 8.3 之酸度（因滴定到 pH = 8.3 時，無機（礦）酸與大多數弱酸已經被中和），稱為酚酞酸度（phenolphthalein acidity，PP 酸度）或總酸度（total acidity），計算如下：

　　總酸度（以 mg CaCO₃/L 表示）$= \dfrac{(B \times N \times 50{,}000)}{V}$

　　B：滴定至 pH = 8.3 時，所使用標準鹼溶液之體積，cc

　　N：標準鹼（氫氧化鈉 NaOH）溶液之當量濃度，eq/L（或 N）

　　V：水樣體積，cc

【註 2：酸度測定時，應盡速於取樣現場完成，並避免大氣及水樣中之 CO_2 進出，或溫度之變化而改變水樣中 CO_2 之溶解平衡濃度。】

例1：配製0.020N鄰苯二甲酸氫鉀（$C_6H_4(COOK)(COOH)$）**標準溶液（一級標準）**
欲配製0.020N之鄰苯二甲酸氫鉀（設其純度為100%）溶液1000cc，應如何配製？
解：當量濃度（N）＝溶質的當量數／溶液的公升數＝〔w/(分子量/n)〕/V
　　由所需溶液之當量濃度N、分子量（莫耳質量）、n（$C_6H_4(COOK)(COOH)$釋出之H^+數）、溶液體積V（公升），計算出所需溶質（鄰苯二甲酸氫鉀）之克數w。
　　$C_6H_4(COOK)(COOH)$莫耳質量＝12.01×8＋1.008×5＋16.00×4＋39.10＝204.22（g/mole）
　　$C_6H_4(COOK)(COOH)_{(aq)} \rightarrow C_6H_4(COOK)(COO^-)_{(aq)} + 1\mathbf{H^+}_{(aq)}$
　　設需鄰苯二甲酸氫鉀為w克，則
　　0.020＝〔w/(204.22/1)〕/(1000/1000)
　　w＝4.085（克）
　　取鄰苯二甲酸氫鉀4.085克，以試劑水溶解並稀釋至1000mL，即得0.020N之鄰苯二甲酸氫鉀溶液1000cc。

例2：【此濃度尚未標定】配製當量濃度（N_b）（約）0.02N之氫氧化鈉溶液
欲配製（約）0.02N氫氧化鈉（NaOH）溶液1000cc，應如何配製？
【註3：NaOH之真實純度當非100%，尚需標定其正確之濃度（N_b）。】
解：當量濃度（N）＝溶質的當量數／溶液的公升數＝〔w/(分子量/n)〕/V
　　由所需溶液之當量濃度N、分子量（莫耳質量）、n（NaOH釋出之OH^-數）、溶液體積V（公升）數，計算出所需溶質（氫氧化鈉）之克數w。
　　NaOH莫耳質量＝22.99＋16.00＋1.01＝40.00（g/mole）
　　$NaOH_{(aq)} \rightarrow Na^+_{(aq)} + 1OH^-_{(aq)}$
　　設需氫氧化鈉為w克，則
　　0.020＝〔w/(40.00/1)〕/(1000/1000)
　　w＝0.80（克）
　　秤0.80克之NaOH，以煮沸後冷卻之試劑水溶解並稀釋至1000cc，備用。

例3：以0.020N鄰苯二甲酸氫鉀標準溶液標定（約）0.02N氫氧化鈉溶液之正確濃度（N_b）
精取25.00cc 0.020N鄰苯二甲酸氫鉀標準溶液於250cc錐形瓶中，加入2滴酚酞指示劑（呈無色）；以例2之NaOH溶液滴定之，至終點（為粉紅色）停止滴定，計使用25.40ccNaOH溶液，則NaOH溶液之正確當量濃度（N_b）為？（N）

（續下表）

解：$C_6H_4(COOK)(COOH)_{(aq)} + NaOH_{(aq)} \rightarrow C_6H_4(COOK)(COONa)_{(aq)} + H_2O_{(l)}$

　　　【註4：酸鹼滴定達滴定終點時：酸之當量數（eq）＝ $N_a \times V_a = N_b \times V_b =$ 鹼之當量數（eq）】

　　　設NaOH溶液之正確當量濃度為N_b（N），則

　　　$0.020 \times (25.00/1000) = N_b \times (25.40/1000)$

　　　$N_b = 0.0197 \fallingdotseq 0.020$（N或eq/L）

　　　【註5：此為經標定之氫氧化鈉溶液濃度；氫氧化鈉溶液使用時皆應予以標定濃度。】

例4：甲基橙酸度（methyl orange acidity）之計算

取50.0cc水樣至錐形瓶中，加入2～3滴甲基橙指示劑，以經標定正確濃度為0.020N NaOH溶液滴定，至溶液顏色由粉紅色變成黃橙色為滴定終點（pH = 4.5），記錄使用之NaOH溶液體積為18.50cc。計算水樣之甲基橙酸度或自由酸度為？（mg CaCO₃/L）

解：甲基橙酸度（mg CaCO₃/L）＝ $(A \times N \times 50,000)/V$，代入

　　　甲基橙酸度（mg CaCO₃/L）＝〔$18.50 \times 0.020 \times 50,000$〕$/50.0 = 370.0$（mg CaCO₃/L）

例5：酚酞酸度（phenolphthalein acidity）或總酸度（total acidity）之計算

取50.0cc水樣至錐形瓶中，加入2～3滴酚酞指示劑，以經標定正確濃度為0.020N NaOH溶液滴定，至溶液顏色由無色變成粉紅色為滴定終點（pH = 8.3），記錄使用之NaOH溶液體積為20.50cc。計算水樣之酚酞酸度或總酸度為？（mg CaCO₃/L）。

解：總酸度（mg CaCO₃/L）＝ $(B \times N \times 50,000)/V$，代入

　　　總酸度（mg CaCO₃/L）＝〔$20.50 \times 0.020 \times 50,000$〕$/50.0 = 410.0$（mg CaCO₃/L）

(二) 水中鹼度及其來源、重要性、測定之原理及計算

1. 水中鹼度及其來源

　　水中的「鹼度（alkalinity）」為水「對酸緩衝能力」或「中和酸的能力」的一種量度。

　　將水樣以校正過之適當 pH 計或滴定裝置，並使用特定之 pH 顏色指示劑，於室溫下以標準酸滴定樣品到某特定的 pH 終點（即 pH 值 8.3 及 4.5）時，所需要標準酸之當量數，即為「鹼度」，以「相當於鹼度濃度為每公升溶液中含有碳酸鈣毫克數（mg as CaCO₃/L）」表示。

　　水因「鹼度」的存在，具有緩衝能力，其可減少因酸（H⁺）的加入而造成 pH 值急劇改變，故鹼度亦被視為對「酸」緩衝能力的一種量度。

　　許多自然水、家庭污水或事業廢水中常含有形成「鹼度（alkalinity）」之化學物質，例如，含有來自強鹼、弱鹼、弱酸的鹽類等高強（濃）度的鹼，或含有「碳酸氫根（HCO_3^-）- 碳酸根（CO_3^{2-}）- 氫氧根離子（OH^-）系統」。

(1) 強鹼、弱鹼及弱酸的鹽類形成之鹼度

　　水中來自強鹼、弱鹼及弱酸的鹽類，形成之鹼度如表 1 所示。

表 1：水中來自強鹼、弱鹼及弱酸的鹽類所形成之鹼度

水中來自強鹼、弱鹼及弱酸的鹽類所形成之鹼度	強鹼	例如：氫氧化鈉（NaOH）、氫氧化鈣（Ca(OH)$_2$） 例1：$NaOH_{(aq)} \rightarrow Na^+_{(aq)} + OH^-_{(aq)}$ 　　　$Na^+_{(aq)} + OH^-_{(aq)} + H^+_{(aq)} \rightarrow Na^+_{(aq)} + H_2O_{(l)}$
	弱鹼	例如：氨水（$NH_3 \cdot H_2O$）、二乙胺（$(C_2H_5)_2NH$）、甲胺（CH_3NH_2） 例2：$NH_{3(aq)} + H_2O_{(l)} \rightleftharpoons NH_4^+_{(aq)} + OH^-_{(aq)}$ 　　　$NH_4^+_{(aq)} + OH^-_{(aq)} + H^+_{(aq)} \rightarrow NH_4^+_{(aq)} + H_2O_{(l)}$ 例3：$(C_2H_5)_2NH_{(aq)} + H_2O_{(l)} \rightleftharpoons (C_2H_5)_2NH_2^+_{(aq)} + OH^-_{(aq)}$ 　　　$(C_2H_5)_2NH_2^+_{(aq)} + OH^-_{(aq)} + H^+_{(aq)} \rightarrow (C_2H_5)_2NH_2^+_{(aq)} + H_2O_{(l)}$
	弱酸的鹽類	硼酸鹽（BO_3^{3-}）、矽酸鹽（SiO_3^{2-}，如Na_2SiO_3）、磷酸鹽（PO_3^{3-}）、碳酸鹽（CO_3^{2-}）、碳酸氫鹽（HCO_3^-）、醋酸鹽（CH_3COO^-） 例4：$CO_3^{2-}_{(aq)} + H^+_{(aq)} \rightleftharpoons HCO_3^-_{(aq)}$ 例5：$CH_3COO^-_{(aq)} + H^+_{(aq)} \rightarrow CH_3COOH_{(aq)}$

(2)「碳酸氫根（HCO_3^-）- 碳酸根（CO_3^{2-}）- 氫氧根離子（OH^-）系統」形成之鹼度

當水中含有CO_2及碳酸鈣（$CaCO_3$）時，其會產生溶解性較高之碳酸氫鈣（$Ca(HCO_3)_2$）；又因原水 pH 值不同可使碳酸氫根（HCO_3^-）轉化為碳酸根（CO_3^{2-}），CO_3^{2-} 再與水作用會釋出 OH^-，可使水之 pH 值升高至 9～10。如下列方程式：

$$CO_{2(aq)} + H_2O_{(l)} + CaCO_{3(s)} \rightarrow Ca(HCO_3)_{2(aq)}$$
$$Ca(HCO_3)_{2(aq)} \rightarrow Ca^{2+}_{(aq)} + 2HCO_3^-_{(aq)}$$
$$2HCO_3^-_{(aq)} \rightleftharpoons CO_3^{2-}_{(aq)} + H_2O_{(l)} + CO_{2(aq)}$$
$$CO_3^{2-}_{(aq)} + H_2O_{(l)} \rightleftharpoons OH^-_{(aq)} + HCO_3^-_{(aq)}$$

【註5：水中溶入 CO_2，若無碳酸鹽類（如 $CaCO_3$、$MgCO_3$）時，其會形成碳酸（H_2CO_3），為弱酸性，反應為：$CO_{2(g)} + H_2O_{(l)} \rightleftharpoons H_2CO_{3(aq)}$。故 CO_2 溶於水中，使水質呈酸鹼性，需視水中存有相關物質而定。】

　　天然水中若含有大量藻類時，會因光合作用吸收（消耗）水中之 CO_2，使水中原存在之 HCO_3^- 轉化為 CO_3^{2-}，CO_3^{2-} 再與水作用會釋出 OH^-，可使水之 pH 值升高至 9～10。另工業上之鍋爐用水，於加熱時水中之 CO_2 會逸出，若含有 HCO_3^-，亦會釋出 OH^- 而使水之 pH 值升高。如下列方程式：

$$2HCO_3^-_{(aq)} \rightleftharpoons CO_3^{2-}_{(aq)} + H_2O_{(l)} + CO_{2(aq)}$$
$$CO_3^{2-}_{(aq)} + H_2O_{(l)} \rightleftharpoons OH^-_{(aq)} + HCO_3^-_{(aq)}$$

　　因系統平衡方程式中皆含有碳酸氫根離子（HCO_3^-），故其中某一成分濃度改變，即會引起全系統平衡濃度之改變，使各成分濃度亦隨之改變，pH 值亦改變；同理，pH 值改變亦會改變系統之平衡。

　　會形成水中鹼度的物質相當多，不易確認；實務上，天然水之鹼度以 (1) 氫氧根離子（OH^-）、(2) 碳酸根離子（CO_3^{2-}）、(3) 碳酸氫根離子（HCO_3^-）為主要來源，其他則予以忽略。舉凡二氧化碳、氫氧化物、弱酸的鹽類、酸及溫度等，皆有可能改變水中鹼度之量。

2. 鹼度之重要性

鹼度於化學混凝時，具緩衝能力，可使水質 pH 維持在適當範圍內，產生良好之混凝效果；於石灰蘇打法處理硬水軟化時，可計算軟化所需之石灰蘇打量；鹼度之多寡及 pH 值可估計水中之 CO_2 量，而 CO_2 為腐蝕因素之一。

於環境工程水處理之混凝過程中，「鹼度」之存在極為重要。例如，當作為混凝劑之硫酸鋁（$Al_2(SO_4)_3$）加入含鹼度物質〔例如：氫氧化鈉（$NaOH$）、碳酸鈉（Na_2CO_3）、碳酸氫鈉（$NaHCO_3$）〕之水時，會生成氫氧化鋁（$Al(OH)_3$）膠體，反應如下：

$$Al_2(SO_4)_{3(s)} + 6NaOH_{(aq)} \rightarrow 2Al(OH)_{3(s)} \downarrow + 3Na_2SO_{4(aq)}$$

$$Al_2(SO_4)_{3(s)} + 3Na_2CO_{3(aq)} + 3H_2O_{(l)} \rightarrow 2Al(OH)_{3(s)} \downarrow + 3Na_2SO_{4(aq)} + 3CO_{2(g)}$$

$$Al_2(SO_4)_{3(s)} + 6NaHCO_{3(aq)} \rightarrow 2Al(OH)_{3(s)} \downarrow + 3Na_2SO_{4(aq)} + 6CO_{2(g)}$$

氫氧化鋁 $Al(OH)_3$ 膠體呈白色絨絮狀，於水中經由電雙層壓縮、電性中和、沉澱絆除等作用，與水中之懸浮膠體微粒生成沉澱物而沉澱，可澄清處理之水質。故於水處理程序中，若水中鹼度不足時，將會影響膠羽（體）之形成，則需適量補充鹼度。

【註 7：若使用氫氧化鈣（$Ca(OH)_2$）、碳酸氫鈣（$Ca(HCO_3)_2$）補充鹼度，需注意其會增加水中之鈣硬度。】

例6：原水中加入硫酸鋁（$Al_2(SO_4)_3 \cdot 18H_2O$）1mg/L時，則
(1) 會消耗原水中之鹼度為？（mg as $CaCO_3$/L）
解：硫酸鋁（$Al_2(SO_4)_3 \cdot 18H_2O$）之莫耳質量 = 666（g/mole）
　　　碳酸鈣$CaCO_3$之莫耳質量 = 100.0（g/mole）
　　　$Al_2(SO_4)_3 \cdot 18H_2O + 3CaCO_3 + 3H_2O \rightarrow 2Al(OH)_{3(s)} \downarrow + 3CaSO_4 + 3CO_2 + 18H_2O$
　　　設加入硫酸鋁（$Al_2(SO_4)_3 \cdot 18H_2O$）1mg/L時，會消耗鹼度（碳酸鈣）量為$X_1$（mole/L），則
　　　$X_1 = [(3 \times 1 \times 10^{-3})/666]$（mole $CaCO_3$/L）
　　　　　$= [(3 \times 1 \times 10^{-3})/666] \times 100.0 \times 1000$（mg $CaCO_3$/L）
　　　　　$= 0.450$（mg $CaCO_3$/L）
(2) 若不消耗原水中之鹼度，需要補充石灰（氫氧化鈣）量為？（mg/L）
解：氫氧化鈣（$Ca(OH)_2$）之莫耳質量 = 74.0（g/mole）
　　　$Al_2(SO_4)_3 \cdot 18H_2O + 3Ca(OH)_2 \rightarrow 2Al(OH)_{3(s)} \downarrow + 3CaSO_4 + 18H_2O$
　　　設加入硫酸鋁（$Al_2(SO_4)_3 \cdot 18H_2O$）1mg/L時，需要補充石灰（氫氧化鈣）量為$X_2$（mole/L），則
　　　$X_2 = [(3 \times 1 \times 10^{-3})/666]$（mole $Ca(OH)_2$/L）
　　　　　$= [(3 \times 1 \times 10^{-3})/666] \times 74.0 \times 1000$（mg $Ca(OH)_2$/L）
　　　　　$= 0.333$（mg $Ca(OH)_2$/L）

---

3. 水中鹼度測定之原理 - 滴定法及計算

水的「鹼度（alkalinity）」為水對「酸」緩衝能力的一種量度。於室溫時以標準酸（0.02N 硫酸或鹽酸溶液）滴定水樣到某特定之 pH（8.3 及 4.5）終點時，所需要標準酸之當量數即為「鹼度」，以「相當於鹼度濃度為每公升溶液中含有碳酸鈣毫克數（mg as $CaCO_3$/L）」表示。

圖 2 為強酸（H^+）滴定「氫氧化物（OH^-）- 碳酸鹽（CO_3^{2-}）- 碳酸氫鹽（HCO_3^-）」溶液

之示意。

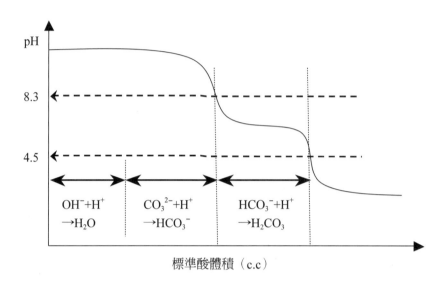

圖 2：強酸（H^+）滴定「氫氧化物（OH^-）- 碳酸鹽（CO_3^{2-}）- 碳酸氫鹽（HCO_3^-）」溶液之滴定曲線

以標準酸（0.02N H_2SO_4 或 HCl）溶液滴定中和水中鹼度物質〔氫氧根離子（OH^-）、碳酸根離子（CO_3^{2-}）、碳酸氫根離子（HCO_3^-）〕，並以適當指示劑顯示其滴定終點。滴定分兩階段，說明如下：

(1) 滴定之第一階段：

選擇 pH = 8.3 為終（當量）點，此為碳酸根（CO_3^{2-}）轉變為碳酸氫根（HCO_3^-）之當量點，此時溶液中之氫氧根（OH^-）被中和、碳酸根（CO_3^{-2}）被轉變為碳酸氫根（HCO_3^-）；反應如下：

$$OH^-_{(aq)} + H^+_{(aq)} \rightarrow H_2O_{(l)}$$
$$CO_3^{2-}_{(aq)} + H^+_{(aq)} \rightarrow HCO_3^-_{(aq)}$$

可選用酚酞（顏色變化：粉紅→無色）或間甲酚紫（顏色變化：紫→黃）為指示劑，習慣上稱此為酚酞鹼度（phenolphthalein alkalinity）或 P 鹼度，計算如下：

酚酞鹼度（以 mg $CaCO_3$/L 表示）$= \dfrac{(C \times N \times 50,000)}{V}$

C：滴定至 pH = 8.3 時，所使用標準酸溶液之體積，cc

N：標準酸（硫酸或鹽酸）溶液之當量濃度，eq/L（或 N）

V：水樣體積，cc

(2) 滴定之第二階段：

繼續以強酸滴定，第二階段選擇 pH = 4.5 為終（當量）點，此為碳酸氫根轉變為碳酸之當量點，此時溶液中之碳酸氫根（HCO_3^-）皆被轉變為碳酸（H_2CO_3）；反應如下：

$$HCO_3^-_{(aq)} + H^+_{(aq)} \rightarrow H_2CO_{3(aq)}$$

可選用溴甲苯酚綠為指示劑（顏色變化：藍→微黃）或溴甲酚綠 - 甲基紅混合指示劑（顏

色變化：藍→紅）。當鹼度含蓋滴定 OH^-、CO_3^{2-} 及 HCO_3^- 所需之酸，稱爲總鹼度（total alkalinity）或 T 鹼度，計算如下：

總鹼度（以 mg CaCO₃/L 表示）$=\dfrac{(D \times N \times 50,000)}{V}$

D：滴定至 pH = 4.5 時，所使用標準酸溶液之體積，cc

N：標準酸（硫酸或鹽酸）溶液之當量濃度，eq/L（或 N）

V：水樣體積，cc

表 2 爲強酸滴定鹼度時，可選用指示劑參考表。

表 2：強酸滴定鹼度可選用指示劑參考表

指示劑	pH變化範圍	顏色變化
酚酞（phenolphthalein）	8.2—9.8	無⟷粉紅
間甲酚紫（metacresol purple）	7.6—9.2	黃⟷紫
溴甲酚綠（bromcresol green）	3.8—5.4	（微）黃⟷藍
溴甲酚綠-甲基紅（mixed bromcresol green-methyl red）	5.1	紅⟷藍

測定鹼度於滴定過程中 pH 值之變化，亦可以 pH 計量測，再畫出滴定曲線以決定滴定終點（反曲點）之化學計量。

【註 8：碳酸氫根（HCO_3^-）是一種兩性物質，可爲酸亦可爲鹼；若爲酸，則釋出質子（H^+）形成碳酸根離子（CO_3^{2-}），反應式如下：則：$HCO_3^-{}_{(aq)} \rightleftharpoons H^+{}_{(aq)} + CO_3^{2-}{}_{(aq)}$；若爲鹼，則接受質子（$H^+$）形成碳酸（$H_2CO_3$），反應式如下：$HCO_3^-{}_{(aq)} + H^+{}_{(aq)} \rightleftharpoons H_2CO_3{}_{(aq)}$。】

例7：**配製0.050N碳酸鈉（Na₂CO₃）標準溶液1000cc**

如何配製0.050N碳酸鈉（一級試藥，純度視爲100%）標準溶液1000cc？

解：Na₂CO₃莫耳質量 = 22.99×2 + 12.01 + 16.00×3 = 105.99≒106.00（g/mole）

設需碳酸鈉爲w（g），則

0.050 =〔w/(105.99/2)〕/(1000/1000)

w≒2.650（g）

精秤碳酸鈉2.650g，以試劑水溶解於1000cc定量瓶，即得。

【註9：一般而言，欲精秤碳酸鈉「恰好」爲2.650g，極不容易；通常秤量範圍爲2.5±0.2g（精確至mg），以配製成當量濃度「約0.05N」即可。（依實際秤量取至mg，再精確計算當量濃度，作爲「標準溶液」以標定鹽酸或硫酸溶液，如例8、例10所示。）】

例8：**以碳酸鈉（Na₂CO₃）試藥配製標準溶液1000cc**

若精秤碳酸鈉恰爲2.698g，溶解於試劑水配製成1000cc溶液，其當量濃度爲？（eq/L）

解：設碳酸鈉標準溶液之當量濃度爲X（N或eq/L），則

X =〔2.698/(105.99/2)〕/(1000/1000) = 0.051（N或eq/L）

例9：【**此濃度尚未標定**】配製（約）**0.02N硫酸（H₂SO₄）溶液**

欲配製（約）0.02N硫酸溶液1000cc，應如何配製？

解：H₂SO₄莫耳質量 = 1.01×2 + 32.06 + 16.00×4 = 98.08（g/mole）

設取濃硫酸（98%、比重約1.84）v cc，則

（續下表）

$0.02 = \left[(v \times 1.84 \times 98\%)/(98.08/2) \right]/(1000/1000)$

$v \doteqdot 0.55$（cc）

取98%濃硫酸0.55cc加入至試劑水中，稀釋成1000cc溶液。

例10：以碳酸鈉（Na₂CO₃）標準溶液標定（約）0.02N硫酸（H₂SO₄）溶液之正確濃度

精取15.00cc 0.051N碳酸鈉標準溶液於250cc燒杯內，另加入約60cc試劑水；煮沸後冷卻之，再以約為0.02N之硫酸溶液滴定之；滴定至pH 4.5附近（溴甲酚綠指示劑，顏色變化：藍→微黃）為滴定終點，記錄使用之硫酸溶液體積為38.25cc，則此硫酸溶液之正確當量濃度為？（N或eq/L）

解：$Na_2CO_{3(aq)} + H_2SO_{4(aq)} \rightarrow Na_2SO_{4(aq)} + H_2O_{(l)} + CO_{2(g)}$

設此硫酸溶液之正確當量濃度為X（N或eq/L），代入：$N_a \times V_a = N_b \times V_b$，則

$0.051 \times (15.00/1000) = X \times (38.25/1000)$

$X = 0.020$（N或eq/L）【此濃度已經標定】

例11：酚酞鹼度（phenolphthalein alkalinity）之計算

取50.0cc水樣至錐形瓶中，加入2～3滴酚酞指示劑，以經標定正確濃度為0.020N H₂SO₄溶液滴定，至溶液顏色由：粉紅→無色，為滴定終點（pH = 8.3），記錄使用之H₂SO₄溶液體積為18.50cc。計算水樣之酚酞鹼度為？（mg CaCO₃/L）

解：酚酞鹼度（以mg CaCO₃/L表示）= (C×N×50,000)/V，代入

酚酞鹼度（mg CaCO₃/L）= 〔18.50×0.020×50,000〕/50.0 = 370.0（mg CaCO₃/L）

例12：總鹼度（total alkalinity）之計算

取50.0cc水樣至錐形瓶中，加入2～3滴溴甲酚綠指示劑，以經標定正確濃度為0.020N H₂SO₄溶液滴定，至溶液顏色由：藍→黃，為滴定終點（pH = 4.5），記錄使用之H₂SO₄溶液體積為20.50cc。計算水樣之總鹼度為？（mg CaCO₃/L）。

解：總鹼度（mg CaCO₃/L）= (D×N×50,000)/V，代入

總鹼度（mg CaCO₃/L）= 〔20.50×0.020×50,000〕/50.0 = 410.0（mg CaCO₃/L）

三、器材與藥品

(一) 酸度、鹼度共用

1.滴定架及50cc滴定管	2.電磁攪拌器（含磁石）	3.10cc刻度吸管	4.100或250cc燒杯
5.25cc、50cc球形吸管	6.250cc錐形瓶	7.安全吸球	8.玻璃棒

9.試劑水：不含二氧化碳的純水（需經煮沸15分鐘且已冷卻至室溫），其最終之pH值應≧6.0且其導電度應在2μmhos/cm以下。用以製備空白樣品、儲備或標準溶液、標定及所有稀釋之用水。

10.酚酞指示劑：溶解0.5g酚酞（phenolphthalein）於50cc 95%乙醇，再加入50cc試劑水。

(二) 酸度測定所需藥品

1.甲基橙指示劑：溶解0.5g甲基橙（methyl orange）於1000cc試劑水中。
2.配製（約）0.02N氫氧化鈉溶液1000cc：秤0.80g NaOH於經煮沸（祛除CO₂氣體）冷卻後之試劑水，以1000cc定量瓶定容之，貯存於Pyrex玻璃瓶或PE塑膠瓶中。【註10：此溶液濃度未經標定。】
3.配製0.020N鄰苯二甲酸氫鉀標準溶液1000cc：精秤4.085g鄰苯二甲酸氫鉀（KHC₈H₄O₄）（一級標準）於經煮沸（祛除CO₂氣體）冷卻後之試劑水，以1000cc定量瓶定容之，貯存於玻璃瓶中。

（續下表）

4.配製含酸度（0.035N鹽酸、0.02M碳酸氫鈉）之人工水樣1000cc：取1000cc定量瓶，置入約600cc試劑水，加入3.0cc濃鹽酸（約36%）、1.68g碳酸氫鈉（NaHCO₃）溶解之，再以試劑水定容至標線。

(三) 鹼度測定所需藥品

1.配製0.050N碳酸鈉（Na₂CO₃）標準溶液1000cc：預先乾燥3～5g一級標準品碳酸鈉（於250℃、4小時；再於乾燥器中冷卻）；精秤碳酸鈉2.650g（精確至mg），置入1000cc定量瓶，以經煮沸（袪除CO₂氣體）冷卻後之試劑水溶解並混合，定容至標線。此溶液1cc = 2.50mg CaCO₃。

2.配製（約）0.02N硫酸溶液1000cc：取98%濃硫酸0.55cc加入於經煮沸（袪除CO₂氣體）冷卻後之試劑水中，於1000cc定量瓶稀釋至標線。【註11：此溶液之正確濃度尚未標定】

3.溴甲酚綠指示劑：溶解100mg溴甲酚綠鈉鹽（Bromcresol green sodium salt），於100cc試劑水中。

4.配製含鹼度（0.02N NaOH、0.02M碳酸氫鈉）之人工水樣1000cc：取1000cc定量瓶，置入約600cc試劑水，加入0.8g NaOH、1.68g碳酸氫鈉（NaHCO₃）溶解之，再以試劑水定容至標線。

四、實驗步驟、結果記錄與計算

(一) 酸度測定【指示劑滴定法】

【註 12：水樣中若含有鐵鹽或鋁鹽，酸度測定時，需以沸點滴定法進行滴定，加熱可加速鐵鹽或鋁鹽之水解；此部分本實驗略之。】

1. 以0.020N鄰苯二甲酸氫鉀（一級）標準溶液「標定」（約）0.02N氫氧化鈉溶液之正確當量濃度（N_b）

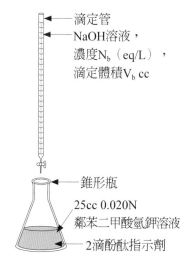

滴定管
NaOH溶液，
濃度N_b（eq/L），
滴定體積V_b cc

(1) 以 25cc 移液管精取 25.00cc 製備好之 0.020N 鄰苯二甲酸氫鉀標準溶液於 250cc 錐形瓶中，記錄之；再加入 2 滴酚酞指示劑（呈無色）備用。

(2) 備好滴定管，取小燒杯盛裝 60cc（約）0.02N NaOH 溶液，利用漏斗裝入滴定管內至刻度 0 處。

(3) 如圖示，開始滴定步驟 (1) 之鄰苯二甲酸氫鉀溶液，至滴定終點（無色→粉紅色）停止滴定，記錄使用之 NaOH 溶液體積。

錐形瓶
25cc 0.020N
鄰苯二甲酸氫鉀溶液
2滴酚酞指示劑

達當量點：無色→粉紅色

(4) 計算 NaOH 溶液之正確當量濃度（N_b）。

(5) 結果記錄與計算：

項 目	第1次滴定	第2次滴定
① 鄰苯二甲酸氫鉀標準溶液之當量濃度N_a（eq/L）		
② 鄰苯二甲酸氫鉀標準溶液體積V_a（cc）		

（續下表）

	項　目		
③	NaOH溶液之（粗）當量濃度N（eq/L）		
④	達滴定終點所使用之NaOH溶液體積V_b（cc）		
⑤	計算NaOH溶液之正確當量濃度N_b（eq/L）　【註12】		
⑥	計算NaOH溶液之正確當量濃度平均值$(N_b)_{ave}$（eq/L）		

【註13】酸鹼滴定達當量點時，酸之當量數＝鹼之當量數

即：$N_a \times V_a/1000 = \boxed{N_b} \times V_b/1000$

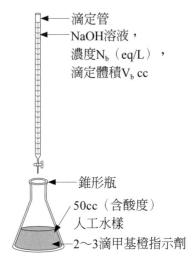

滴定管
NaOH溶液，
濃度N_b（eq/L），
滴定體積V_b cc

2. 甲基橙酸度（methyl orange acidity）之測定

(1) 使用一吸管將 50.0cc（含酸度）的人工水樣吸取至錐形瓶中（吸管尖端靠近瓶底再排出水樣）。

(2) 加入 2～3 滴甲基橙指示劑（呈粉紅色），輕搖混合以避免 CO_2 氣體進出。【註 14：若滴入甲基橙指示劑後，水樣呈黃橙色，則水樣無甲基橙酸度。】

(3) 如圖示，取滴定管，裝入經步驟 1. 標定正確濃度之 NaOH 溶液至標示為 0 處；開始滴定，至溶液顏色由粉紅色變成黃橙色，為滴定終點（pH = 4.5），記錄使用之 NaOH 溶液體積 A（cc）。

錐形瓶
50cc（含酸度）
人工水樣
2～3滴甲基橙指示劑

達滴定終點：粉紅色→黃橙色

(4) 結果記錄及計算：

	項　目	第1次	第2次
①	經步驟1.標定正確濃度之NaOH溶液濃度$(N_b)_{ave}$（eq/L）		
②	水樣體積V（cc）		
③	達滴定終點（pH = 4.5）所使用之NaOH溶液體積A（cc）		
④	水樣之甲基橙酸度（mg $CaCO_3$/L）　【註15】		
⑤	水樣之甲基橙酸度平均值（mg $CaCO_3$/L）		

【註15】甲基橙酸度（mg $CaCO_3$/L）＝$(A \times N \times 50,000)/V$

A：滴定至 pH = 4.5 時，所使用 NaOH 溶液之體積，cc

N：NaOH 溶液之當量濃度，eq/L（或 N）

V：水樣體積，cc

3. 酚酞酸度（phenolohthalein acidity）或總酸度（total acidity）測定

(1) 使用一吸管將 50.0cc（含酸度）的人工水樣吸取至錐形瓶中（吸管尖端靠近瓶底再排出水樣）。

(2) 加入 2～3 滴酚酞指示劑（呈無色），輕搖混合以避免 CO_2 氣體進出。

(3) 如圖示，取滴定管，裝入經步驟 1. 標定正確濃度之 NaOH 溶液至標示為 0 處，開始滴定，至溶液顏色由

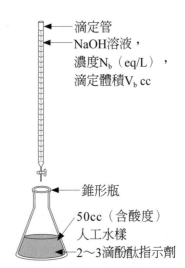

滴定管
NaOH溶液，
濃度N_b（eq/L），
滴定體積V_b cc

錐形瓶
50cc（含酸度）
人工水樣
2～3滴酚酞指示劑

達滴定終點：無色→粉紅色

無色變成粉紅色，爲滴定終點（pH = 8.3），記錄使用之 NaOH 溶液體積 B（cc）。

(4) 結果記錄及計算：

項　　目	第1次	第2次
① 經步驟1.標定正確濃度之NaOH溶液濃度$(N_b)_{ave}$（eq/L）		
② 水樣體積V（cc）		
③ 達滴定終點（pH = 8.3）所使用之NaOH溶液體積B（cc）		
④ 水樣之酚酞酸度或總酸度（mg CaCO₃/L）　【註16】		
⑤ 水樣之酚酞酸度或總酸度平均值（mg CaCO₃/L）		

【註 16】總酸度（mg CaCO₃/L）$= (B \times N \times 50,000)/V$

　　　　B：滴定至 pH = 8.3 時，所使用 NaOH 溶液之體積，cc

　　　　N：NaOH 溶液之當量濃度，eq/L（或 N）

　　　　V：水樣體積，cc

(二) 鹼度測定【指示劑滴定法】

1. 以0.050N碳酸鈉（Na₂CO₃）標準溶液標定（約）0.02N硫酸（H₂SO₄）溶液之正確當量濃度（Nₐ）

(1) 精取 15.00cc（V_b）已知濃度（N_b）之碳酸鈉標準溶液於 100 或 250cc 燒杯內，另加入約 60cc 試劑水；煮沸後冷卻之。

(2) 再加入 2 滴溴甲酚綠指示劑（呈藍色）。

(3) 如圖示，取滴定管置入（約）0.02N 之硫酸溶液，滴定 (1) 之溶液；滴定至 pH 4.5 附近（顏色變化：藍→微黃）爲滴定終點，記錄使用之硫酸溶液體積 V_a（cc）。

(4) 計算標定後硫酸溶液之正確當量濃度 N_a（eq/L）。

(5) 結果記錄及計算：

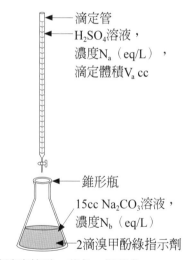

滴定管

H₂SO₄溶液，濃度Nₐ（eq/L），滴定體積Vₐ cc

錐形瓶

15cc Na₂CO₃溶液，濃度N_b（eq/L）

2滴溴甲酚綠指示劑

達滴定終點：藍色→微黃色

項　　目	第1次滴定	第2次滴定
① 碳酸鈉標準溶液之當量濃度N_b（eq/L）		
② 碳酸鈉標準溶液體積V_b（cc）		
③ 硫酸（H₂SO₄）溶液之（粗）當量濃度N（eq/L）		
④ 達滴定終點所使用之H₂SO₄溶液體積V_a（cc）		
⑤ 計算H₂SO₄溶液之正確當量濃度N_a（eq/L）　【註17】		
⑥ 計算H₂SO₄溶液之正確當量濃度平均值$(N_a)_{ave}$（eq/L）		

【註 17】酸鹼滴定達當量點時，酸之當量數 = 鹼之當量數

　　　　即：$\boxed{N_a} \times V_a/1000 = N_b \times V_b/1000$

2. 酚酞鹼度（phenolphthalein alkalinity）之測定

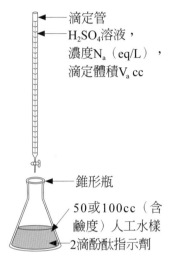

滴定管
H₂SO₄溶液，
濃度N_a（eq/L），
滴定體積V_a cc

(1) 使用一吸管將 50.0（100.0 或其他適量）cc（含鹼度）的人工水樣吸取至錐形瓶中（吸管尖端靠近瓶底再排出水樣）。【註 18：因水樣中鹼度的範圍可能很大，可先做預試驗滴定，決定適當之水樣量及適當標準酸（硫酸或鹽酸）之當量濃度（0.02N 或 0.1N）。】

(2) 加入 2～3 滴酚酞指示劑（呈粉紅色），輕搖混合以避免 CO_2 氣體進出。【註 19：若滴入酚酞指示劑後，水樣呈粉紅色，則水樣無酚酞鹼度。】

錐形瓶

50或100cc（含鹼度）人工水樣
2滴酚酞指示劑

(3) 如圖示，取滴定管，裝入經步驟 1. 標定正確濃度之 H_2SO_4 溶液至標示為 0 處；開始滴定，至溶液顏色由粉紅→無色，為滴定終點（pH = 8.3），記錄使用之 H_2SO_4 溶液體積 C（cc）。

達滴定終點：粉紅色→無色

(4) 結果記錄及計算：

	項　　目		第1次滴定	第2次滴定
①	經步驟1.標定正確濃度之H_2SO_4溶液濃度$(N_a)_{ave}$（eq/L）			
②	水樣體積V（cc）			
③	達滴定終點（pH = 8.3）所使用之H_2SO_4溶液體積C（cc）			
④	水樣之酚酞鹼度（mg CaCO₃/L）	【註20】		
⑤	水樣之酚酞鹼度平均值（mg CaCO₃/L）			

【註 20】酚酞鹼度（以 mg CaCO₃/L 表示）= (C×N×50,000)/V

　　　C：滴定至 pH = 8.3 時，所使用標準酸溶液之體積，cc

　　　N：標準酸（硫酸或鹽酸）溶液之當量濃度，eq/L（或 N）

　　　V：水樣體積，cc

3. 總鹼度（total alkalinity）之測定

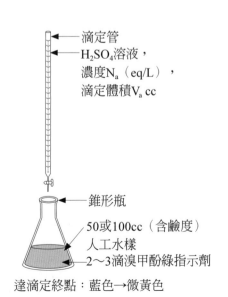

滴定管
H₂SO₄溶液，
濃度N_a（eq/L），
滴定體積V_a cc

(1) 使用一吸管將 50.0（100.0 或其他適量）cc（含鹼度）的人工水樣吸取至錐形瓶中（吸管尖端靠近瓶底再排出水樣）。【註 21：因水樣中鹼度的範圍可能很大，可先做預試驗滴定，以決定適當之水樣量及適當標準酸（硫酸或鹽酸）之當量濃度（0.02N 或 0.1N）。】

(2) 加入 2～3 滴溴甲酚綠指示劑（呈藍色），輕搖混合以避免 CO_2 氣體進出。

錐形瓶

50或100cc（含鹼度）人工水樣
2～3滴溴甲酚綠指示劑

(3) 如圖示，取滴定管，裝入經步驟 1. 標定正確濃度之 H_2SO_4 溶液至標示為 0 處；開始滴定，至溶液顏色由藍→微黃，為滴定終點（pH = 4.5），記錄使用之 H_2SO_4 溶液體積 D（cc）。

達滴定終點：藍色→微黃色

(4) 結果記錄及計算：

項　目		第1次	第2次
①	經步驟1.標定正確濃度之H_2SO_4溶液濃度$(N_a)_{ave}$（eq/L）		
②	水樣體積V（cc）		
③	達滴定終點（pH = 4.5）所使用之H_2SO_4溶液體積D（cc）		
④	水樣之總鹼度（mg $CaCO_3$/L）　　　　　　　　　　【註22】		
⑤	水樣之總鹼度平均值（mg $CaCO_3$/L）		

【註22】總鹼度（以 mg $CaCO_3$/L 表示）＝ $(D \times N \times 50,000)/V$

　　　　D：滴定至 pH = 4.5 時，所使用標準酸溶液之體積，cc

　　　　N：標準酸（硫酸或鹽酸）溶液之當量濃度，eq/L（或 N）

　　　　V：水樣體積，cc

(5) 廢液分類處理原則：本實驗廢液依一般無機廢液處理。

五、心得與討論

實驗 8：化學沉降 —— 碳酸鈣、氫氧化鈣之溶解度積常數

一、目的

（一）瞭解離子化合物（電解質）之「溶解」與「沉澱」之特性。

（二）瞭解溶解度積常數（K_{sp}）之定義。

（三）學習溶解度積常數（K_{sp}）之相關計算。

二、相關知識

（一）離子化合物（電解質）於水中之溶解與沉澱（化學沉降）

固態物質於水中，「溶解度」雖有大小的差異，但若添加「過量」之固態物質於水中，達到當時水環境所能允許之「飽和溶解量（濃度）」時，則此固態物質於水中之溶解量將不會再增加，當其量超過最大溶解量時，將會以沉澱固體物型態存於水中。

離子化合物（電解質）溶於水中會解離出陰離子、陽離子；惟不同之離子化合物於水中溶解度大小各有不同，且差異極大，或「可溶」：表示於水中之溶解度頗大；或「適度可溶」：表示於水中之溶解度較小，但仍視為可溶；或「不可溶」：表示於水中之溶解度非常小，於水溶液中很容易產生沉澱物。

經驗上，許多離子化合物於水中之溶解度大小已被歸納出一些規則，如表 1 所示。

表 1：常見離子化合物於水中溶解度之規則（定性描述）

化合物含有下列離子時，多數 可溶於水		例外說明
1	Li^+、Na^+、K^+、NH_4^+	沒有例外
2	NO_3^-、$CHCOO^-$、ClO_3^-、ClO_4^-	沒有例外〔但醋酸銀（CH_3COOAg）為適度可溶、醋酸鉻（$(CH_3COO)_3Cr$）難溶〕
3	Cl^-、Br^-、I^-	與 Ag^+、Cu^+、Hg_2^{2+}、Pb^{2+} 配對之化合物為不可溶
4	SO_4^{2-}	與 Sr^{2+}、Ba^{2+}、Pb^{2+}、Hg_2^{2+} 配對之化合物為不可溶（但硫酸鈣、硫酸銀為適度可溶）
化合物含有下列離子時，多數 不可溶於水		例外說明
1	OH^-、S^{2-}	與 Li^+、Na^+、K^+、NH_4^+ 配對之化合物為可溶
2	OH^-	與 Ca^{2+}、Sr^{2+}、Ba^{2+} 配對之化合物為適度可溶
3	S^{2-}	與 Ca^{2+}、Sr^{2+}、Ba^{2+} 配對之化合物為可溶
4	CO_3^{2-}、SO_3^{2-}、PO_4^{3-}	與 Li^+、Na^+、K^+、NH_4^+ 配對之化合物為可溶

【註1】「可溶」：表示於水中之溶解度頗大。「適度可溶」：表示於水中之溶解度較小，但仍視為可溶。「不可溶」：表示於水中之溶解度非常小，於水溶液中很容易產生沉降（澱）物。【此表僅為溶解度大小約略之估計，無法定量；定量請參閱溶解度積常數 K_{sp}。】

運用表1，可預測兩溶液混合後，是否會有沉澱之化學反應發生？

例1：$Pb(NO_3)_{2(aq)} + KI_{(aq)} →$ 是否會有沉澱之化學反應發生？

解：可將反應物寫成離子形式，如下：

$Pb^{2+}_{(aq)} + 2NO_3^-{}_{(aq)} + K^+_{(aq)} + I^-_{(aq)} →$

再將這些陰、陽離子組合，視其形成之化合物會否產生沉澱？

查表1可發現碘化鉛（PbI_2）為唯一會沉澱之產物，而硝酸鉀（KNO_3）為可溶的，故

$Pb^{2+}_{(aq)} + 2NO_3^-{}_{(aq)} + 2K^+_{(aq)} + 2I^-_{(aq)} → PbI_{2(s)} ↓ + 2K^+_{(aq)} + 2NO_3^-{}_{(aq)}$

上式可寫成淨離子方程式

$Pb^{2+}_{(aq)} + 2I^-_{(aq)} → PbI_{2(s)} ↓$

例2：若將含下表之陰離子、陽離子溶液混合時，預測是否發生沉澱反應？沉澱物顏色各為？

離子	Ag^+	Ba^{2+}	Zn^{2+}
Cl^-	(1)	(2)	(3)
CrO_4^{2-}	(4)	(5)	(6)

解：(1)為氯化銀（$AgCl$）白色沉澱；(2)為氯化鋇（$BaCl_2$）可溶於水；(3)為氯化鋅（$ZnCl_2$）可溶於水；(4)為鉻酸銀（Ag_2CrO_4）磚紅色沉澱；(5)為鉻酸鋇（$BaCrO_4$）黃色沉澱；(6)為鉻酸鋅（$ZnCrO_4$）可溶於水。

表1中，離子化合物之「不可溶」，表示於水中之「溶解度非常小」，但仍有其「非常小之溶解度（濃度）」或很容易產生「沉澱物」。環境污染領域，於「水」中，「環保法規」對某些陰、陽離子濃度有其允許濃度（最大限值）之規定，大多皆屬濃度甚微小者，僅列舉數例如表2所示；而離子化合物以「沉澱物」存在，若含有重金屬，於水處理則會生成「含重金屬之污泥」，其於廢棄物處理則會成為「有害廢棄物」。

需注意者：環境污染領域中，運用「化學沉降反應」處理含（溶解）重金屬離子之水，雖可降低水中（溶解）之重金屬離子濃度，但亦生成含重金屬之沉澱物，此即「含重金屬之污泥」，另衍生為「廢棄物」清理之問題。

【註2：重金屬：比重接近或高於5.0的金屬〔如鉛（Pb）、鉻（Cr）、鎘（Cd）、鐵（Fe）、銅（Cu）、汞（Hg）、銀（Ag）、錳（Mn）、鎳（Ni）、鋅（Zn）、鈷（Co）、錫（Sn）等〕或類金屬元素（砷As），其對生物有明顯毒性。此類物質於水中或為溶解態離子或為固態沉澱物。例如：重金屬鉛（Pb），溶解態為鉛離子（Pb^{+2}），固態沉澱物或為氯化鉛（$PbCl_2$）、溴化鉛（$PbBr_2$）、碘化鉛（PbI_2）、碳酸鉛（$PbCO_3$）、草酸鉛（PbC_2O_4）、鉻酸鉛（$PbCrO_4$）、硫酸鉛（$PbSO_4$）、磷酸鉛（$Pb_3(PO_4)_2$）、氫氧化鉛（$Pb(OH)_2$）、硫化鉛（PbS）等。】

表2：環保法規，對「水」中某些陰、陽離子之允許濃度（最大限值）

項目	飲用水水質標準	污水經處理後注入地下水體水質標準	海洋放流管線放流水標準	放流水標準
鉛（Pb）	0.01	0.05	5.0	1.0
鉻（總鉻）（Cr）	0.05	0.05	2.0	2.0
鎘（Cd）	0.005	0.005	0.5	0.03
鐵（Fe）	0.3	0.3	—	10（溶解性）
銅（Cu）	1.0	1.0	2.0	3.0
總硬度（以$CaCO_3$計）	300	—	—	—
氰鹽（CN^-）	0.05	0.01	1.0	1.0
氟鹽（F^-）	0.8	0.8	—	15
硝酸鹽氮（$NO_3^- - N$）	10.0	10	—	50
硫酸鹽（SO_4^{-2}）	250	250	—	—
硫化物（S^{-2}）	—	—	—	1.0
氯鹽（Cl^-）	250	250	—	—

【註3】皆為「最大限值」，單位：mg/L。

(二) 溶解度積常數（K_{sp}）

低溶解度或不可溶之離子化合物溶於水時，可利用「溶解度積常數：K_{sp}」來評估其在水溶液中之溶解量（濃度）及是否會形成沉澱？

定溫時，固體離子化合物於水中皆有不同程度之溶解度，如氯化銀（AgCl）於水中溶解度很小；當其溶於水中，形成飽和溶液達平衡時，平衡式如下：

$$AgCl_{(s)} \rightleftharpoons Ag^+_{(aq)} + Cl^-_{(aq)}$$

因 $AgCl_{(s)}$ 是固體，此溶解度平衡為非均勻平衡，平衡常數 K 為

$$K = [Ag^+][Cl^-]/[AgCl_{(s)}]$$

因 $[AgCl_{(s)}]$ 為一定值，故可將 $K \times [AgCl_{(s)}]$ 合併為一常數，稱為 K_{sp}；即

$$K \times [AgCl_{(s)}] = [Ag^+][Cl^-] = K_{sp} = 1.8 \times 10^{-10}$$

K_{sp} 稱為溶解度積常數（簡稱溶度積），sp 為 solubility product（溶解度乘積）。

對一般低溶解度離子化合物於水中，當固液共存且達最大溶解度時，形成一飽和溶液；其未溶解之過量固體（$A_m B_n$）與溶於水中之離子（A^{n+}、B^{m-}）間建立一平衡關係，如下：

$$A_m B_{n(s)} \rightleftharpoons mA^{n+}_{(aq)} + nB^{m-}_{(aq)}$$
$$K_{sp} = [A^{n+}]^m [B^{m-}]^n$$

式中 K_{sp} 為溶解度積常數（不寫單位）；$[A^{n+}]$、$[B^{m-}]$ 分別為 A^{n+}、B^{m-} 之容積莫耳濃度，單位

為：mole/L。

　　化學家已分析、計算出一系列低溶解度離子化合物之溶解度積常數，表3列出某些低溶解度離子化合物之 K_{sp}（25℃）。多數離子化合物之 K_{sp} 可於化學書籍查得。

表3：某些低溶解度離子化合物之 K_{sp}（25℃）

離子化合物	化學式	K_{sp}（25℃）	離子化合物	化學式	K_{sp}（25℃）	離子化合物	化學式	K_{sp}（25℃）
碳酸鎂	$MgCO_3$	1.0×10^{-5}	氫氧化鋇	$Ba(OH)_2$	1.3×10^{-2}	硫酸鈣	$CaSO_4$	2.5×10^{-5}
碳酸鎳	$NiCO_3$	1.3×10^{-7}	氫氧化鍶	$Sr(OH)_2$	6.4×10^{-3}	硫酸銀	Ag_2SO_4	1.5×10^{-5}
碳酸鈣	$CaCO_3$	5.0×10^{-9}	氫氧化鈣	$Ca(OH)_2$	4.0×10^{-5}	硫酸亞汞	Hg_2SO_4	6.8×10^{-7}
碳酸鋇	$BaCO_3$	2.0×10^{-9}	氫氧化鎂	$Mg(OH)_2$	7.1×10^{-12}	硫酸鍶	$SrSO_4$	3.5×10^{-7}
碳酸鍶	$SrCO_3$	5.2×10^{-10}	氫氧化鈹	$Be(OH)_2$	4.0×10^{-13}	硫酸鉛	$PbSO_4$	2.2×10^{-8}
碳酸錳	$MnCO_3$	5.0×10^{-10}	氫氧化鋅	$Zn(OH)_2$	3.3×10^{-13}	硫酸鋇	$BaSO_4$	1.7×10^{-10}
碳酸銅	$CuCO_3$	2.3×10^{-10}	氫氧化錳	$Mn(OH)_2$	2.0×10^{-13}	硫化錳	MnS	2.3×10^{-13}
碳酸亞鈷	$CoCO_3$	1.0×10^{-10}	氫氧化鎘	$Cd(OH)_2$	8.1×10^{-15}	硫化亞鐵	FeS	4.2×10^{-17}
碳酸亞鐵	$FeCO_3$	2.1×10^{-11}	氫氧化鉛	$Pb(OH)_2$	1.2×10^{-15}	硫化鎳	NiS	3.0×10^{-19}
碳酸鋅	$ZnCO_3$	1.7×10^{-11}	氫氧化亞鐵	$Fe(OH)_2$	8.0×10^{-16}	硫化鋅	ZnS	2.0×10^{-24}
碳酸銀	$AgCO_3$	8.1×10^{-12}	氫氧化鎳	$Ni(OH)_2$	3.0×10^{-16}	硫化亞鈷	CoS	2.0×10^{-25}
碳酸鎘	$CdCO_3$	1.0×10^{-12}	氫氧化亞鈷	$Co(OH)_2$	2.0×10^{-16}	硫化亞錫	SnS	3.0×10^{-27}
碳酸鉛	$PbCO_3$	7.4×10^{-14}	氫氧化銅	$Cu(OH)_2$	1.3×10^{-20}	硫化鉛	PbS	1.0×10^{-28}
氯化鉛	$PbCl_2$	2.0×10^{-5}	氫氧化汞	$Hg(OH)_2$	4.0×10^{-26}	硫化鎘	CdS	2.0×10^{-28}
氯化亞銅	$CuCl$	1.2×10^{-6}	氫氧化亞錫	$Sn(OH)_2$	6.0×10^{-27}	硫化銅	CuS	6.0×10^{-34}
氯化銀	$AgCl$	1.8×10^{-10}	氫氧化鉻	$Cr(OH)_3$	6.0×10^{-31}	硫化亞銅	Cu_2S	3.0×10^{-48}
氯化亞汞	Hg_2Cl_2	1.3×10^{-18}	氫氧化鋁	$Al(OH)_3$	3.5×10^{-34}	硫化銀	Ag_2S	7.1×10^{-50}
氟化鎂	MgF_2	6.8×10^{-9}	氫氧化鐵	$Fe(OH)_3$	3.0×10^{-39}	硫化汞	HgS	4.0×10^{-53}
氟化鈣	CaF_2	2.7×10^{-11}	氫氧化錫	$Sn(OH)_4$	1.0×10^{-57}	硫化鐵	Fe_2S_3	1.0×10^{-83}

【註4】$A_mB_{n(s)} \rightleftharpoons mA^{n+}_{(aq)} + nB^{m-}_{(aq)}$　　　　$K_{sp} = [A^{n+}]^m [B^{m-}]^n$

　　於水環境污染領域中，溶解度積常數計算式常被用於「估算」低溶解度鹽類物質之溶解度或濃度。

【註5：實際上水處理中之水並非純水，亦非25℃，且含有不同種類、不同濃度之各種電解質（或陰離子、陽離子），而有不同效應，如共同離子效應、選擇沉澱等，故於實務應用時，仍需經由實驗實測予以確認。】

例3：25℃時，已知 $Ca(OH)_2$ 飽和溶液之 $K_{sp} = 4.0\times10^{-5}$；試求

(1) 溶液中之 $[Ca^{2+}]$ 為？（mole/L）

解：設 $Ca(OH)_2$ 溶解度為X（mole/L），則

（續下表）

$$Ca(OH)_{2(s)} \rightleftharpoons Ca^{2+}_{(aq)} + 2OH^-_{(aq)}$$

平衡時：　　　　　　　　　　X　　　　2X

$K_{sp} = [Ca^{2+}][OH^-]^2 = (X) \times (2X)^2 = 4.0 \times 10^{-5}$

$4X^3 = 4.0 \times 10^{-5}$

$X = 0.0215 \ (mole/L) = [Ca^{+2}]$

(2) $[Ca^{2+}]$相當於？（mg/L）【原子量：Ca = 40.08】

解：$[Ca^{2+}] = 0.0215 \ (mole/L) = 0.0215 \ (mole/L) \times 40.08 \ (g/mole) \times 1000 \ (mg/g) = 861.7 \ (mg/L)$

(3) 溶液之pH？

解：$[OH^-] = 2X = 2 \times 0.0215 = 0.043 = 1.0 \times 10^{-14}/[H^+]$

$[H^+] = (1.0 \times 10^{-14})/0.043 = 2.33 \times 10^{-13} (mole/L)$

$pH = -\log[H^+] = -\log[2.33 \times 10^{-13}] = 12.63$

例4：實驗課時，若測出$Ca(OH)_2$飽和溶液之pH = 12.50；試求

(1) 溶液中之$[Ca^{2+}]$為？（mole/L）

解：　　　　　$Ca(OH)_{2(s)} \rightleftharpoons Ca^{2+}_{(aq)} + 2OH^-_{(aq)}$

平衡時：　　　　　　　　　　X　　　　2X

$pH = -\log[H^+] = 12.50$

$[H^+] = 10^{-12.50} = 3.16 \times 10^{-13} (mole/L)$

$K_w = [H^+][OH^-] = 1.0 \times 10^{-14}$

$[OH^-] = 1.0 \times 10^{-14}/[H^+] = (1.0 \times 10^{-14})/(3.16 \times 10^{-13}) = 0.0316 (mole/L)$

$\therefore [Ca^{2+}] = [OH^-]/2 = 0.0316/2 = 0.0158 (mole/L)$

另解：飽和溶液之pH = 12.5，即pOH = 14 - 12.5 = 1.5

$[OH^-] = 10^{-1.5} = 0.0316 (mole/L)$

$\therefore [Ca^{2+}] = [OH^-]/2 = 0.0316/2 = 0.0158 (mole/L)$

(2) 溶液中之鈣離子相當於？（mg/L）【原子量：Ca = 40.08】

解：$[Ca^{2+}] = 0.0158 (mole/L) = 0.0158 (mole/L) \times 40.08 (g/mole) \times 1000 (mg/g) = 633.3 (mg/L)$

(3) $Ca(OH)_2$之K_{sp}為？

解：$Ca(OH)_2$之$K_{sp} = [Ca^{+2}][OH^-]^2$

代入$K_{sp} = [Ca^{2+}][OH^-]^2 = \{[OH^-]/2\} \times [OH^-]^2 = 0.0158 \times (0.0316)^2 = 1.58 \times 10^{-5}$

查表3.：$Ca(OH)_2$飽和溶液之$K_{sp} = 4.0 \times 10^{-5}$，誤差可能由有效數字運算選取、溫度、pH、水質狀況或是否達到飽和濃度等原因造成。

例5：25℃時，欲分析計算$Ca(OH)_2$飽和溶液之$K_{sp} = $？應如何進行？

解：

(1) 先配製$Ca(OH)_2$飽和溶液：取定量試劑水，加入少量$Ca(OH)_2$並持續攪拌之，直至不再溶解且有沉澱物產生，即得之。

(2) 列出$Ca(OH)_{2(s)}$之平衡式

$$Ca(OH)_{2(s)} \rightleftharpoons Ca^{2+}_{(aq)} + 2OH^-_{(aq)} \qquad K_{sp} = [Ca^{2+}][OH^-]^2$$

(3) 欲分析計算K_{sp}值，需測出飽和溶液達平衡時之$[Ca^{2+}]$及$[OH^-]$濃度。

(4) $[Ca^{2+}]$濃度測定：以重量法測定。

(5) $[OH^-]$濃度測定：以pH計測定溶液之pH值，再經計算得$[OH^-]$；或取定量體積之飽和溶液，以標準酸溶液滴定求$[OH^-]$。

(6) 計算$Ca(OH)_2$飽和溶液之K_{sp}

方法(1)：只知$[Ca^{2+}]$，由平衡式得$[OH^-] = 2[Ca^{2+}]$，

　　　　帶入$K_{sp} = [Ca^{2+}][OH^-]^2 = [Ca^{2+}] \times \{2[Ca^{2+}]\}^2 = 4[Ca^{2+}]^3$

方法(2)：已知$[Ca^{2+}]$、$[OH^-]$，分別帶入$K_{sp} = [Ca^{2+}][OH^-]^2$

方法(3)：只知$[OH^-]$，由平衡式得$[Ca^{2+}] = (1/2)[OH^-]$，

　　　　帶入$K_{sp} = [Ca^{2+}][OH^-]^2 = (1/2)[OH^-] \times [OH^-]^2 = 0.5[OH^-]^3$

(三) 離子積（IP）與溶解度積常數（K_{sp}）之關係──沉澱判斷準則

「離子積 IP（ion product）」為任一條件下離子濃度冪次方的乘積；K_{sp} 表示難溶離子化合物（電解質）於飽和溶液中離子濃度冪次方的乘積，僅是離子積（IP）的一個特例。說明如下：

1. 當 $IP = K_{sp}$ 時，表示溶液為飽和；此時溶液中的沉澱與溶解達到動態平衡，常為固液相共存。

2. 當 $IP < K_{sp}$ 時，表示溶液為未飽和；此時溶液無沉澱物析出，若加入難溶離子化合物（電解質）則會繼續溶解。

3. 當 $IP > K_{sp}$ 時，表示溶液為過飽和；預期溶液將會有沉澱物析出。

以氫氧化鈣 $Ca(OH)_2$ 之沉澱平衡為例

$$Ca(OH)_{2(s)} \rightleftharpoons Ca^{2+}_{(aq)} + 2OH^-_{(aq)}$$

若將含有 Ca^{2+} 與 OH^- 之溶液混合，設水溶液中離子積（冪次方乘積）$IP = [Ca^{2+}][OH^-]^2$，則

1. 若離子積 $IP = K_{sp}$，溶液為飽和，常為固液相共存，即溶液中含有 $Ca(OH)_{2(s)}$、$Ca^{2+}_{(aq)}$、$OH^-_{(aq)}$。

2. 若離子積 $IP < K_{sp}$，溶液為未飽和，若加入 $Ca(OH)_2$，將繼續溶解出 $Ca^{2+}_{(aq)}$、$OH^-_{(aq)}$，無法發生沉澱反應。

3. 若離子積 $IP > K_{sp}$，溶液為過飽和，反應將向左移動直至平衡，將會有 $Ca(OH)_2$ 沉澱物產生，此即為「化學沉降（chemical precipitation）」。

故「離子化合物」之「溶解」與「沉澱」實為一體兩面之現象，與其水環境中溶質種類、濃度相關。

環境工程師需了解「平衡之移動」，並能應用此種關係來處理水環境中的某些問題，例如：(1) 水中鈣（Ca^{2+}）、鎂（Mg^{2+}）硬度於鍋爐中會形成鍋垢（$CaCO_3$），故鍋爐用水需去除鈣、鎂硬度；(2) 如 $Ca(OH)_2$ 飽和溶液之 pH = 12.5，其可作為緩衝溶液；(3)〔水中氯鹽檢測方法－硝酸銀滴定法〕以銀離子（Ag^+）用於水中氯鹽（Cl^-）之檢測，於中性溶液中，以硝酸銀（$AgNO_3$）溶液滴定水中的氯離子（Cl^-），形成氯化銀（$AgCl_{(s)}$）沉澱，達滴定終點時，多餘的硝酸銀與指示劑鉻酸鉀（K_2CrO_4）生成紅色的鉻酸銀（Ag_2CrO_4）沉澱（達滴定終點）；(4)銀離子（Ag^+）亦為「放流水標準」之水質項目，其限值為 0.5mg/L；(5)水中（溶解）之高濃度重金屬離子與其沉澱物之處理。【註 6：「化學沉降（chemical precipitation）」與「化學混凝（chemical coagulation）」皆可產生「沉澱物」，但兩者之原理機制並不相同。】

(四) 選擇沉澱

若溶液中含有二種以上不同的離子，逐漸加入某種可生沉澱反應之試劑，則溶解度最小的化合物會先沉澱析出，而後溶解度次小的化合物會因沉澱試劑增加，終至亦沉澱析出。

例6：【已知：放流水標準中氟（F^-）之最大限值為**15mg/L**】

25℃時，已知氟化鈣（CaF_2）飽和溶液之$K_{sp} = 2.7 \times 10^{-11}$；試求

(1) CaF_2飽和溶液之溶解度為？（mg/L）【原子量：Ca = 40.08、F = 19.00】

解：CaF_2莫耳質量 = 40.08 + 19.00×2 = 78.08（g/mole）

設CaF_2飽和溶液之溶解度為W（mole/L），則

$$CaF_{2(s)} \rightleftharpoons Ca^{2+}_{(aq)} + 2F^-_{(aq)}$$

平衡時：　　　　　　　　　　W　　　2W

$K_{sp} = [Ca^{2+}][F^-]^2 = (W) \times (2W)^2 = 2.7 \times 10^{-11}$

$4W^3 = 2.7 \times 10^{-11}$

$W = 1.89 \times 10^{-4}$(mole/L) $= 1.89 \times 10^{-4} \times 78.08$(g/L) = 0.0148(g/L) = 14.8(mg/L)

(2) CaF_2飽和溶液中之Ca^{2+}、F^-各為？（mg/L）

解：$Ca^{2+} = 1.89 \times 10^{-4}$(mole/L)$\times 40.08$(g/mole)$\times 1000$(mg/g) = 7.58(mg/L)

$F^- = (2 \times 1.89 \times 10^{-4})$(mole/L)$\times 19.00$(g/mole)$\times 1000$(mg/g) = 7.18(mg/L)

例7：共同離子效應：改變平衡時各離子濃度

於0.01M（mole/L）氯化鈣（$CaCl_2$）水溶液中，氟化鈣（CaF_2）之溶解度及溶液中Ca^{2+}、F^-各為？（mg/L）

解：氯化鈣溶解度較大，0.01M於此完全溶解，$CaCl_{2(aq)} \rightarrow Ca^{2+}_{(aq)} + 2Cl^-_{(aq)}$，故貢獻$[Ca^{2+}]$ = 0.01M

設在0.01M氯化鈣（$CaCl_2$）水溶液中氟化鈣（CaF_2）之溶解度為X（M），則

$$CaF_{2(s)} \rightleftharpoons Ca^{2+}_{(aq)} + 2F^-_{(aq)}$$

初始：　　　　　　　　0.01

新平衡：　　　　　　　0.01+X　　2X

$K_{sp} = [Ca^{2+}][F^-]^2 = (0.01+X) \times (2X)^2 = 2.7 \times 10^{-11}$

$X \fallingdotseq 2.60 \times 10^{-5}$（M）－氟化鈣（$CaF_2$）之溶解度

達新平衡時

$Ca^{2+} = (0.01+2.60 \times 10^{-5})$(mole/L)$\times 40.08$(g/mole)$\times 1000$(mg/g) = 401.8(mg/L)

$F^- = (2.60 \times 10^{-5})$(mole/L)$\times 19.00$(g/mole)$\times 1000$(mg/g) = 0.494(mg/L)

【註7】此為「共同離子效應」，共同離子為「Ca^{2+}」；溶液達新平衡時$[Ca^{2+}]$增加，$[F^-]$降低，但溶度積K_{sp}不變，即$K_{sp} = [Ca^{2+}][F^-]^2 = 2.7 \times 10^{-11}$

例8：於100.0mg/L氟化鈉（NaF）（完全溶解）水溶液中，試估算至少需加入氯化鈣（$CaCl_2$）量為？（mg/L），方能使溶液中氟離子（F^-）低於15.0mg/L。【原子量：Na = 22.99、Cl = 35.45】

解：

(1) NaF莫耳質量 = 22.99 + 19.00 = 41.99 (g/mole)

初始：氟化鈉NaF = 100.0mg/L = 〔(100.0×10^{-3})/(41.99)〕/1 = 2.38×10^{-3}(M)

$NaF_{(aq)} \rightarrow Na^+_{(aq)} + F^-_{(aq)}$，$[Na^+] = 2.38 \times 10^{-3}$(M)、$[F^-] = 2.38 \times 10^{-3}$(M)

(2) 新平衡時：氟離子(F^-) = 15.0mg/L = 〔(15.0×10^{-3})/(19.00)〕/1 = 7.89×10^{-4}(M)

(3) 溶液中需（沉澱）移除之氟離子(F^-) = $(2.38 \times 10^{-3}) - (7.89 \times 10^{-4}) = 1.591 \times 10^{-3}$(M)

(4) 又$Ca^{2+}_{(aq)} + 2F^-_{(aq)} \rightarrow CaF_{2(s)}$

設移除1.591×10^{-3}（M）氟離子（F^-）所需之$[Ca^{2+}]$ = Y（M），則

$1/Y = 2/(1.591 \times 10^{-3})$

$Y = 7.955 \times 10^{-4}$(M)

(5) 達新平衡時溶液中$[F^-] = 7.89 \times 10^{-4}$（M），設溶液中之$[Ca^{2+}]$ = Z（M），則

$$CaF_{2(s)} \rightleftharpoons Ca^{2+}_{(aq)} + 2F^-_{(aq)}$$

新平衡：　　　　　　Z　　7.89×10^{-4}

$K_{sp} = [Ca^{2+}][F^-]^2 = (Z) \times (7.89 \times 10^{-4})^2 = 2.7 \times 10^{-11}$

$Z = 4.34 \times 10^{-5}$(M)

(6) 所需加入之氯化鈣（$CaCl_2$）量 = (Y+Z)(M) = $(7.955 \times 10^{-4}+4.34 \times 10^{-5})$(M) = 8.389×10^{-4}(M)

$= 8.389 \times 10^{-4} \times (40.08+35.45 \times 2) \times 1000 \fallingdotseq 93.1$(mg/L)

至少需加入氯化鈣（$CaCl_2$）量約為93.1（mg/L）【但會產生氟化鈣（CaF_2）沉澱物】

（續下表）

例9：已知平衡方程式及溶解度積常數，如下表所示：【原子量：Ca = 40.08】

	平衡方程式	溶解度積常數K_{sp}（25℃）	環境工程之重要性
1	$CaCO_{3(s)} \rightleftharpoons Ca^{2+}_{(aq)} + CO_3^{2-}_{(aq)}$	5.0×10^{-9}	去除硬度、鍋垢
2	$CaSO_{4(s)} \rightleftharpoons Ca^{2+}_{(aq)} + SO_4^{2-}_{(aq)}$	2.5×10^{-5}	排煙脫硫作用

試比較$CaCO_3$、$CaSO_4$於水中，(1)溶解度各為？（mole/L）　(2)$[Ca^{2+}]$為？（mole/L）　(3)Ca^{2+}為？（mg/L）

(1) 計算平衡時$CaCO_3$之溶解度(mole/L)、$[Ca^{2+}]$、Ca^{2+}(mg/L)各為？

解：　　　　　　$CaCO_{3(s)} \rightleftharpoons Ca^{2+}_{(aq)} + CO_3^{2-}_{(aq)}$

平衡時：　　　　　　　　X　　　X

$K_{sp} = [Ca^{2+}][CO_3^{2-}] = (X) \times (X) = 5.0 \times 10^{-9}$

$X^2 = 5.0 \times 10^{-9}$

$X = 7.071 \times 10^{-5}$ (mole/L) = $CaCO_3$之溶解度

$[Ca^{2+}] = 7.071 \times 10^{-5}$(mole/L)

$Ca^{2+} = 7.071 \times 10^{-5}$(mole/L)$\times 40.08$(g/mole)$\times 1000$(mg/g) = 2.834(mg/L)

(2) 計算平衡時$CaSO_4$之溶解度(mole/L)、$[Ca^{2+}]$、Ca^{2+}（mg/L）各為？

解：　　　　　　$CaSO_{4(s)} \rightleftharpoons Ca^{2+}_{(aq)} + SO_4^{2-}_{(aq)}$

平衡時：　　　　　　　　Y　　　Y

$K_{sp} = [Ca^{2+}][SO_4^{2-}] = (Y) \times (Y) = 2.5 \times 10^{-5}$

$Y^2 = 2.5 \times 10^{-5}$

$Y = 0.005$(mole/L) = $CaSO_4$之溶解度

$[Ca^{2+}] = 0.005$(mole/L)

$Ca^{2+} = 0.005$(mole/L)$\times 40.08$(g/mole)$\times 1000$(mg/g) = 200.4(mg/L)

項　目	K_{sp}（25℃）	溶解度（M）	$[Ca^{2+}]$（M）	Ca^{2+}（mg/L）
$CaCO_3$	5.0×10^{-9}	7.071×10^{-5}	7.071×10^{-5}	2.834
$CaSO_4$	2.5×10^{-5}	5.0×10^{-3}	5.0×10^{-3}	200.4

例10：已知平衡方程式及溶解度積常數，如下表所示：【原子量：Cu = 63.55】

	平衡方程式	溶解度積常數K_{sp}（25℃）	環境工程之重要性
1	$Cu(OH)_{2(s)} \rightleftharpoons Cu^{2+}_{(aq)} + 2OH^-_{(aq)}$	2.0×10^{-19}	去除重金屬：放流水標準中銅之最大限值為3.0mg/L
2	$CuS_{(s)} \rightleftharpoons Cu^{2+}_{(aq)} + S^{2-}_{(aq)}$	1.0×10^{-36}	

試比較$Cu(OH)_2$、CuS於水中之(1)溶解度各為？（mole/L）　(2)$[Cu^{2+}]$為？（mole/L）　(3)Cu^{2+}為？（mg/L）

(1) 計算平衡時$Cu(OH)_2$之溶解度、$[Cu^{2+}]$及Cu^{2+}之濃度各為？

解：　　　　　　$Cu(OH)_{2(s)} \rightleftharpoons Cu^{2+}_{(aq)} + 2OH^-_{(aq)}$

平衡時：　　　　　　　　X　　　2X

$K_{sp} = [Cu^{2+}][OH^-]^2 = (X) \times (2X)^2 = 2.0 \times 10^{-19}$

$4X^3 = 2 \times 10^{-19}$

$X = 3.68 \times 10^{-7}$ (mole/L) = $Cu(OH)_2$之溶解度

$[Cu^{2+}] = 3.68 \times 10^{-7}$(mole/L)

$Cu^{2+} = 3.68 \times 10^{-7}$(mole/L)$\times 63.55$(g/mole)$\times 1000$(mg/g) = 0.0234(mg/L)

(2) 計算平衡時CuS之溶解度、$[Cu^{2+}]$及Cu^{2+}之濃度各為？

解：　　　　　　$CuS_{(s)} \rightleftharpoons Cu^{2+}_{(aq)} + S^{2-}_{(aq)}$

平衡時：　　　　　　　　Y　　　Y

$K_{sp} = [Cu^{2+}][S^{2-}] = (Y) \times (Y) = 1.0 \times 10^{-36}$

（續下表）

$Y^2 = 1.0 \times 10^{-36}$

$Y = 1.0 \times 10^{-18}$(mole/L) = CuS之溶解度

$[Cu^{2+}] = 1.0 \times 10^{-18}$(mole/L)

$Cu^{2+} = 1.0 \times 10^{-18}$(mole/L)$\times 63.55$(g/mole)$\times 1000$(mg/g) = 6.355×10^{-14}(mg/L)

項 目	K_{sp}（25℃）	溶解度（M）	$[Cu^{2+}]$（M）	Cu^{2+}（mg/L）
$Cu(OH)_2$	2.0×10^{-19}	3.68×10^{-7}	3.68×10^{-7}	0.0234
CuS	1.0×10^{-36}	1.0×10^{-18}	1.0×10^{-18}	6.355×10^{-14}

例11：學生進行「氫氧化鈣（$Ca(OH)_2$）之溶解度積常數」實驗，結果紀錄及計算如下表

項 目	結果記錄與計算
① 烘乾之濾紙重W_0（g）	0.125
② 氫氧化鈣重W_1（g）	1.520
③ 100℃烘乾後之（濾紙＋濾紙上未溶解之氫氧化鈣）重＝W_2（g）	1.350
④ （烘乾後）濾紙上未溶解之氫氧化鈣重$W_3 = (W_2 - W_0)$（g）	1.225
⑤ 溶解之氫氧化鈣重$W_4 = (W_1 - W_3)$（g）	0.295
⑥ $Ca(OH)_2$莫耳質量（g/mole）	74.10
⑦ 溶解之氫氧化鈣濃度〔$Ca(OH)_2$〕 ＝$(W_4/74.10)/(100.0/1000)$（mole/L）【註：水樣量100.0cc】	0.0398
⑧ 溶解之〔Ca^{2+}〕＝溶解之〔$Ca(OH)_2$〕（mole/L）　　【⑧＝⑦】	0.0398
⑨ pH計測定濾液之pH值	12.51
⑩ 由測定之pH值計算氫氧根離子濃度〔OH^-〕 ＝$(1.0 \times 10^{-14})/(10^{-pH})$（mole/L）	0.0323
⑪ 寫出氫氧化鈣（$Ca(OH)_2$）之平衡方程式　　　【參註8】	$Ca(OH)_{2(s)} \rightleftharpoons Ca^{2+}_{(aq)} + 2OH^-_{(aq)}$
⑫ 寫出氫氧化鈣（$Ca(OH)_2$）之溶解度積常數式K_{sp}　【參註8】	$K_{sp} = [Ca^{2+}][OH^-]^2$
⑬ 查表3.中$Ca(OH)_2$之溶解度積常數K_{sp}　　　【參表3】	4.0×10^{-5}

⑭ 計算實驗所得$Ca(OH)_2$之K_{sp}，如下：

方法(1)：只知〔Ca^{2+}〕，則〔OH^-〕＝2〔Ca^{2+}〕 　　　　代入$K_{sp} = [Ca^{2+}][OH^-]^2$ 　　　　＝〔Ca^{2+}〕$\times$｛2〔Ca^{2+}〕｝^{2}＝4〔Ca^{2+}〕^{3}	只知〔Ca^{2+}〕＝**0.0398M** $K_{sp} = 4[Ca^{2+}]^3 = 4 \times [0.0398]^3$ 　　＝$0.000252 \fallingdotseq 2.5 \times 10^{-4}$
方法(2)：已知〔Ca^{2+}〕、〔OH^-〕 　　　　代入$K_{sp} = [Ca^{2+}][OH^-]^2$	已知〔Ca^{2+}〕＝**0.0398M**、〔OH^-〕＝**0.0323M** $K_{sp} = [Ca^{2+}][OH^-]^2 = 0.0398 \times (0.0323)^2$ 　　＝$0.0000415 \fallingdotseq 4.2 \times 10^{-5}$
方法(3)：只知〔OH^-〕，則〔Ca^{2+}〕＝(1/2)〔OH^-〕 　　　　代入$K_{sp} = [Ca^{2+}][OH^-]^2$ 　　　　＝(1/2)〔OH^-〕$\times$〔OH^-〕^{2} 　　　　＝**0.5〔OH^-〕^{3}**	只知〔OH^-〕＝**0.0323M** $K_{sp} = 0.5[OH^-]^3 = 0.5 \times [0.0323]^3$ 　　＝$0.0000168 \fallingdotseq 1.7 \times 10^{-5}$
三種方法計算結果比較，何者K_{sp}較接近4.0×10^{-5}	圈選之：方法(1)、**方法(2)**、方法(3)

【註8】$Ca(OH)_2$莫耳質量＝$40.08 + (16.0 + 1.01) \times 2 = 74.10$（g/mole）

$Ca(OH)_{2(s)} \rightleftharpoons Ca^{2+}_{(aq)} + 2OH^-_{(aq)}$　　$K_{sp} = [Ca^{2+}][OH^-]^2 = 4.0 \times 10^{-5}$

三、器材與藥品

1.500cc燒杯	7.漏斗
2.250cc燒杯	8.氫氧化鈣Ca(OH)$_2$
3.鐵架（含鐵環、陶瓷纖維網）	9.250cc錐形瓶
4.濾紙	10.塑膠滴管
5.玻棒	11.烘箱
6.碳酸鈣CaCO$_3$	12.pH計
13.真空過濾裝置	

四、實驗步驟與結果

(一) 碳酸鈣（CaCO$_3$）之溶解度積常數（假設為25℃）

1. 取 500cc 燒杯，內裝約 250cc 試劑水，加熱持續煮沸約 3～5 分鐘（驅趕水中之二氧化碳），冷卻備用。
2. 取烘乾之濾紙秤重，記錄之；另以秤藥紙精秤碳酸鈣（CaCO$_3$）約 0.20g，記錄之。
3. 將碳酸鈣傾入 250cc 燒杯中（濾紙保留續用），加入煮沸冷卻後之試劑水 200.0cc，以玻棒攪拌（約 10 分鐘）使碳酸鈣溶解成飽和溶液（仍含不溶解固體物）。【此溶液固液共存】
4. 將此飽和溶液以步驟 2. 之濾紙過濾，濾液貯存於 250cc 錐形瓶中。
5. 以塑膠滴管取錐形瓶中濾液淋洗燒杯中殘留之固體物（未溶解之碳酸鈣），繼續過濾。
6. 過濾結束，將含有（未溶解）碳酸鈣之（濕）濾紙置於 103～105℃烘箱烘乾至恆重，秤重記錄之。
7. 實驗結束，廢液集中倒無機廢液桶貯存。
8. 實驗結果記錄與計算

	項　　目〔碳酸鈣（CaCO$_3$）之溶解度積常數〕	結果記錄與計算
①	烘乾之濾紙重W$_0$（g）	
②	碳酸鈣重W$_1$（g）	
③	100℃烘乾後，（濾紙＋濾紙上未溶解之碳酸鈣）重 = W$_2$（g）	
④	（烘乾後）濾紙上未溶解之碳酸鈣重W$_2$ = (W$_2$ − W$_0$)（g）	
⑤	溶解之碳酸鈣重W$_4$ = (W$_1$ − W$_3$)（g）	
⑥	CaCO$_3$莫耳質量（g/mole）	100.09
⑦	溶解之碳酸鈣濃度〔CaCO$_3$〕 = (W$_4$/100.09)/(200.0/1000)(mole/L)	
⑧	溶解之〔Ca^{2+}〕 = 溶解之〔CaCO$_3$〕（mole/L）　　　【⑧=⑦】	

（續下表）

⑨	溶解之〔CO_3^{2-}〕＝溶解之〔Ca^{2+}〕（mole/L）	【⑨＝⑦】	
⑩	寫出碳酸鈣$CaCO_3$之平衡方程式	【註9】	
⑪	寫出碳酸鈣$CaCO_3$之溶解度積常數式K_{sp}	【註9】	K_{sp}＝
⑫	計算實驗所得$CaCO_3$之K_{sp}＝$[Ca^{2+}] \times [CO_3^{2-}]$	【⑧×⑨】	
⑬	查表3.中$CaCO_3$之溶解度積常數K_{sp}	【參表3】	

【註9】$CaCO_3$莫耳質量＝$40.08 + 12.01 + 16.00 \times 3 = 100.09$（g/mole）

$$CaCO_{3(s)} \rightleftharpoons Ca^{2+}_{(aq)} + CO_3^{2-}_{(aq)} \qquad K_{sp} = [Ca^{2+}][CO_3^{2-}] = 5.0 \times 10^{-9}$$

(二) 氫氧化鈣（$Ca(OH)_2$）之溶解度積常數

1. 取500cc燒杯，內裝約150cc試劑水，加熱持續煮沸約3～5分鐘（驅趕水中之二氧化碳），冷卻備用。
2. 取烘乾之濾紙秤重，記錄之；另以秤藥紙精秤氫氧化鈣（$Ca(OH)_2$）約1.50g，記錄之。
3. 將氫氧化鈣傾入250cc燒杯中，加入煮沸冷卻後之試劑水100.0cc，以玻棒攪拌（約10分鐘）使氫氧化鈣溶解成飽和溶液（仍含不溶解固體物）。【此溶液固液共存】
4. 將此飽和溶液以步驟2.之濾紙過濾，濾液貯存於250cc錐形瓶中。
5. 以塑膠滴管取濾液淋洗燒杯中殘留之固體物（未溶解之氫氧化鈣），繼續過濾。
6. 過濾結束，將含有（未溶解）氫氧化鈣之（濕）濾紙置於103～105℃烘箱烘乾至恆重，秤重記錄之。
7. 另以pH計測定濾液之pH值，記錄之。
8. 實驗結束，廢液集中倒無機廢液桶貯存。
9. 實驗結果記錄與計算

	項　　目〔氫氧化鈣（$Ca(OH)_2$）之溶解度積常數〕	結果記錄與計算
①	烘乾之濾紙重W_0（g）	
②	氫氧化鈣重W_1（g）	
③	100℃烘乾後之（濾紙＋濾紙上未溶解之氫氧化鈣）重＝W_2（g）	
④	（烘乾後）濾紙上未溶解之氫氧化鈣重$W_3 = (W_2 - W_0)$（g）	
⑤	溶解之氫氧化鈣重$W_4 = (W_1 - W_3)$（g）	
⑥	$Ca(OH)_2$莫耳質量（g/mole）	74.10
⑦	溶解之氫氧化鈣濃度〔$Ca(OH)_2$〕 　＝$(W_4/74.10)/(100.0/1000)$（mole/L）　　　　【註10：水樣量100.0cc】	
⑧	溶解之〔Ca^{2+}〕＝溶解之〔$Ca(OH)_2$〕（mole/L）　　　【⑧＝⑦】	
⑨	pH計測定濾液之pH值	
⑩	由測定之pH值計算氫氧根離子濃度〔OH^-〕 　＝$(1.0 \times 10^{-14})/(10^{-pH})$（mole/L）	
⑪	寫出氫氧化鈣（$Ca(OH)_2$）之平衡方程式　　　　　　　　【註11】	

（續下表）

⑫	寫出氫氧化鈣（Ca(OH)$_2$）之溶解度積常數式K$_{sp}$	【參註11】	
⑬	查表3中Ca(OH)$_2$之溶解度積常數K$_{sp}$	【參表3】	
⑭	計算實驗所得Ca(OH)$_2$之K$_{sp}$，如下：		

方法(1)：只知〔**Ca^{2+}**〕，則〔OH$^-$〕= 2〔Ca^{2+}〕 　　　代入**K$_{sp}$** = 〔Ca^{2+}〕〔OH$^-$〕^{2} 　　　　　　= 〔Ca^{2+}〕×{2〔Ca^{2+}〕}^{2}= **4〔Ca^{2+}〕^{3}**	只知〔**Ca^{2+}**〕= _____ **M** **K$_{sp}$ = 4〔Ca^{2+}〕^{3}** _____
方法(2)：已知〔**Ca^{2+}**〕、〔**OH$^-$**〕 　　　代入**K$_{sp}$** = 〔**Ca^{2+}**〕〔**OH$^-$**〕^{2}	已知〔**Ca^{2+}**〕= _____ **M**、 〔**OH$^-$**〕= _____ **M** **K$_{sp}$** = 〔**Ca^{2+}**〕〔**OH$^-$**〕^{2} = _____
方法(3)：只知〔**OH$^-$**〕，則〔Ca^{2+}〕= (1/2)〔OH$^-$〕 　　　代入**K$_{sp}$** = 〔Ca^{2+}〕〔OH$^-$〕^{2} 　　　　　　= (1/2)〔OH$^-$〕×〔OH$^-$〕^{2}= **0.5〔OH$^-$〕^{3}**	只知〔**OH$^-$**〕= _____ **M** **K$_{sp}$ = 0.5〔OH$^-$〕^{3}** = _____
三種方法計算結果比較，何者K$_{sp}$較接近4.0×10^{-5}	**圈選之：方法(1)、方法(2)、方法(3)**

【註11】Ca(OH)$_2$ 莫耳質量 = 40.08 +（16.0 + 1.01）×2 = 74.10（g/mole）

　　Ca(OH)$_{2(s)}$ ⇌ Ca$^{2+}_{(aq)}$ + 2OH$^-_{(aq)}$　　　K$_{sp}$ =〔Ca^{2+}〕〔OH$^-$〕^{2} = 4.0×10^{-5}

五、心得與討論

_____

_____

_____

_____

_____

_____

_____

_____

_____

_____

_____

_____

_____

_____

_____

_____

_____

實驗 9：水中總硬度之測定 —— EDTA 滴定法

一、目的

(一) 瞭解水中「硬度」來源。

(二) 練習水中總硬度之測定方法及計算。

(三) 瞭解「樣品空白分析」之意義及操作計算。

二、相關知識

(一) 硬水

「硬水（hard water）」指水中含有多價金屬陽離子（形成硬度）的水，如 Ca^{2+}、Mg^{2+}、Sr^{2+}、Fe^{2+}、Mn^{2+}、Al^{3+}、Fe^{3+} 等；其中 Ca^{2+}、Mg^{2+}，為天然水中主要金屬陽離子，其他金屬陽離子亦可能存於天然水中，但其相對含量較低，如 Al^{3+}、Fe^{3+} 等，常予以忽略不計。

天然水中之硬度來自：大氣、土壤中之二氧化碳（CO_2）溶於雨水（地下水）中，會形成碳酸（H_2CO_3），使水之 pH 值降低，當其與土壤、岩石接觸，尤其是石灰岩地區（石灰岩含有碳酸鹽、硫酸鹽、氯鹽、矽酸鹽等），能將土壤與石灰岩中低溶解度之碳酸鹽〔如碳酸鈣（$CaCO_3$）、碳酸鎂（$MgCO_3$）〕轉變為可溶性之碳酸氫鹽〔如碳酸氫鈣（$Ca(HCO_3)_2$）、碳酸氫鎂（$Mg(HCO_3)_2$）〕，反應如下：

$$CO_{2(g)} + H_2O_{(l)} \rightleftharpoons H_2CO_{3(aq)}$$

$$CaCO_{3(s)} + H_2CO_{3(aq)} \rightarrow Ca(HCO_3)_{2(aq)} \qquad \text{【}Ca(HCO_3)_{2(aq)} \rightarrow Ca^{2+}_{(aq)} + 2HCO_3^-_{(aq)}\text{】}$$

$$MgCO_{3(s)} + H_2CO_{3(aq)} \rightarrow Mg(HCO_3)_{2(aq)} \qquad \text{【}Mg(HCO_3)_{2(aq)} \rightarrow Mg^{2+}_{(aq)} + 2HCO_3^-_{(aq)}\text{】}$$

表 1 所示為水中硬度之主要陽離子及與其結合之陰離子。

表 1：水中硬度之主要陽離子及與其結合之陰離子

水中硬度之主要陽離子	陰離子
Ca^{2+}、Mg^{2+}、Sr^{2+}、Fe^{2+}、Mn^{2+}	HCO_3^-、SO_4^{2-}、Cl^-、NO_3^-、SiO_3^{2-}

1. 暫時硬度

「暫時硬度」是指水中含有之 Ca^{2+}、Mg^{2+}…… 等離子，其係來自碳酸氫鹽〔如碳酸氫鈣（$Ca(HCO_3)_2$）、碳酸氫鎂（$Mg(HCO_3)_2$）〕（水中溶解度較高）；其經加熱後會形成低溶解度的碳酸鹽沉澱，如碳酸鈣 $CaCO_3$、碳酸鎂 $MgCO_3$ 的沉澱物，反應如下：

$$Ca(HCO_3)_{2(aq)} \xrightarrow{\triangle} CaCO_{3(s)} \downarrow + CO_{2(g)} \uparrow + H_2O_{(l)}$$

$$Mg(HCO_3)_{2(aq)} \overset{\triangle}{\rightarrow} MgCO_{3(s)} \downarrow + CO_{2(g)} \uparrow + H_2O_{(l)}$$

此碳酸鈣、碳酸鎂的沉澱物，經久積累即為鍋爐、熱水管、熱交換器、蒸氣鍋、電熱水器（壺）生成鍋垢之物質，其將降低熱傳導效率或損壞電熱棒。

2. 永久硬度

「永久硬度」是指水中含有 Ca^{2+}、Mg^{2+}…… 等離子，其係來自如氯鹽（Cl^-）或硫酸鹽（SO_4^{2-}）〔如氯化鈣（$CaCl_2$）、氯化鎂（$MgCl_2$）、硫酸鈣（$CaSO_4$）、硫酸鎂（$MgSO_4$）〕，其不能經由加熱而沉澱去除 Ca^{2+}、Mg^{2+}。

3. 硬度與肥皂之反應

水中鈣離子（Ca^{2+}）、鎂離子（Mg^{2+}）會與肥皂〔高級脂肪酸的鈉鹽，如 $C_{17}H_{35}COONa$（為可溶於水之界面活性劑）〕反應，形成不溶解的沉澱物，反應如下：

$$2C_{17}H_{35}COONa_{(aq)} + Ca^{2+}_{(aq)} \rightarrow (C_{17}H_{35}COO)_2Ca_{(s)} \downarrow + 2Na^+_{(aq)}$$

故以肥皂洗滌時，需額外使用更多之肥皂，直至所有硬度離子均被反應沉澱後，溶於水之肥皂方具有界面活性效果；此可藉由攪動肥皂水是否能產生泡沫看出。但合成清潔劑（syndets）中之界面活性劑，如烷基苯磺酸鈉（$C_nH_{2n+1}C_6H_4SO_3Na$）、月桂硫酸鈉（$C_{12}H_{25}OSO_3Na$），其不會與水中硬度離子形成沉澱，故其洗滌清潔能力不受之影響。

(二) 測定原理

總硬度測定常以「EDTA 滴定法」為之，乙烯二胺四乙酸（ethylene-diamine-tetra-acetic acid，EDTA，$CH_2CH_2N(CH_2COOH)_2N(CH_2COOH)_2$）及其鈉鹽（EDTA-Na$_2$，$CH_2CH_2N(CH_2COOH)_2N(CH_2COONa)_2$）為一螯合劑，將其加入含多價金屬陽離子之水溶液時，會形成安定之 [M-EDTA]complex（錯合物），反應如下：

$$M^{2+}_{(aq)} + EDTA_{(aq)} \rightarrow 〔M\text{-}EDTA〕complex_{(aq)}$$

故可以 EDTA 溶液作為滴定液，再依其滴定用量計算水樣之硬度。

於 EDTA 滴定法進行滴定反應時，係以 Eriochrome Black T（EBT）或 Calmagite 為指示劑。將 Eriochrome Black T（藍色）數滴加入 pH = 10 且含有 Ca^{2+}、Mg^{2+} 之水樣中，其會與 Ca^{2+}、Mg^{2+} 結合成呈酒紅色之弱錯合物（M-Eriochrome Black T complex），反應如下：

$$M^{2+}_{(aq)} + Eriochrome\ Black\ T_{(aq)} \rightarrow 〔M\text{-}Eriochrome\ Black\ T〕complex_{(aq)}$$
$$\quad\quad（藍色）\quad\quad\quad\quad\quad（酒紅色）$$

再以 EDTA- 二鈉鹽溶液滴定水樣，其螯合能力更強，會取代〔M-Eriochrome Black T〕錯合物中的 Eriochrome Black T，而與 M^{2+} 形成更安定之〔M-EDTA〕錯合物，此時溶液顏色又

由酒紅色回復爲藍色，顯示達滴定終點，反應如下：

$$[M\text{-Eriochrome Black T}]\,complex_{(aq)} + EDTA_{(aq)} \rightarrow [M\text{-EDTA}]\,complex_{(aq)} + Eriochrome\ Black\ T_{(aq)}$$

（酒紅色）　　　　　　　　　　　　　　　　　　　　　　　　　　　（藍色）

　　由於水溶液中必須有微量鎂離子（Mg^{2+}）存在，指示劑才能在達到滴定終點時清楚且明顯的變色，因此爲確保水溶液中含有足量鎂離子，必須先在緩衝溶液中添加微量 EDTA 之鎂鹽（EDTA-Mg）或硫酸鎂（$MgSO_4$）或氯化鎂（$MgCl_2$），再以樣品空白分析扣除此（鎂鹽）添加量。【註 1：本實驗所使用之緩衝溶液或含有 EDTA 之鎂鹽、或硫酸鎂、或氯化鎂，此等鎂鹽會形成水樣以外之（鎂）硬度來源，故需進行空白分析扣除之。】

　　總硬度單位的表示，傳統上不使用 mg/L；係使用 mg as $CaCO_3$/L，即每 1 公升水溶液中所含有 $CaCO_3$ 之毫克重。

例1：以鈣標準溶液標定EDTA溶液【$CaCO_3$，一級標準試藥】
配製鈣標準溶液濃度爲：1cc溶液中含有1.0mg $CaCO_3$。或1000.0mg $CaCO_3$/L。
配製EDTA溶液：秤取3.723g EDTA-Na_2・$2H_2O$（分析試藥級）以試劑水稀釋至1L。
(1) 計算EDTA溶液之容積莫耳濃度爲？（mole/L）
解：EDTA-Na_2・$2H_2O$ = $CH_2CH_2N(CH_2COOH)_2N(CH_2COONa)_2$・$2H_2O$ = 372.24（g/mole）
　　EDTA溶液之容積莫耳濃度 = (3.723/372.24)/1.0 = 0.010（mole/L）
(2) 取25.0cc鈣標準溶液標定EDTA溶液（依實驗步驟進行），達滴定終點計使用EDTA溶液25.10cc；示意如實驗步驟圖。另以50.0cc試劑水進行空白分析，所使用之EDTA溶液爲0.05cc。試計算每1.00cc EDTA溶液所對應之碳酸鈣毫克（mg）數爲？（即mg $CaCO_3$/cc EDTA）
解：已知鈣標準溶液濃度爲：1.00mg $CaCO_3$/cc。
　　達滴定終點時：
　　〔（碳酸）鈣標準溶液濃度（mg/cc）〕×〔滴定使用之（碳酸）鈣標準溶液體積（cc）〕
　　= 滴定使用之（碳酸）鈣標準溶液中所含碳酸鈣毫克數（mg）
　　=〔每1.00cc EDTA溶液所對應之碳酸鈣毫克數（mg/cc）〕×〔滴定（碳酸）鈣標準溶液所使用之
　　　EDTA溶液體積 − 空白分析所使用之EDTA溶液體積（cc）〕
　　將滴定結果代入，則：
　　被滴定之（碳酸）鈣標準溶液中所含碳酸鈣毫克數（mg）
　　=〔1.00(mg $CaCO_3$/cc)〕×〔25.00(cc)〕
　　= 25.0(mg $CaCO_3$)
　　=〔每1.00 ccEDTA溶液所對應之碳酸鈣毫克數（mg $CaCO_3$/cc）〕×〔(25.10 − 0.05)(cc)〕
　　得每1.00cc EDTA溶液所對應之碳酸鈣毫克數 = 0.993mg【即：0.993mg $CaCO_3$/cc EDTA】
另解：
　　被滴定之（碳酸）鈣標準溶液中所含碳酸鈣毫克數（mg）
　　=〔1000.0(mg $CaCO_3$/L)〕×〔25.00(cc)/1000(cc/L)〕
　　= 25.0(mg $CaCO_3$)
　　=〔每1.00cc EDTA溶液所對應之碳酸鈣毫克數（mg $CaCO_3$/cc）〕×〔(25.10 − 0.05)(cc)〕
　　得每1.00cc EDTA溶液所對應之碳酸鈣毫克數 = 0.998mg【即：0.993mg $CaCO_3$/cc EDTA】

例2：以經標定之EDTA溶液滴定水樣總硬度
取某水樣25.0cc（依實驗步驟進行水樣總硬度之測定），以例1.經標定之EDTA溶液滴定，達滴定終點計使用5.70cc滴定液；另以50cc試劑水進行空白分析，所用之EDTA溶液爲0.05cc；則水樣之總硬度爲？

（續下表）

（以mg as CaCO₃/L表示）【註2：若水樣爲「低總硬度」者，需取較多之水樣體積】
解：設水樣之總硬度爲W mg as CaCO₃/L，則

$$W = \left[(5.70 - 0.05)\times 0.998\right] / (25.0/1000)$$
$$= 225.5(\text{mg as CaCO}_3/L)$$

(三) 總硬度之法規標準

　　「飲用水水質標準」中，「總硬度（Total Hardness as CaCO₃）」被列爲化學性標準之影響適飲性物質，最大限值爲 300mg as CaCO₃/L。「自來水水質標準」中，「總硬度（Total Hardness as CaCO₃）」被列爲化學性物質，最大容許量爲 400mg as CaCO₃/L。

三、器材與藥品

1.250cc錐形瓶	2.25cc球形吸管	3.滴定管	4.水樣〔自來水、蒸餾水、地下水、河（溪、湖）水〕

5.配製1.00mg CaCO₃/cc之鈣標準溶液1000cc：精秤1.000g無水碳酸鈣（CaCO₃，一級標準）粉末，置入500cc錐形瓶中，緩緩加入（1 + 1）鹽酸溶液至所有碳酸鈣溶解。【註3：$CaCO_{3(s)} + HCl_{(aq)} \rightarrow CaCl_{2(aq)} + H_2O_{(l)} + CO_{2(g)}\uparrow$】加入200cc試劑水，再煮沸約3～5分鐘以驅除二氧化碳；俟冷卻後加入幾滴甲基紅指示劑（呈紅色），再以塑膠滴管取3M氫氧化銨（氨水，NH₄OH）或（1 + 1）鹽酸溶液調整pH，至變色爲黃橙色。將全部溶液移入1000cc定量瓶中，另以試劑水沖洗錐形瓶數次，一併倒入1000cc定量瓶中，最後定容至標線。得標準鈣溶液，相當於1cc溶液中含有1.00mg碳酸鈣（CaCO₃）。

6.配製（約0.01M）EDTA滴定溶液1000cc：加入3.723g EDTA-Na₂·2H₂O（含2個結晶水之EDTA二鈉鹽，分子量372.24，分析試藥級）於少量試劑水中，使溶解，再以試劑水稀釋定容至1000cc。【註4：EDTA溶液能自普通玻璃容器中萃取一些含有總硬度之陽離子，因此應貯存於PE塑膠瓶或硼矽玻璃瓶內，並定期以標準鈣溶液標定之。】

7.配製緩衝溶液：【緩衝溶液2擇1：緩衝溶液Ⅰ或緩衝溶液Ⅱ】
　(1) 緩衝溶液Ⅰ：溶解16.9g氯化銨於143cc濃氫氧化銨（濃氨水）中，加入1.25g EDTA之鎂鹽（市售品），以試劑水定容至250cc。
　(2) 緩衝溶液Ⅱ：如無市售EDTA之鎂鹽，可溶解1.179g含二個結晶水之EDTA二鈉鹽（分析級）和0.780g硫酸鎂（MgSO₄·7H₂O）或0.644g氯化鎂（MgCl₂·6H₂O）於50cc蒸餾水中，將此溶液加入含16.9g 氯化銨和143cc濃氫氧化銨（濃氨水）之溶液內，混合後以試劑水定容至250cc。
【註5：緩衝溶液Ⅰ和Ⅱ應儲存於塑膠或硼矽玻璃容器內蓋緊，以防止氨氣散失及二氧化碳進入，保存期限爲一個月。當加入1至2cc緩衝溶液於水樣中仍無法使水樣在滴定終點之pH爲10.0±0.1時，即應重新配製該緩衝溶液。】

8.配製EBT指示劑：溶解0.5 g乾燥粉末狀之Eriochrome Black T於100g三乙醇胺（Triethanolamine）或2-甲氧基甲醇（2-Methoxymethanol）。【註6：Eriochrome Black T〔1-(1-hydroxy-2-naphthylazo)-5-nitro-2-naphthol–4-sulfonic acid之鈉鹽〕；爲減少誤差，指示劑宜於使用前配製。】

9.配製甲基紅指示劑：溶解0.1g甲基紅於18.6cc之0.02N NaOH溶液，以試劑水稀釋至250cc。

四、實驗步驟、結果記錄與計算

(一) 以鈣標準溶液標定EDTA溶液濃度

1. 取 25.00cc 鈣標準溶液（二份），記錄之；置於 250cc 錐形瓶中，加入 25.0cc 試劑水稀釋之。

2. 加入 1～2cc 緩衝溶液，使溶液之 pH = 10.0±0.1，並於 5 分鐘內依下述步驟完成滴定。

3. 加入 2 滴 Eriochrome Black T（藍色）指示劑後，溶液會呈酒紅色。

4. 如圖示，將 EDTA 溶液裝入滴定管中，記錄其初始刻度 V_1cc；開始滴定，緩緩加入 EDTA 滴定溶液，並同時攪拌之，直至溶液由淡紅色變為藍色，達滴定終點，記錄其刻度 V_2cc。

    【註 7：(1) 當加入最後幾滴時，每滴的間隔時間約為 3 至 5 秒，正常的情況下，滴定終點時溶液呈藍色。(2) 滴定時如無法得到明顯之滴定終點顏色變化，即表示溶液中有干擾物質或者指示劑已變質，此時需加入適當之抑制劑或重新配製指示劑。】

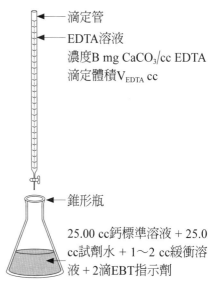

滴定管
EDTA溶液
濃度B mg CaCO₃/cc EDTA
滴定體積V_{EDTA} cc

錐形瓶

25.00 cc鈣標準溶液 + 25.0 cc試劑水 + 1～2 cc緩衝溶液 + 2滴EBT指示劑

滴定終點：酒紅色→藍色

5. 另以同體積（50.0cc）試劑水依步驟 2、3、4 進行空白分析，記錄所使用之 EDTA 溶液體積。【註 8：(1) 本實驗所使用之緩衝溶液或含有 EDTA-Mg、或硫酸鎂、或氯化鎂，此等鎂鹽會形成水樣以外之（鎂）硬度來源，故需進行空白分析扣除之。(2) 若空白分析水樣依步驟加入 2 滴 Eriochrome Black T 指示劑，其顏色仍呈藍色（未出現酒紅色），則空白分析所使用 EDTA 溶液體積（$V_f - V_i$）以 0cc 計。】

6. 計算每 1.00cc EDTA 滴定溶液所對應之碳酸鈣毫克（mg）數（即 mg CaCO₃/cc EDTA）。

	以鈣標準溶液標定EDTA溶液濃度	第1次	第2次
①	鈣標準溶液體積V（cc）		
②	鈣標準溶液濃度（mg CaCO₃/cc）		
③	（鈣標準溶液）滴定前EDTA溶液刻度V_1（cc）		
④	（鈣標準溶液）滴定後EDTA溶液刻度V_2（cc）		
⑤	鈣標準溶液滴定所使用之EDTA溶液體積 = （$V_2 - V_1$）（cc）		
⑥	（空白分析）滴定前EDTA溶液刻度V_i（cc）		
⑦	（空白分析）滴定後EDTA溶液刻度V_f（cc）		
⑧	空白分析所使用EDTA溶液體積 = （$V_f - V_i$）（cc）		
⑨	〔鈣標準溶液滴定所使用EDTA溶液體積 − 空白分析所使用EDTA溶液體積〕 = A = $(V_2 - V_1) - (V_f - V_i)$（cc EDTA）		
⑩	每1cc EDTA溶液所對應之碳酸鈣毫克數B（即B mg CaCO₃/cc EDTA）【註9】		
⑪	每1cc EDTA溶液所對應之碳酸鈣毫克數平均值B_{ave}（即B_{ave} mg CaCO₃/cc EDTA）		

【註9】每 1cc EDTA 溶液所對應之碳酸鈣毫克（mg）數 B，計算式如下（求 B）：

$A(cc\ EDTA) \times B(mg\ CaCO_3/cc\ EDTA) = V(cc) \times (1.00\ mg\ CaCO_3/cc)$

即：$B(mg\ CaCO_3/cc\ EDTA) = [V(cc) \times (1.00\ mg\ CaCO_3/cc)]/A(cc\ EDTA)$

式中

A：〔鈣標準溶液滴定時所使用 EDTA 溶液體積－空白分析所使用 EDTA 溶液體積〕（cc）。

B：1 cc EDTA 滴定溶液所對應之碳酸鈣毫克數（mg CaCO₃/cc EDTA）

V：鈣標準溶液體積（cc）

(二) 水中總硬度之測定（以EDTA溶液滴定）

1. 取 25.0cc 水樣（二份），記錄之；置於 250cc 錐形瓶中，加入 25cc 試劑水稀釋之。

2. 加入 1～2cc 緩衝溶液，使溶液之 pH = 10.0±0.1，並於 5 分鐘內依下述步驟完成滴定。

3. 加入 2 滴 Eriochrome Black T（藍色）指示劑後，溶液會呈酒紅色。

4. 將 EDTA 溶液裝入滴定管中，記錄其初始刻度 V_1cc；開始滴定，緩緩加入 EDTA 滴定溶液，並同時攪拌之，直至溶液由淡紅色變為藍色，達滴定終點，記錄其刻度 V_2 cc。【註 10：當加入最後幾滴時，每滴的間隔時間約為 3 至 5 秒，正常的情況下，滴定終點時溶液呈藍色。】

5. 另以同體積（50.0cc）試劑水依步驟 2、3、4 進行空白分析，記錄所用之 EDTA 溶液體積。

6. 計算水樣之總硬度（即 mg as CaCO₃/L）。

水中總硬度之測定		第1次	第2次
①	水樣種類：自來水、蒸餾水、地下水、河（溪、湖）水		
②	水樣體積V（cc）		
③	（水樣）滴定前EDTA溶液刻度V_1（cc）		
④	（水樣）滴定後EDTA溶液刻度V_2（cc）		
⑤	（水樣）滴定所使用之EDTA溶液體積 =（$V_2 - V_1$）（cc）		
⑥	（空白分析）滴定前EDTA溶液刻度V_i（cc）		
⑦	（空白分析）滴定後EDTA溶液刻度V_f（cc）		
⑧	空白分析所使用EDTA溶液體積 =（$V_f - V_i$）（cc）		
⑨	〔水樣滴定所使用EDTA溶液體積－空白分析所使用EDTA溶液體積〕 = A =（$V_2 - V_1$）-（$V_f - V_i$）（cc EDTA）		
⑩	每1cc EDTA溶液所對應之碳酸鈣毫克數平均值B_{ave}（即B_{ave} mg CaCO₃/cc EDTA）		
⑪	水樣總硬度（mg as CaCO₃/L）【註11】		
⑫	水樣總硬度平均值（mg as CaCO₃/L）		

【註11】水樣之總硬度（即 mg as CaCO₃/L）計算式如下：

總硬度（**mg as CaCO₃/L**）= $(A \times B \times 1000)/V$

式中

A：〔水樣滴定時所使用 EDTA 溶液體積 - 空白分析所使用 EDTA 溶液體積〕（cc）。

B：1cc EDTA 滴定溶液所對應之碳酸鈣毫克數（mg CaCO₃/cc EDTA）

V：水樣體積（cc）

五、心得與討論

實驗 10：化學沉澱（降）—— 石灰蘇打灰法去除水中硬度（鈣、鎂離子）實驗

一、目的

（一）學習以化學沉澱（降）——石灰蘇打灰法去除水中鈣、鎂離子之加藥量計算。
（二）學習以化學沉澱（降）——石灰蘇打灰法去除水中鈣、鎂離子之實驗操作。

二、相關知識

(一) 化學沉澱（降）——石灰蘇打灰法去除水中鈣、鎂離子之化學計量

構成硬度之陽離子，例如：Ca^{2+}、Mg^{2+}、Fe^{2+}、Mn^{2+} 於水中呈溶解態，以石灰蘇打灰去除水中硬度以軟化水質屬化學沉澱法；係藉加入石灰（$Ca(OH)_2$，氫氧化鈣）、蘇打灰（Na_2CO_3，碳酸鈉）以提高水中之 pH 值，使構成硬度之離子，如 Ca^{2+}、Mg^{2+}，分別轉變為低溶解度之碳酸鈣（$CaCO_3$）沉澱和氫氧化鎂（$Mg(OH)_2$）沉澱而去除。此種以化學沉澱法軟化水質雖可降低水中之溶解性 Ca^{2+}、Mg^{2+} 濃度，但卻會產生大量之沉澱物，即所謂含 $CaCO_3$ 和 $Mg(OH)_2$ 之化學污泥。

石灰蘇打灰法軟化 Ca^{2+}、Mg^{2+} 硬度，其主要之化學反應說明如下：

(1) $CO_{2(aq)} + Ca(OH)_{2(aq)} \rightarrow CaCO_{3(s)} \downarrow + H_2O_{(1)}$

(2) $Ca(HCO_3)_{2(aq)} + Ca(OH)_{2(aq)} \rightarrow 2CaCO_{3(s)} \downarrow + 2H_2O_{(1)}$

(3) $Mg(HCO_3)_{2(aq)} + Ca(OH)_{2(aq)} \rightarrow CaCO_{3(s)} \downarrow + MgCO_{3(aq)} + 2H_2O_{(1)}$

(4) $MgCO_{3(aq)} + Ca(OH)_{2(aq)} \rightarrow CaCO_{3(s)} \downarrow + Mg(OH)_{2(s)} \downarrow$

(5) $MgSO_{4(aq)} + Ca(OH)_{2(aq)} \rightarrow Mg(OH)_{2(s)} \downarrow + CaSO_{4(aq)}$

(6) $CaSO_{4(aq)} + Na_2CO_{3(aq)} \rightarrow CaCO_{3(s)} \downarrow + Na_2SO_{4(aq)}$

(7) $MgCl_{2(aq)} + Ca(OH)_{2(aq)} \rightarrow Mg(OH)_{2(s)} \downarrow + CaCl_{2(aq)}$

(8) $CaCl_{2(aq)} + Na_2CO_{3(aq)} \rightarrow CaCO_{3(s)} \downarrow + NaCl_{(aq)}$

(1) 式中溶於水中之 CO_2 雖非硬度，但其會消耗 $Ca(OH)_2$ 生成 $CaCO_3$ 沉澱，故於計算 $Ca(OH)_2$ 需要量時，需予以考慮。
(2)～(4) 式則為以 $Ca(OH)_2$ 去除碳酸鹽硬度之化學反應式，於此需注意：(2) 式中，每去除 1 莫耳（mole）之碳酸氫鈣（$Ca(HCO_3)_2$）需 1 莫耳之 $Ca(OH)_2$ 與之反應，可生成 1 莫耳 $CaCO_3$ 沉澱；但 (3) 式中，碳酸氫鎂（$Mg(HCO_3)_2$）與 $Ca(OH)_2$ 反應生成之碳酸鎂（$MgCO_3$）溶解度仍大並不會產生沉澱，故需再加入 $Ca(OH)_2$，使與產生之 $MgCO_3$ 反應，以生成 $Mg(OH)_2$ 沉澱，如 (4) 式所示；故每去除 1 莫耳之 $Mg(HCO_3)_2$ 共需 2 莫耳之 $Ca(OH)_2$ 與之反應，

可生成 2 莫耳 $CaCO_3$ 沉澱及 1 莫耳 $Mg(OH)_2$ 沉澱。

(5) 式所示為：以 $Ca(OH)_2$ 去除非碳酸鹽硬度〔硫酸鎂（$MgSO_4$）〕。此反應中鎂鹽雖可生成 $Mg(OH)_2$ 沉澱，但卻又產生硫酸鈣硬度（$CaSO_4$）。

(6) 式所示為：(5) 式所產生之 $CaSO_4$ 及水中原本存在之 $CaSO_4$ 硬度，其可藉加入 Na_2CO_3 使反應生成 $CaCO_3$ 沉澱而去除。是故，若水中原存在之鹼度不足以提供足夠之碳酸鹽離子（CO_3^{2-}）以沉澱水中原有之非碳酸鹽硬度〔例如：硫酸鈣（$CaSO_4$）〕和因添加 $Ca(OH)_2$ 所產生之 Ca^{2+} 時，則需額外添加碳酸鹽離子（CO_3^{2-}），此通常以加入 Na_2CO_3（蘇打灰）補充之。

(7) 式所示為：以 $Ca(OH)_2$ 去除非碳酸鹽硬度〔氯化鎂（$MgCl_2$）〕。此反應中鎂鹽雖可生成 $Mg(OH)_2$ 沉澱，但卻又產生氯化鈣硬度（$CaCl_2$）。

(8) 式所示為：(7) 式所產生之 $CaCl_2$ 及水中原本存在之 $CaCl_2$ 硬度，其可藉加入 Na_2CO_3 使反應生成 $CaCO_3$ 沉澱而去除。是故，若水中原存在之鹼度不足以提供足夠之碳酸鹽離子（CO_3^{2-}）以沉澱水中原有之非碳酸鹽硬度〔氯化鈣（$CaCl_2$）〕和因添加 $Ca(OH)_2$ 所產生之 Ca^{2+} 時，則需額外添加碳酸鹽離子（CO_3^{2-}），此通常以加入 Na_2CO_3 補充之。

【註 1：「化學沉澱（降）」係於水中加入化學物質使與溶解性物質產生低溶解度之沉澱物，再藉沉澱而去除（減少）該溶解性物質；「混凝沉澱」係於水中加入化學物質（混凝劑）使與較小且不易沉澱之懸濁顆粒（膠體）作用而轉變為較大且易於沉澱之顆粒（膠羽），再藉沉澱而去除（減少）該懸濁顆粒。】

(二) 水中硬度之單位表示及轉換

1. 水中硬度之單位表示

水中硬度來源繁多，例如：$Ca(HCO_3)_2$、$Mg(HCO_3)_2$、$Ca(OH)_2$、$Mg(OH)_2$、$MgCO_3$、$CaSO_4$、$MgSO_4$、$CaCl_2$、$MgCl_2$、$Ca(NO_3)_2$、$Mg(NO_3)_2$ 等。

「碳酸鹽硬度（carbonate hardness，CH）」係指水中之 Ca^{2+}、Mg^{2+} 來自 $CaCO_3$、$MgCO_3$、$Ca(HCO_3)_2$、$Mg(HCO_3)_2$。「非碳酸鹽硬度（non-carbonate hardness，NCH）」係指水中之 Ca^{2+}、Mg^{2+} 來自 $CaSO_4$、$MgSO_4$、$CaCl_2$、$MgCl_2$、$Ca(NO_3)_2$、$Mg(NO_3)_2$ 等。「總硬度（total hardness，TH）」係指水中所有 Ca^{2+}、Mg^{2+} 濃度之總和。硬度單位：以「每公升水中含有碳酸鈣毫克數（mg as $CaCO_3$/L）」表示。

另天然水之「鹼度（alkalinity，Alk）」來源主要為：氫氧根離子（OH^-）、碳酸根離子（CO_3^{2-}）、碳酸氫根離子（HCO_3^-）。於天然水中，當 pH < 9.0 時，OH^- 濃度可以忽略，則鹼度（Alk）$\doteqdot$ [CO_3^{2-}] + [HCO_3^-]。鹼度單位：以「相當於鹼度濃度為每公升水中含有碳酸鈣毫克數（mg as $CaCO_3$/L）」表示。

「碳酸鹽硬度（CH）」、「非碳酸鹽硬度（NCH）」、「總硬度（TH）」及「鹼度（Alk）」之關係說明如下：

(1) 當水中總硬度（TH）大於鹼度（Alk）時，則

　　碳酸鹽硬度（CH）＝鹼度（Alk）

總硬度（TH）＝碳酸鹽硬度（CH）＋非碳酸鹽硬度（NCH）＝鹼度（Alk）＋非碳酸鹽硬度（NCH）

非碳酸鹽硬度（NCH）＝總硬度（TH）－碳酸鹽硬度（CH）＝總硬度（TH）－鹼度（Alk）

(2) 當水中總硬度（TH）小於鹼度（Alk）時，則

碳酸鹽硬度（CH）＝總硬度（TH）

非碳酸鹽硬度（NCH）＝0

以石灰蘇打灰法軟化去除水中 Ca^{2+}、Mg^{2+} 時，所需之石灰量和蘇打灰量依水中總硬度（TH）、碳酸鹽硬度（CH）、非碳酸鹽硬度（NCH）、Mg^{2+} 及 CO_2 含量而定。（參見例題3）

2. 水中硬度之單位轉換

碳酸鈣（$CaCO_3$）之當量重（或克當量、毫克當量）計算如下：

$CaCO_3$ 之當量重（或克當量）＝ $CaCO_3$ 分子量 $/2 = (40.08 + 12.01 + 16.00 \times 3)/2$

$= 50.045$（g $CaCO_3$/eq，克碳酸鈣／當量）$= 50.045$（mg $CaCO_3$/meq，毫克碳酸鈣／毫當量）

當某物質濃度單位為 X_1mg/L，欲轉換成以 mg as $CaCO_3$/L 為單位表示時，其轉換式如下：

$$\frac{X_1(mg/L)}{X_2(mg/meq)} = \frac{X(mg\ as\ CaCO_3/L)}{50.045(mg\ CaCO_3/meq)}$$

故：$X\left(mg\ as\ CaCO_3/L\right) = \left[\frac{X_1(mg/L)}{X_2(mg/meq)}\right] \times 50.045$（mg $CaCO_3$/meq）

例1：**配製含 Ca^{2+}、Mg^{2+} 硬度之人工水樣**

欲配製7L之人工水樣，使含有 $MgSO_4 = 250$mg/L、$CaSO_4 = 250$mg/L、$CaCl_2 \cdot 2H_2O = 500$mg/L〔或 $CaCl_2 = 377.4$mg/L〕、$MgCl_2 \cdot 6H_2O = 500$mg/L，應如何配製？

【註2：$MgSO_4$、$CaSO_4$（或 $CaSO_4 \cdot 2H_2O$）、$CaCl_2$（或 $CaCl_2 \cdot 2H_2O$）、$MgCl_2 \cdot 6H_2O$ 皆易吸濕潮解，非一級標準品，本例題之計算係為理論計量，實際值將會低於理論值。】

解：計算7L人工水樣所需加藥量

$MgSO_4 = 7L \times 250$mg/L $= 1750$(mg) $= 1.750$(g)

$CaSO_4 = 7L \times 250$mg/L $= 1750$(mg) $= 1.750$(g)

〔或 $CaSO_4 \cdot 2H_2O = 7L \times 316.2$mg/L $= 2213.3$(mg) $\doteqdot 2.213$(g)〕

$CaCl_2 \cdot 2H_2O = 7L \times 500$mg/L $= 3500$(mg) $= 3.50$(g)〔或 $CaCl_2 = 7L \times 377.4$mg/L $= 2641.8$(mg)$\doteqdot 2.642$(g)〕

$MgCl_2 \cdot 6H_2O = 7L \times 500$mg/L $= 3500$(mg) $= 3.50$(g)

秤取1.750g $MgSO_4$、1.750g $CaSO_4$（或2.213g $CaSO_4 \cdot 2H_2O$）、3.50g $CaCl_2 \cdot 2H_2O$（或2.642g $CaCl_2$）、3.50g $MgCl_2 \cdot 6H_2O$ 加入試劑水中溶解之，使體積為7L。

例2：**Ca^{2+}、Mg^{2+} 硬度之單位轉換**

接例1之人工水樣，含有之總硬度為？（mg as $CaCO_3$/L）

解：Ca^{2+} 之當量重 $= 40.08/2 = 20.04$（mg/meq，毫克／毫當量）

Mg^{2+} 之當量重 $= 24.31/2 = 12.155$（mg/meq，毫克／毫當量）

X(mg as $CaCO_3$/L) $= \left[X_1(mg/L)/X_2(mg/meq)\right] \times 50.045$(mg $CaCO_3$/meq)

(1) $MgSO_4$ 莫耳質量 $= 24.31 + 32.06 + 16.00 \times 4 = 120.37$(g/mole)

$MgSO_4 = 250$mg/L，則其

Mg^{2+} 含量 $= 250 \times (24.31/120.37) = 50.5$(mg/L) $= (50.5/12.155) \times 50.045 = 207.9$(mg as $CaCO_3$/L)

(2) $CaSO_4$ 莫耳質量 $= 40.08 + 32.06 + 16.00 \times 4 = 136.14$(g/mole)

（續下表）

CaSO$_4$ = 250mg/L，則其

Ca^{2+}含量 = 250×(40.08/136.14) = 73.6(mg/L) = (73.6/20.04)×50.045 = 183.8(mg as CaCO$_3$/L)

(3) CaCl$_2$·2H$_2$O莫耳質量 = 40.08 + 35.45×2 + 2×(1.01×2 + 16.00) = 147.02(g/mole)

CaCl$_2$莫耳質量 = 40.08 + 35.45×2 = 110.98(g/mole)

CaCl$_2$·2H$_2$O = 500mg/L，則其CaCl$_2$ = 500×(110.98/147.02) = 377.4(mg/L)

Ca^{2+}含量 = 377.4×(40.08/110.98) = 136.3(mg/L) = (136.3/20.04)×50.045 = 340.4(mg as CaCO$_3$/L)

(4) MgCl$_2$·6H$_2$O莫耳質量 = 24.31 + 35.45×2 + 6×(1.01×2 + 16.00) = 203.33(g/mole)

MgCl$_2$莫耳質量 = 24.31 + 35.45×2 = 95.21(g/mole)

MgCl$_2$·6H$_2$O = 500mg/L，則其MgCl$_2$ = 500×(95.21/203.33) = 234.1(mg/L)

Mg^{2+}含量 = 234.1×(24.31/95.21) = 59.8(mg/L) = (59.8/12.155)×50.045 = 246.2(mg as CaCO$_3$/L)

(5) 人工水樣所含有之總硬度 = 207.9 + 183.8 + 340.4 + 246.2 = 978.3(mg as CaCO$_3$/L)

【註3：MgSO$_4$、CaSO$_4$（或CaSO$_4$·2H$_2$O）、CaCl$_2$（或CaCl$_2$·2H$_2$O）、MgCl$_2$·6H$_2$O皆易吸濕潮解，非一級標準品，本例題之計算係為理論計量，實際值將會低於理論值。】

例3：石灰蘇打灰法去除水中Ca^{2+}、Mg^{2+}之化學計量

接例1、例2，假設人工水樣中溶解有CO$_2$為5mg/L；欲將水樣完全軟化（形成CaCO$_3$和Mg(OH)$_2$沉澱），則理論所需之Ca(OH)$_2$和Na$_2$CO$_3$加藥量各為？（mg/L）　另理論會產生之CaCO$_3$和Mg(OH)$_2$沉澱量各為？（mg/L）

解：

步驟1：分別計算下列各物質之莫耳質量，如下

MgSO$_4$、CaSO$_4$、CaCl$_2$·2H$_2$O(CaCl$_2$)、MgCl$_2$·6H$_2$O(MgCl$_2$)之莫耳質量，參見例2。

CO$_2$莫耳質量 = 12.01 + 16.00×2 = 44.01(g/mole)

Na$_2$CO$_3$莫耳質量 = 22.99×2 + 12.01 + 16.00×3 = 105.99(g/mole)

Ca(OH)$_2$莫耳質量 = 40.08 + (16.00 + 1.01)×2 = 74.10(g/mole)

CaCO$_3$莫耳質量 = 40.08 + 12.01 + 16.00×3 = 100.09(g/mole)

Mg(OH)$_2$莫耳質量 = 24.31 + (16.00 + 1.01)×2 = 58.33(g/mole)

步驟2：分別計算各物質反應理論所需之Ca(OH)$_2$和Na$_2$CO$_3$加藥量及所產生之CaCO$_3$和Mg(OH)$_2$沉澱量，如下

(1) 假設與5mg CO$_2$/L反應所需之Ca(OH)$_2$為A$_1$（mg），產生之CaCO$_3$為B$_1$（mg），則

CO$_{2(aq)}$ + Ca(OH)$_{2(aq)}$→CaCO$_{3(s)}$↓ + H$_2$O$_{(l)}$

1/(5/44.01) = 1/(A$_1$/74.10) = 1/(B$_1$/100.09)

得：A$_1$ = 8.42(mg)，B$_1$ = 11.37(mg)

(2) 假設與250mg MgSO$_4$/L反應所需之Ca(OH)$_2$為A$_2$（mg），產生之Mg(OH)$_2$為C$_1$（mg）、CaSO$_4$為D$_1$(mg)，則

MgSO$_{4(aq)}$ + Ca(OH)$_{2(aq)}$→Mg(OH)$_{2(s)}$↓ + CaSO$_{4(aq)}$

1/(250/120.37) = 1/(A$_2$/74.10) = 1/(C$_1$/58.33) = 1/(D$_1$/136.14)

得：A$_2$ = 153.9(mg)，C$_1$ = 121.1(mg)，D$_1$ = 282.8(mg)【此CaSO$_4$係因MgSO$_{4(aq)}$ + Ca(OH)$_{2(aq)}$反應所產生】

(3) 假設與(250 + 282.8 = 532.8)mg CaSO$_4$/L反應所需之Na$_2$CO$_3$為E$_1$（mg），產生之CaCO$_3$為B$_2$（mg），則

CaSO$_{4(aq)}$ + Na$_2$CO$_{3(aq)}$→CaCO$_{3(s)}$↓ + Na$_2$SO$_{4(aq)}$

1/(532.8/136.14) = 1/(E$_1$/105.99) = 1/(B$_2$/100.09)

得：E$_1$ = 414.8(mg)，B$_2$ = 391.7(mg)

(4) 因MgCl$_2$·6H$_2$O = 500mg/L，則其含MgCl$_2$ = 500×(95.21/203.33) = 234.1（mg/L）；假設與234.1mg MgCl$_2$/L反應所需之Ca(OH)$_2$為A$_3$（mg），產生之Mg(OH)$_2$為C$_2$（mg），產生之CaCl$_2$為F$_1$（mg），則

MgCl$_{2(aq)}$ + Ca(OH)$_{2(aq)}$→Mg(OH)$_{2(s)}$↓ + CaCl$_{2(aq)}$

1/(234.1/95.21) = 1/(A$_3$/74.10) = 1/(C$_2$/58.33) = 1/(F$_1$/110.98)

得：A$_3$ = 182.2(mg)，C$_2$ = 143.4(mg)，F$_1$ = 272.9(mg)【此CaCl$_2$係因MgCl$_{2(aq)}$ + Ca(OH)$_{2(aq)}$反應所產生】

（續下表）

(5) 因$CaCl_2 \cdot 2H_2O$ = 500mg/L，則其含$CaCl_2$ = 500×(110.98/147.02) = 377.4(mg/L)；假設與650.3
(= 377.4 + 272.9)mg $CaCl_2$/L反應所需之Na_2CO_3為E_2（mg），產生之$CaCO_3$為B_3（mg），則

$$CaCl_{2(aq)} + Na_2CO_{3(aq)} \rightarrow CaCO_{3(s)} \downarrow + NaCl_{(aq)}$$

$$1/(650.3/110.98) = 1/(E_2/105.99) = 1/(B_3/100.09)$$

得：E_2 = 621.1(mg)，B_3 = 586.5(mg)

步驟3：計算理論所需之$Ca(OH)_2$和Na_2CO_3加藥量及所產生之$CaCO_3$和$Mg(OH)_2$沉澱量，如下

(1) 理論所需之$Ca(OH)_2$加藥量 = $A_1 + A_2 + A_3$ = 8.42 + 153.9 + 182.2 = 344.52(mg/L)≒345(mg/L)

(2) 理論所需之Na_2CO_3加藥量 = $E_1 + E_2$ = 414.8 + 621.1 = 1035.9(mg/L)≒1036(mg/L)

(3) 理論所產生之$CaCO_3$沉澱量 = $B_1 + B_2 + B_3$ = 11.37 + 391.7 + 586.5 = 989.57(mg/L)≒990(mg/L)

(4) 理論所產生之$Mg(OH)_2$沉澱量 = $C_1 + C_2$ = 121.1 + 143.4 = 264.5(mg/L)≒265(mg/L)

例4：**Ca^{2+}、Mg^{2+}硬度之單位轉換**【註4：$Ca(HCO_3)_2$、$Mg(HCO_3)_2$極不穩定易分解，市面不易購得此化學
品。但$Ca(HCO_3)_2$、$Mg(HCO_3)_2$常見於含石灰岩（$CaCO_3$）地質之地下水中。】

人工水樣含有$Ca(HCO_3)_2$ = 500mg/L、$Mg(HCO_3)_2$ = 500mg/L、$MgSO_4$ = 50mg/L、$CaSO_4$ = 50mg/L，
則總硬度為？（mg as $CaCO_3$/L）

解：Ca^{2+}之當量重 = 40.08/2 = 20.04（mg/meq，毫克／毫當量）

Mg^{2+}之當量重 = 24.31/2 = 12.155（mg/meq，毫克／毫當量）

X(mg as $CaCO_3$/L) = 〔X_1(mg/L)/X_2(mg/meq)〕×50.045(mg $CaCO_3$/meq)

(1) $Ca(HCO_3)_2$莫耳質量 = 40.08 + (1.01 + 12.01 + 16.00×3)×2 = 162.12(g/mole)

$Ca(HCO_3)_2$ = 500mg/L，則其

Ca^{2+}含量 = 500×(40.08/162.12) = 123.6(mg/L) = (123.6/20.04)×50.045 = 308.8(mg as $CaCO_3$/L)

(2) $Mg(HCO_3)_2$莫耳質量 = 24.31 + (1.01 + 12.01 + 16.00×3)×2 = 146.35(g/mole)

$Mg(HCO_3)_2$ = 500mg/L，則其

Mg^{2+}含量 = 500×(24.31/146.35) = 83.1(mg/L) = (83.1/12.155)×50.045 = 342.1(mg as $CaCO_3$/L)

(3) $MgSO_4$莫耳質量 = 24.31 + 32.06 + 16.00×4 = 120.37(g/mole)

$MgSO_4$ = 50mg/L，則其

Mg^{2+}含量 = 50×(24.31/120.37) = 10.1(mg/L) = (10.1/12.155)×50.045 = 41.6(mg as $CaCO_3$/L)

(4) $CaSO_4$莫耳質量 = 40.08 + 32.06 + 16.00×4 = 136.14(g/mole)

$CaSO_4$ = 50mg/L，則其

Ca^{2+}含量 = 50×(40.08/136.14) = 14.7(mg/L) = (14.7/20.04)×50.045 = 36.7(mg as $CaCO_3$/L)

(5) 人工水樣所含有之總硬度 = 308.8 + 342.1 + 41.6 + 36.7 = 729.2(mg as $CaCO_3$/L)

例5：石灰蘇打灰法去除水中Ca^{2+}、Mg^{2+}之化學計量

接例4，假設人工水樣中溶解有CO_2為5mg/L；欲將水樣完全軟化（形成$CaCO_3$和$Mg(OH)_2$沉澱），則理論所
需之$Ca(OH)_2$和Na_2CO_3加藥量各為？（mg/L）　另理論會產生之$CaCO_3$和$Mg(OH)_2$沉澱量各為？（mg/L）

解：

步驟1：分別計算下列各物質之莫耳質量，如下

CO_2莫耳質量 = 12.01 + 16.00×2 = 44.01(g/mole)

$Ca(HCO_3)_2$、$Mg(HCO_3)_2$、$MgSO_4$、$CaSO_4$之莫耳質量，參見例2。

Na_2CO_3莫耳質量 = 22.99×2 + 12.01 + 16.00×3 = 105.99(g/mole)

$Ca(OH)_2$莫耳質量 = 40.08 + (16.00 + 1.01)×2 = 74.10(g/mole)

$CaCO_3$莫耳質量 = 40.08 + 12.01 + 16.00×3 = 100.09(g/mole)

$MgCO_3$莫耳質量 = 24.31 + 12.01 + 16.00×3 = 84.32(g/mole)

$Mg(OH)_2$莫耳質量 = 24.31 + (16.00 + 1.01)×2 = 58.33(g/mole)

步驟2：分別計算各物質反應理論所需之$Ca(OH)_2$和Na_2CO_3加藥量及所產生之$CaCO_3$和$Mg(OH)_2$沉澱量，如
下

(1) 假設與5mg CO_2/L反應所需之$Ca(OH)_2$為A_1（mg），產生之$CaCO_3$為B_1（mg），則

$$CO_{2(aq)} + Ca(OH)_{2(aq)} \rightarrow CaCO_{3(s)} \downarrow + H_2O_{(1)}$$

（續下表）

$1/(5/44.01) = 1/(A_1/74.10) = 1/(B_1/100.09)$

得：$A_1 = 8.42(mg)$，$B_1 = 11.37(mg)$

(2) 假設與500mg $Ca(HCO_3)_2$/L反應所需之$Ca(OH)_2$為A_2（mg），產生之$CaCO_3$為B_2（mg），則

$Ca(HCO_3)_{2(aq)} + Ca(OH)_{2(aq)} \rightarrow 2CaCO_{3(s)} \downarrow + 2H_2O_{(1)}$

$1/(500/162.12) = 1/(A_2/74.10) = 2/(B_2/100.09)$

得：$A_2 = 228.53(mg)$，$B_2 = 617.38(mg)$

(3) 假設與500mg $Mg(HCO_3)_2$/L反應所需之$Ca(OH)_2$為A_3（mg），產生之$CaCO_3$為B_3（mg）、$MgCO_3$為C（mg），則

$Mg(HCO_3)_{2(aq)} + Ca(OH)_{2(aq)} \rightarrow CaCO_{3(s)} \downarrow + MgCO_{3(aq)} + 2H_2O_{(1)}$

$1/(500/146.35) = 1/(A_3/74.10) = 1/(B_3/100.09) = 1/(C/84.32)$

得：$A_3 = 253.16(mg)$，$B_3 = 341.96(mg)$，$C = 288.08(mg)$

(4) 假設與288.08mg $MgCO_3$/L反應所需之$Ca(OH)_2$為A_4（mg），產生之$CaCO_3$為B_4（mg）、$Mg(OH)_2$為D_1（mg），則

$MgCO_{3(aq)} + Ca(OH)_{2(aq)} \rightarrow CaCO_{3(s)} \downarrow + Mg(OH)_{2(s)} \downarrow$

$1/(288.08/84.32) = 1/(A_4/74.10) = 1/(B_4/100.09) = 1/(D_1/58.33)$

得：$A_4 = 253.16(mg)$，$B_4 = 341.96(mg)$，$D_1 = 199.28(mg)$

(5) 假設與50mg $MgSO_4$/L反應所需之$Ca(OH)_2$為A_5（mg），產生之$Mg(OH)_2$為D_2（mg）、$CaSO_4$為E_1（mg），則

$MgSO_{4(aq)} + Ca(OH)_{2(aq)} \rightarrow Mg(OH)_{2(s)} \downarrow + CaSO_{4(aq)}$

$1/(50/120.37) = 1/(A_5/74.10) = 1/(D_2/58.33) = 1/(E_1/136.14)$

得：$A_5 = 30.78(mg)$，$D_2 = 24.23(mg)$，$E_1 = 56.55(mg)$【此$CaSO_4$係因$MgSO_{4(aq)} + Ca(OH)_{2(aq)}$反應所產生】

(6) 假設與(50 + 56.55 = 106.55)mg $CaSO_4$/L反應所需之Na_2CO_3為F（mg），產生之$CaCO_3$為B_5（mg），則

$CaSO_{4(aq)} + Na_2CO_{3(aq)} \rightarrow CaCO_{3(s)} \downarrow + Na_2SO_{4(aq)}$

$1/(106.55/136.14) = 1/(F/105.99) = 1/(B_5/100.09)$

得：$F = 82.95(mg)$，$B_5 = 78.34(mg)$

步驟3：計算理論所需之$Ca(OH)_2$和Na_2CO_3加藥量及所產生之$CaCO_3$和$Mg(OH)_2$沉澱量，如下

(1) 理論所需之$Ca(OH)_2$加藥量 $= A_1 + A_2 + A_3 + A_4 + A_5 + A_6 = 8.42 + 228.53 + 253.16 + 253.16 + 30.78$
$= 774.05(mg/L) \doteqdot 774(mg/L)$

(2) 理論所需之Na_2CO_3加藥量 $= F = 82.95(mg/L) \doteqdot 83(mg/L)$

(3) 理論所產生之$CaCO_3$沉澱量 $= B_1 + B_2 + B_3 + B_4 + B_5 = 11.37 + 617.38 + 341.96 + 341.96 + 78.34$
$= 1391.01(mg/L) \doteqdot 1391(mg/L)$

(4) 理論所產生之$Mg(OH)_2$沉澱量 $= D_1 + D_2 = 199.28 + 24.23 = 223.51(mg/L) \doteqdot 224(mg/L)$

評析：比較例3、例5可知，水中硬度來源（種類）不同，其理論所需之$Ca(OH)_2$和Na_2CO_3加藥量差異甚大。

【註5】或有以氧化鈣（CaO）加入水中使產生氫氧化鈣$Ca(OH)_2$者，即：$CaO + H_2O \rightarrow Ca(OH)_2$。需注意此為放熱反應。

(三) 化學沉澱（降）——石灰蘇打灰法去除水中鈣、鎂離子實驗

　　本實驗係配製含 Ca^{2+}、Mg^{2+} 硬度之人工水樣，利用瓶杯試驗機進行批次式實驗，評估比較不同之石灰（$Ca(OH)_2$，氫氧化鈣）、蘇打灰（Na_2CO_3，碳酸鈉）加藥量對水中 Ca^{2+}、Mg^{2+} 硬度之去除率。

例6：學生進行「化學沉澱（降）──石灰蘇打灰法去除水中硬度（鈣、鎂離子）實驗」，結果記錄計算如下表：

①	燒杯編號	1	2	3	4	5	6
②	各水樣體積（L）			1.0			
③	實驗實際之石灰Ca(OH)$_2$加藥量（mg/L）	0	138	208	276	**346**	414
④	實驗實際之之蘇打灰Na$_2$CO$_3$加藥量（mg/L）	0	414	654	830	**1036**	1244
⑤	攪拌轉速（rpm）			97			
⑥	攪拌時間（min）			15			
⑦	靜置沉澱時間（min）			15			
⑧	（經沉澱後）取各上澄液（或濾液）水樣之體積V（cc）【依水中總硬度之測定】			25.0			
⑨	（水樣）滴定所使用之EDTA溶液體積 A（cc EDTA）	10.10	2.50	1.30	1.10	0.60	0.40
⑩	每1cc EDTA滴定溶液所對應之碳酸鈣毫克數 B（即B mg CaCO$_3$/cc EDTA）			1.00			
⑪	（原）水樣中經測定之總硬度（mg as CaCO$_3$/L）〔含配製時所添加之硬度及自來水中既存之硬度〕	404			略（同左）		
⑫	經石灰蘇打灰處理後，測定水樣（殘留）之總硬度（mg as CaCO$_3$/L）【註6】	404	100.0	52.0	44.0	24.0	16.0
⑬	總硬度去除率（%）	0	75.2	87.1	89.1	94.1	96.0

【註6】水樣之總硬度（即mg as CaCO$_3$/L）計算式如下：

總硬度（mg as CaCO$_3$/L）= (A×B×1000)/V

式中

A：水樣滴定時所使用之EDTA溶液體積（cc EDTA）

B：1cc EDTA滴定溶液所對應之碳酸鈣毫克數（mg CaCO$_3$/cc EDTA）

V：水樣體積（cc）

於座標圖繪出石灰Ca(OH)$_2$（或蘇打灰Na$_2$CO$_3$）加藥量（mg/L）（X軸）－硬度去除率（%）（Y軸）

解：計算結果如上表所示，繪圖如下

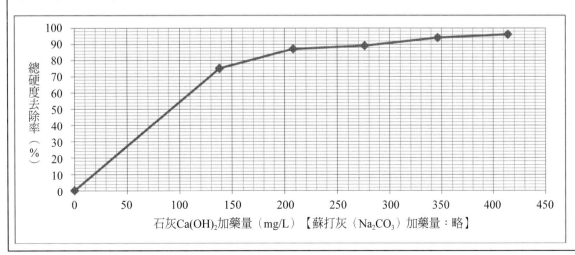

三、器材與藥品

(一) 硬度測定

1.250cc錐形瓶	2.25cc球形吸管	3.滴定管
4.配製甲基紅指示劑：溶解0.1g甲基紅於18.6cc之0.02N NaOH溶液，以試劑水稀釋至250cc。		
5.配製1.00mg CaCO$_3$/cc之鈣標準溶液1000cc：精秤1.000g無水碳酸鈣（CaCO$_3$，一級標準）粉末，置入500cc錐形瓶中，緩緩加入(1 + 1)鹽酸溶液至所有碳酸鈣溶解。【註7：CaCO$_{3(s)}$ + HCl$_{(aq)}$→CaCl$_{2(aq)}$ + H$_2$O$_{(l)}$ + CO$_{2(g)}$↑】加入200cc試劑水，再煮沸約3～5分鐘以驅除二氧化碳；俟冷卻後加入幾滴甲基紅指示劑（呈紅色），再以塑膠滴管取3M氫氧化銨（氨水，NH$_4$OH）或（1 + 1）鹽酸溶液調整pH，至變色為黃橙色。將全部溶液移入1000cc定量瓶中，另以試劑水沖洗錐形瓶數次，一併倒入1000cc定量瓶中，最後定容至標線。得標準鈣溶液，相當於1cc溶液中含有1.00mg碳酸鈣（CaCO$_3$）。		
6.配製（約0.01M）EDTA滴定溶液1000cc：加入3.723g EDTA-Na$_2$·2H$_2$O（含2個結晶水之EDTA二鈉鹽，分子量372.24，分析試藥級）於少量試劑水中，使溶解，再以試劑水稀釋定容至1000cc。 【註8：EDTA溶液能自普通玻璃容器中萃取一些含有總硬度之陽離子，因此應貯存於PE塑膠瓶或硼矽玻璃瓶內，並定期以標準鈣溶液標定之。】		
7.配製緩衝溶液：【緩衝溶液2擇1：緩衝溶液Ⅰ或緩衝溶液Ⅱ】 (1) 緩衝溶液Ⅰ：溶解16.9g氯化銨於143cc濃氫氧化銨（濃氨水）中，加入1.25g EDTA之鎂鹽（市售品），以試劑水定容至250cc。 (2) 緩衝溶液Ⅱ：如無市售EDTA之鎂鹽，可溶解1.179g含二個結晶水之EDTA二鈉鹽（分析級）和0.780g硫酸鎂（MgSO$_4$·7H$_2$O）或0.644g氯化鎂（MgCl$_2$·6H$_2$O）於50cc蒸餾水中，將此溶液加入含16.9g 氯化銨和143cc濃氫氧化銨（濃氨水）之溶液內，混合後以試劑水定容至250cc。 【註9：緩衝溶液Ⅰ和Ⅱ應儲存於塑膠或硼矽玻璃容器內蓋緊，以防止氨氣散失及二氧化碳進入，保存期限為一個月。當加入1至2cc緩衝溶液於水樣中仍無法使水樣在滴定終點之pH為10.0±0.1時，即應重新配製該緩衝溶液。】		
8.配製EBT指示劑：溶解0.5 g乾燥粉末狀之Eriochrome Black T於100g三乙醇胺（Triethanolamine）或2-甲氧基甲醇（2-Methoxymethanol）。 【註10：Eriochrome Black T（1-(1-hydroxy-2-naphthylazo)-5-nitro-2-naphthol-4-sulfonic acid之鈉鹽）；為減少誤差，指示劑宜於使用前配製。】		

(二) 化學沉澱（降）——石灰蘇打灰去除水中鈣、鎂離子實驗

1.瓶杯試驗機（具6支攪拌棒）	2.1000cc燒杯	3.氯化鈣（CaCl$_2$·2H$_2$O或CaCl$_2$）
4.氯化鎂（MgCl$_2$·6H$_2$O）	5.硫酸鎂（MgSO$_4$）	6.硫酸鈣（CaSO$_4$）溶解度0.24g/100mL（20℃）
7.氫氧化鈣（Ca(OH)$_2$）	8.碳酸鈉（Na$_2$CO$_3$）	9.濾紙（Whatman＃40）
10.過濾裝置		
11.配製20mg/cc石灰（Ca(OH)$_2$）溶液1000cc：秤取20.0g Ca(OH)$_2$溶解於試劑水中，使成1000cc溶液（為懸濁液）。		
12.配製20mg/cc蘇打灰（Na$_2$CO$_3$）溶液1000cc：秤取20.0g Na$_2$CO$_3$溶解於試劑水中，使成1000cc溶液。		

四、實驗步驟、結果記錄與計算

(一) 以（1.00mg CaCO₃/cc）鈣標準溶液標定EDTA溶液濃度
【註11：為節省時間，此部分可由教師或助教先行標定。】

1. 取 25.00cc 鈣標準溶液（二份），記錄之；置於 250cc 錐形瓶中，加入 25.0cc 試劑水稀釋之。

2. 加入 1～2cc 緩衝溶液，使溶液之 pH = 10.0±0.1，並於 5 分鐘內依下述步驟完成滴定。

3. 加入 2 滴 Eriochrome Black T（藍色）指示劑後，溶液會呈酒紅色。

4. 將EDTA溶液裝入滴定管中，記錄其初始刻度 V_1 cc；開始滴定，緩緩加入EDTA滴定溶液，並同時攪拌之，直至溶液由淡紅色變為藍色，達滴定終點，記錄其刻度 V_2 cc。

【註 12：(1) 當加入最後幾滴時，每滴的間隔時間約為 3 至 5 秒，正常的情況下，滴定終點時溶液呈藍色。(2) 滴定時如無法得到明顯之滴定終點顏色變化，即表示溶液中有干擾物質或者指示劑已變質，此時需加入適當之抑制劑或重新配製指示劑。】

5. （為節省時間）本實驗省略空白分析。

6. 計算：每 1.00cc EDTA 滴定溶液所對應之碳酸鈣毫克數（即 mg CaCO₃/cc EDTA）。

7. 結果記錄、計算於下表：

以鈣標準溶液標定EDTA溶液濃度		第1次	第2次
①	鈣標準溶液體積V（cc）		
②	鈣標準溶液濃度（mg CaCO₃/cc）	1.00	
③	（鈣標準溶液）滴定前EDTA溶液刻度V_1（cc）		
④	（鈣標準溶液）滴定後EDTA溶液刻度V_2（cc）		
⑤	鈣標準溶液滴定所使用之EDTA溶液體積A = $(V_2 - V_1)$（cc EDTA）		
⑥	每1cc EDTA滴定溶液所對應之碳酸鈣毫克數B（即B mg CaCO₃/cc EDTA）　【註13】		
⑦	每1cc EDTA滴定溶液所對應之碳酸鈣毫克數平均值B_{ave}（即B_{ave} mg CaCO₃/cc EDTA）		

【註 13：每 1cc EDTA 滴定溶液所對應之碳酸鈣毫克 (mg) 數 B，計算式如下（求 B）：

A(cc EDTA)×**B(mg CaCO₃/cc EDTA)** = V(cc)×(1.00 mg CaCO₃/cc)

即：**B(mg CaCO₃/cc EDTA)** = 〔V(cc)×(1.00 mg CaCO₃/cc)〕/A(cc EDTA)

式中

A：鈣標準溶液滴定時所使用之 EDTA 溶液體積（cc EDTA）。

B：1cc EDTA 滴定溶液所對應之碳酸鈣毫克數（mg CaCO₃/cc EDTA）

V：鈣標準溶液體積（cc）

(二) 配製含鈣、鎂硬度之人工水樣
【註14：為節省時間，此部分可由教師或助教先行配製。】

1. 假設水中已溶解有 CO_2 為 5 mg/L。

2. 取 10～15 公升塑膠水桶，另分別秤取 1.750 g MgSO₄、1.750 g CaSO₄（或 2.213 g CaSO₄・2H₂O₂）、3.50 g CaCl₂・2H₂O（或 2.64 g CaCl₂）、3.50 g MgCl₂・6H₂O 加入自來水中溶解之，使體積為 7L。

3. 則所配製 7L 之人工水樣，含有 MgSO₄ = 250mg/L、CaSO₄ = 250mg/L、CaCl₂・2H₂O = 500mg/L（或 CaCl₂ = 377mg/L）、MgCl₂・6H₂O = 500mg/L。

【註 15：(1) 理論上此人工水樣所添加之總硬度為 978.3mg as CaCO₃/L，但 MgSO₄、CaSO₄（或 CaSO₄・2H₂O）、CaCl₂（或 CaCl₂・2H₂O）、MgCl₂・6H₂O 皆易吸濕潮解，非一級標準品，故實際值將會低於理論值。(2) 此人工水樣之硬度來源，包含配製時所添加之硬度及自來水中既存之硬度。】

(三) 化學沉澱（降）──石灰蘇打灰去除水中硬度（鈣、鎂離子）實驗

1. 取 1000cc 燒杯 6 個，編號：1、2、3、4、5、6。記錄之。

2. 將 6 個燒杯各置入含鈣、鎂硬度之人工水樣 1000cc，再將燒杯依序置瓶杯試驗機上，記錄之。【註 16：取水樣時應充分攪拌均勻。】

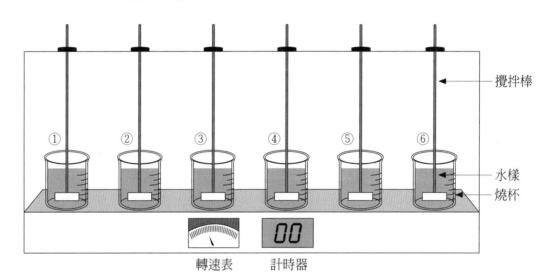

3. 如下表中之⑤，取 20mg/cc 石灰 Ca(OH)₂ 溶液，依燒杯編號 1～6 分別加入：0、10.4、13.8、17.3、20.7、25.9cc。【註 17：(1) 取石灰 Ca(OH)₂ 溶液時，需充分攪拌均勻。(2) 燒杯編號 1～6 分別為理論石灰 Ca(OH)₂ 加藥量之 0、60、80、100、120 和 150%。(3) 理論加藥量之計算參見例題 3。】

4. 如下表中之⑧，取 20mg/cc 蘇打灰 Na₂CO₃ 溶液，依燒杯編號 1～6 分別加入：0、32.7、41.5、51.8、62.2、77.7cc。【註 18：(1) 燒杯編號 1～6 分別為理論蘇打灰 Na₂CO₃ 加藥量之 0、60、80、100、120 和 150%。(2) 理論加藥量之計算參見例題 3。】

①	燒杯編號	1	2	3	4	5	6
②	含鈣、鎂硬度之人工水樣體積（cc）	1000	1000	1000	1000	1000	1000
③	理論所需之石灰$Ca(OH)_2$加藥量（mg/L）【參例3】	345	345	345	345	345	345
④	**實驗實際加入20mg/cc石灰$Ca(OH)_2$溶液體積（cc）**	**0**	**10.4**	**13.8**	**17.3**	**20.7**	**25.9**
⑤	實驗實際之石灰$Ca(OH)_2$加藥量（mg/L）	0	208	276	346	414	518
⑥	理論所需之蘇打灰Na_2CO_3加藥量（mg/L）【參例3】	1036	1036	1036	1036	1036	1036
⑦	**實驗實際加入20mg/cc蘇打灰Na_2CO_3溶液體積（cc）**	**0**	**32.7**	**41.5**	**51.8**	**62.2**	**77.7**
⑧	實驗實際之蘇打灰Na_2CO_3加藥量（mg/L）	0	654	830	1036	1244	1554

【註19】1. 此理論所需之石灰 $Ca(OH)_2$、蘇打灰 Na_2CO_3 加藥量不含自來水中既存之硬度。

2. 本實驗因加入 $Ca(OH)_2$ 及 Na_2CO_3 溶液所造成溶液體積及濃度之改變，予以忽略不計。

5. 以 75～100 rpm 攪拌 15～20～25 分鐘，觀察各燒杯內生成固體物情形（多少、顏色、顆粒大小），記錄之。【註20：攪拌時間可視課堂時間情況調整之。】

6. 停止攪拌，緩緩抽出攪拌棒（勿擾動破壞形成之固體物），靜置沉澱 15～20～30 分鐘，並觀察各燒杯中固體物沉澱（降）情形及上澄液是否澄清，記錄之。【註21：沉澱時間可視課堂時間情況調整之。】

7. 以 25cc 球型吸管分別吸取各燒杯之上澄液〔或自各燒杯中取 150cc 水樣，以濾紙（Whatman ＃ 40）過濾，以取得澄清之濾液〕，依下列步驟測定總硬度，將結果記錄、計算於下表，選定最佳加藥量。

【水中總硬度之測定】

A. 取 25.0cc 水樣，記錄之；置於 250cc 錐形瓶中，加入 25cc 試劑水稀釋之。

B. 加入 1～2cc 緩衝溶液，使溶液之 pH = 10.0±0.1，並於 5 分鐘內依下述步驟完成滴定。

C. 加入 2 滴 Eriochrome Black T（藍色）指示劑後，溶液會呈酒紅色。

D. 將 EDTA 溶液裝入滴定管中，記錄其初始刻度 V_1cc；開始滴定，緩緩加入 EDTA 滴定溶液，並同時攪拌之，直至溶液由淡紅色變為藍色，達滴定終點，記錄其刻度 V_2cc。

   【註22：當加入最後幾滴時，每滴的間隔時間約為 3 至 5 秒，正常的情況下，滴定終點時溶液呈藍色。】

E. （為節省時間）本實驗省略空白分析。

F. 計算水樣之總硬度（即 mg as $CaCO_3$/L）。

化學沉澱（降）——石灰蘇打灰法去除水中硬度（鈣、鎂離子）實驗							
①	燒杯編號	1	2	3	4	5	6
②	各水樣體積（L）	1.0					
③	實驗實際之石灰（$Ca(OH)_2$）加藥量（mg/L）	0	208	276	346	414	518
④	實驗實際之之蘇打灰（Na_2CO_3）加藥量（mg/L）	0	654	830	1036	1244	1554
⑤	攪拌轉速（rpm）						
⑥	攪拌時間（min）						

（續下表）

		顆粒大小（大、中、小）					
⑦	生成固體物情形比較	多、少					
		固體物沉澱（降）情形 （優、良、可、差）					
⑧	靜置沉澱時間（min）						
⑨	（經沉澱後）取各上澄液（或濾液）水樣之體積V （cc）【依水中總硬度之測定】		25.0				
⑩	（水樣）滴定前EDTA溶液刻度V_1（cc）						
⑪	（水樣）滴定後EDTA溶液刻度V_2（cc）						
⑫	（水樣）滴定所使用之EDTA溶液體積 $A = (V_2 - V_1)$（cc EDTA）						
⑬	每1cc EDTA滴定溶液所對應之碳酸鈣毫克數 平均值B_{ave}（即B_{ave} mg CaCO$_3$ / cc EDTA） 【依步驟(一)表中之⑦】						
⑭	（原）水樣中經測定之總硬度（mg as CaCO$_3$/L） （含配製時所添加之硬度及自來水中既存之硬 度）【註23】		略（同左）				
⑮	經石灰蘇打灰處理後，測定水樣（殘留）之總硬 度（mg as CaCO$_3$/L）【註23】						
⑯	總硬度去除率（%）【〔(⑭ − ⑮) / ⑭〕×100%】						

【註23】水樣之總硬度（即 mg CaCO$_3$/L）計算式如下：

總硬度（mg CaCO$_3$/L）= (A×B×1000)/V

式中

A：水樣滴定時所使用之 EDTA 溶液體積（cc EDTA）

B：1cc EDTA 滴定溶液所對應之碳酸鈣毫克數（mg CaCO$_3$ / cc EDTA）

V：水樣體積（cc）

8. 於方格紙繪出加藥量（mg）（X 軸）－總硬度去除率 %（Y 軸）關係圖

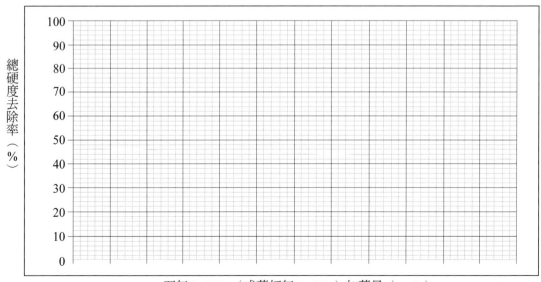

石灰Ca(OH)$_2$（或蘇打灰Na$_2$CO$_3$）加藥量（mg/L）

9.廢液置入一般無機重金屬廢液桶貯存待處理。

五、心得與討論

實驗 11：批次式氫（H）型陽離子交換樹脂 ── 鈣離子之吸附交換實驗

一、目的

(一) 學習離子交換樹脂工作之原理。

(二) 學習批次式實驗，評估（陽）離子交換樹脂對硬度（鈣離子）之交換能力（容量）。

二、相關知識

(一) 離子交換樹脂

「離子交換（Ion-exchange）」為水溶液中之陽離子（例如：Fe^{3+}、Al^{3+}、Ca^{2+}、Mg^{2+}、K^+）或陰離子（例如：SO_4^{2-}、NO_3^-、Cl^-、HCO_3^-）與離子交換體中之離子（例如：Na^+、H^+ 或 Cl^-、OH^-）所進行之一種離子交換，為去除水中某些離子態物質之處理方法之一。環境工程領域中，離子交換法常用於水質處理，例如：工業用水之軟化、（超）純水之製造，另於處理含重金屬之廢（污）水亦逐漸受到重視。

離子交換材料早期使用有無機天然的（如海綠砂），有無機合成的（如合成沸石），因其有諸多缺點，尤其在酸性條件下無法使用，現已少用。

「離子交換樹脂（Ion-exchange Resin）」又稱離子交換高分子化合物（Ion-exchange Polymer），為一種有機合成之高分子聚合物，一般呈現多孔狀或顆粒珠體狀，其大小約為 $0.315\sim1.25$mm，具有優點為：交換容量高、外形大多為球狀顆粒水流阻力較小、機械強度高、化學穩定性佳。故離子交換樹脂為目前使用最普遍之離子交換材料。

「陽離子交換樹脂」能與溶液中帶正電荷的陽離子（例如：Fe^{3+}、Al^{3+}、Ca^{2+}、Mg^{2+}、K^+）進行吸附交換；「陰離子交換樹脂」能與溶液中帶負電荷的陰離子（例如：SO_4^{2-}、NO_3^-、Cl^-、HCO_3^-）進行吸附交換。

(二) 離子交換樹脂之化學性能及其種類

離子交換樹脂結構通常分為二部分，一部分為骨架（具三維空間之網狀結構，例如：苯乙烯系、丙烯酸系、酚醛系），於交換過程中不參與反應；另一部分為連結在骨架上之活性基團（例如：$-SO_3H$、$-COOH$、$-NOH$），其帶有可交換離子，能與水中之離子進行交換。

1. 離子交換反應之可逆性

離子交換反應具可逆性，此使得離子交換樹脂於交換能力耗盡後可以進行再生，使樹脂之

官能基團回複原來狀態，而可重複使用，故於操作上有「交換」及「再生」兩大特性。

例1：氫（**H**）型陽離子樹脂之「交換反應」及「再生反應」（反應式中R-表示樹脂骨架）：

氫（H）型樹脂之交換反應：$R\text{-}H + Na^+_{(aq)} \rightleftharpoons R\text{-}Na + H^+_{(aq)}$

以氯化氫（HCl）進行再生反應：$R\text{-}Na + HCl_{(aq)} \rightleftharpoons R\text{-}H + NaCl_{(aq)}$

需注意：此交換反應，氫（H）型樹脂會釋出H^+，使溶液之pH值降低。

例2：**鈉（Na）型陽離子樹脂**之「交換反應」及「再生反應」（反應式中R-表示樹脂骨架）：

鈉（Na）型樹脂之交換反應：$2R\text{-}Na + Ca^{2+}_{(aq)} \rightleftharpoons R_2\text{-}Ca + 2Na^+_{(aq)}$

以氯化鈉（NaCl）進行再生反應：$R_2\text{-}Ca + 2NaCl_{(aq)} \rightleftharpoons 2R\text{-}Na + CaCl_{2(aq)}$

需注意：此交換反應，鈉（Na）型樹脂會釋出Na^+，使溶液之〔Na^+〕增加。

---

2. 離子交換反應之酸鹼性

H 型陽離子交換樹脂和 OH 型陰離子交換樹脂如同酸和鹼一樣，於離子交換過程會釋出氫離子（H^+）和氫氧根離子（OH^-），並依據其解離能力大小有強弱之分。例如：$R\text{-}SO_3H$ 為強酸性陽離子交換樹脂；$R\text{-}COOH$ 為弱酸性陽離子交換樹脂；四級銨鹽（$R-N^+(CH_3)_3OH^-$）為強鹼型陰離子樹脂；三級以下銨鹽 $R-NH_2H^+OH^-$、$R = NHH^+OH^-$、$R \equiv NH^+OH^-$ 為弱鹼性陰離子交換樹脂。

3. 離子交換樹脂之種類

如表 1 所示，離子交換樹脂依其交換能力特徵可分：陽離子交換樹脂及陰離子交換樹脂。簡介如下：

表 1：陽離子交換樹脂及陰離子交換樹脂之基本類型

離子交換樹脂	陽離子交換樹脂	強酸型：$R\text{-}SO_3^-H^+$
		弱酸型：$R\text{-}COO^-H^+$
	陰離子交換樹脂	強鹼型：$R-N^+(CH_3)_3OH^-$
		弱鹼型：$R-NH_2H^+OH^-$、$R = NHH^+OH^-$、$R \equiv NH^+OH^-$

(1) 強酸型陽離子交換樹脂：樹脂含強酸性基團，如 $R\text{-}SO_3H$（磺酸基 $-SO_3H$），容易於溶液中離解釋出 H^+ 而呈強酸性；樹脂離解後，本體所含的負電基團，如 $R\text{-}SO_3^-$，能吸附結合溶液中之其他陽離子，從而產生陽離子交換作用。此類樹脂解離能力很強，於酸性或鹼性溶液中均能解離和進行離子交換。此類樹脂係以強酸（HCl）進行再生處理，此時樹脂會釋出之前被吸附之陽離子，再與 H^+ 結合而恢復原來的組成。

例3：氫（**H**）型強酸性陽離子交換樹脂與鈣離子（**Ca^{2+}**）、鎂離子（**Mg^{2+}**）之化學反應

H型強酸性陽離子交換樹脂：$2R\text{-}SO_3H + Ca^{2+} \rightleftharpoons (R\text{-}SO_3)_2Ca + 2H^+$

H型強酸性陽離子交換樹脂：$2R\text{-}SO_3H + Mg^{2+} \rightleftharpoons (R\text{-}SO_3)_2Mg + 2H^+$

需注意：此交換反應，氫（H）型樹脂會釋出H^+，使溶液之pH值降低。

(2) 弱酸型陽離子交換樹脂：樹脂含弱酸性基團，如 R-COOH（羧基 -COOH），能在溶液中弱解離釋出 H^+ 而呈弱酸性。樹脂離解後，本體所含的負電基團，如 R-COO$^-$，能吸附結合溶液中之其他陽離子，從而產生陽離子交換作用。此類樹脂之酸性（離解性）較弱，於低 pH 時不易解離而進行離子交換，只能在微酸性、中性或鹼性溶液中（如 pH 5～14）行離子交換。此類樹脂亦是以酸進行再生。

> 例4：氫（**H**）型弱酸性陽離子交換樹脂與鈣離子（**Ca^{2+}**）之化學反應
> H型弱酸性陽離子交換樹脂：$2R\text{-}COOH + Ca^{2+} \rightleftharpoons (R\text{-}COO)_2Ca + 2H^+$
> 需注意：此交換反應，氫（H）型樹脂會釋出H$^+$，使溶液之pH值降低。

(3) 強鹼型陰離子交換樹脂：樹脂含有強鹼性基團，如四級胺基 -N$^+$R$_3$OH$^-$（R為碳氫基團），容易於溶液中離解釋出 OH$^-$ 而呈強鹼性。樹脂解離後，本體所含的正電基團能吸附結合溶液中之其他陰離子，從而產生陰離子交換作用。此類樹脂解離能力很強，於不同 pH 時均能進行（陰）離子交換作用。此類樹脂以強鹼（NaOH）進行再生。

> 例5：**OH**型強鹼性陰離子交換樹脂與氯離子（**Cl$^-$**）之化學反應
> OH型強鹼型陰離子交換樹脂：$R\text{-}N^+(CH_3)_3OH^- + Cl^-_{(aq)} \rightleftharpoons R\text{-}N^+(CH_3)_3Cl^- + OH^-_{(aq)}$
> 以氫氧化鈉（NaOH）進行再生反應：$R\text{-}N^+(CH_3)_3Cl^- + NaOH_{(aq)} \rightleftharpoons R\text{-}N^+(CH_3)_3OH^- + Na_2SO_{4(aq)}$
> 需注意：此交換反應，OH型樹脂會釋出OH$^-$，使溶液之pH值增加。

(4) 弱鹼性陰離子交換樹脂：樹脂含有弱鹼性基團，如一級胺基 -NH$_2$、二級胺基 -NHR、或三級胺基 -NR$_2$，於溶液中弱離解釋出 OH$^-$ 而呈弱鹼性。樹脂離解後，本體所含的正電基團能吸附結合溶液中之其他陰離子，從而產生陰離子交換作用。此類樹脂只能在酸性或中性溶液中（如 pH 1～9）行離子交換。此類樹脂以 Na$_2$CO$_3$、NH$_4$OH 進行再生。

> 例6：**OH**型弱鹼性陰離子交換樹脂與硫酸根離子（**SO$_4^{2-}$**）之化學反應
> OH型：$2R\text{-}NH_3OH + SO_4^{2-}_{(aq)} \rightleftharpoons (R\text{-}NH_3)_2SO_4 + 2OH^-_{(aq)}$
> 需注意：此交換反應，OH型樹脂會釋出OH$^-$，使溶液之pH值增加。

(5) 離子交換樹脂的轉型

以上是離子樹脂的四種基本類型。於實際使用上，常將這些樹脂「轉變」為其他離子型式運行，以適應各種需要。例如：可先將氫（H）型強酸性陽離子樹脂與 NaCl 進行離子交換，使轉變為鈉（Na）型樹脂再使用，工作時鈉（Na）型樹脂放出 Na$^+$ 與溶液中的 Ca^{2+}、Mg^{2+} 等陽離子交換吸附，以去除這些離子；因反應時沒有放出 H$^+$，可避免溶液 pH 下降和由此產生的副作用（如設備腐蝕）；樹脂以鈉（Na）型運行使用後，可使用 NaCl（食鹽水）水溶液再生（不使用強酸）。例如：強鹼性陰離子樹脂可轉變為氯（Cl）型樹脂再使用，工作時放出 Cl$^-$ 而吸附交換其他陰離子，其再生只需用 NaCl（食鹽水）水溶液；氯（Cl）型樹脂也可轉變為碳酸氫型（HCO$_3^-$）樹脂運行。強酸性樹

脂及強鹼性樹脂於轉變爲鈉（Na）型和氯（Cl）型後，即不再具有強酸性和強鹼性，但仍具有這些樹脂之其他性能，如離解性強和工作的 pH 範圍較寬廣等。

例7：離子交換樹脂的轉型－氫（H）型強酸性陽離子樹脂「轉型」爲鈉（Na）型樹脂
（反應式中R-表示樹脂骨架）：

(1) 氫（H）型強酸性陽離子樹脂與NaCl進行離子交換反應，「轉型」爲鈉（Na）型樹脂：
$R\text{-}SO_3H + NaCl_{(aq)} \rightleftharpoons R\text{-}SO_3Na + HCl_{(aq)}$

(2) 鈉（Na）型陽離子樹脂與鈣離子（Ca^{2+}）之交換反應：$2R\text{-}SO_3Na + Ca^{2+}_{(aq)} \rightleftharpoons (R\text{-}SO_3)_2Ca + 2Na^+_{(aq)}$

(3) 以氯化鈉（NaCl）溶液進行再生反應：$(R\text{-}SO_3)_2\text{-}Ca + 2NaCl_{(aq)} \rightleftharpoons 2R\text{-}SO_3Na + CaCl_{2(aq)}$

需注意：此交換反應，鈉（Na）型樹脂會釋出Na^+，使溶液之〔Na^+〕增加。

例8：Cl型陰離子交換樹脂與硫酸根離子（SO_4^{2-}）之化學反應

Cl型（四級胺）：$2R\text{-}N^+(CH_3)_3Cl^- + SO_4^{2-}_{(aq)} \rightleftharpoons [R\text{-}N^+(CH_3)_3]_2SO_4 + 2Cl^-_{(aq)}$

Cl型（一級胺）：$2R\text{-}NH_3Cl + SO_4^{2-}_{(aq)} \rightleftharpoons (R^-NH_3)_2SO_4 + 2Cl^-_{(aq)}$

需注意：此交換反應，氯（Cl）型樹脂會釋出Cl^-，使溶液之〔Cl^-〕增加。

---

4. 離子交換反應之選擇性

離子交換樹脂	離子交換選擇之優勢順序（一般原則，有例外）
(1)強酸型陽離子交換樹脂	能與水中所有陽離子交換吸附。 $Fe^{3+} > Al^{3+} > Ca^{2+} > Mg^{2+} > K^+ \doteqdot NH_4^+ > Na^+ > H^+$
(2)弱酸型陽離子交換樹脂	只能交換吸附弱鹼中之陽離子，如Ca^{2+}、Mg^{2+}；強鹼中之陽離子，如K^+、Na^+，則無法交換吸附。 $H^+ > Fe^{3+} > Al^{3+} > Ca^{2+} > Mg^{2+} > K^+ \doteqdot NH_4^+ > Na^+$
(3)強鹼型陰離子交換樹脂	能與水中所有陰離子交換吸附。 $SO_4^{2-} > NO_3^- > Cl^- > OH^- > HCO_3^- > HSiO_3^-$
(4)弱鹼型陰離子交換樹脂	只能交換吸附強酸中之陰離子，如SO_4^{2-}、NO_3^-、Cl^-；對於HCO_3^-、CO_3^{2-}、SiO_4^-，則無法交換吸附。 $OH^- > SO_4^{2-} > NO_3^- > Cl^- > HCO_3^-$

【註1】弱酸型陽離子樹脂之交換功能與強酸型陽離子樹脂相比較有侷限性，但其交換容量較高，且因其與H^+之親和力較強，故較容易再生。弱鹼型陰離子樹脂之交換功能與強鹼型陰離子樹脂相比較有侷限性，但其交換容量較高，且因其與OH^-之親和力較強，故較容易再生。

(三) 批次式（陽）離子交換樹脂——鈣離子（Ca^{2+}）、鎂離子（Mg^{2+}）之交換實驗

本實驗利用批次式實驗，評估氫（H）型或鈉（Na）型陽離子交換樹脂對鈣離子（Ca^{2+}）、鎂離子（Mg^{2+}）之交換能力（容量）。離子交換（可逆）反應如下：

氫（H）型陽離子交換樹脂：$4R\text{-}H + Ca^{2+}_{(aq)} + Mg^{2+}_{(aq)} \rightleftharpoons R_2\text{-}Ca + R_2\text{-}Mg + 4H^+_{(aq)}$
（樹脂）（溶液）（溶液）　　（樹脂）（樹脂）（溶液）

鈉（Na）型陽離子交換樹脂：$4R\text{-}Na + Ca^{2+}_{(aq)} + Mg^{2+}_{(aq)} \rightleftharpoons R_2\text{-}Ca + R_2\text{-}Mg + 4Na^+_{(aq)}$
（樹脂）（溶液）（溶液）　　（樹脂）（樹脂）（溶液）

$$\text{或 } R \cdot SO_3Na + \begin{matrix} Ca \\ Mg \end{matrix} \begin{cases} (HCO_3)_2 \\ SO_4 \\ Cl_2 \end{cases} \rightarrow \begin{cases} 2NaHCO_3 \\ Na_2SO_4 \\ 2NaCl \end{cases} + \begin{cases} (RSO_3)_2Ca \\ \\ (RSO_3)_2Mg \end{cases}$$

式中向右反應表示，水溶液中 Ca^{2+}、Mg^{2+} 與氫（H）型或鈉（Na）型陽離子交換樹脂上之氫離子（H^+）或鈉離子（Na^+）產生相互交換反應，使 Ca^{2+}、Mg^{2+} 附著於樹脂上，達到水質軟化之目的（但處理水之 H^+ 或 Na^+ 會增加）。當樹脂之可交換位置完全被 Ca^{2+}、Mg^{2+} 佔滿而達飽和狀態時，可以 5～10%HCl 溶液或 10%NaCl 溶液再生樹脂，如上反應式向左進行反應；再生完成後，將離子交換物質中殘留之酸或鹽分洗去，即可使交換樹脂回復成氫（H）型或鈉（Na）型陽離子樹脂，繼續使用。

　　將水中所含可溶性之鈣（Ca^{2+}）、鎂（Mg^{2+}）離子與樹脂之成分離子（如 H^+、Na^+）進行交換作用，可降低硬度；然採何種型式之陽離子交換樹脂，則視欲處理的水質特性而定。

【補充資料】使用離子交換樹脂之一般注意事項：

1. 維持一定水分：離子交換樹脂含有一定水分，儲存及運送過程中應保持濕潤，以免風乾脫水，使樹脂碎裂，若於儲運過程樹脂乾燥脫水，應先用25%濃食鹽水浸泡，再逐漸稀釋，不得直接放入水中，以免樹脂急劇膨脹而破碎。
2. 維持一定溫度：冬季儲運使用中，應維持在5～40℃之溫度環境中，避免過冷或過熱，影響效能。
3. 新樹脂預處理去除雜質：工業產品中之離子交換樹脂，常含有少量低聚合物、未參加反應的單體及鐵、鉛、銅等無機雜質，當樹脂與水、酸、鹼或其它溶液接觸時，該等物質就會轉（溶）入溶液中，將影響出水品質。故新樹脂於使用前必須進行預處理，一般先用水使樹脂充分膨脹，其中之無機雜質（主要為鐵的化合物），可以4～5%鹽酸除去；有機雜質可以2～4%氫氧化鈉溶液除去，再洗到近中性即可。
4. 商用樹脂型號規格種類繁多，需視使用目的、水質水量條件、現場空間及環境狀況、價格、再生能力條件、廢棄物清理規定及其他操作應注意事項，詳與供應商洽詢再行選定。

例1：批次式強酸（H）型陽離子交換樹脂-硬度（鈣離子）之交換實驗【固定反應時間，改變加藥量】

以強酸（H）型陽離子交換樹脂處理硬度（鈣離子），固定反應時間，改變加藥量，結果記錄及計算（粗體加框者）如下表【已知：B_{ave} = 1.06mg CaCO₃/cc EDTA】

	固定反應（攪拌）時間，改變離子交換樹脂加藥量						
①	燒杯編號	1	2	3	4	5	6
②	水樣體積（L）	1.0					
③	加入強酸型陽離子交換樹脂量（g/L）	0	4.000	8.020	13.020	20.037	25.030
④	各反應（攪拌）時間（分）	10					
⑤	（經離子交換後）水樣之pH值	7.68	2.58	2.40	2.27	2.15	2.03
⑥	（經離子交換後）25cc球型吸管吸取上澄液之體積V(cc)【依硬度測定取水樣體積】	25.0	25.0	25.0	25.0	25.0	25.0
⑦	（水樣）滴定所使用之EDTA溶液體積 A（cc EDTA）	23.70	9.15	6.00	5.00	3.60	1.10

（續下表）

⑧	每1cc EDTA滴定溶液所對應之碳酸鈣毫克數平均值B_ave（即B_ave mg CaCO₃/cc EDTA）【依步驟(一)標定EDTA得之】	1.06				
⑨	（原）水樣中經測定之總硬度（mg as CaCO₃/L）〔含配製時所添加之硬度及自來水中既存之硬度〕【註2】	1005.3	略（同左）			
⑩	（原）水樣初始相當於所含CaCO₃重量（mg as CaCO₃）【②×⑨】	1005.3				
⑪	經離子交換後，測定水樣殘留之總硬度（mg as CaCO₃/L）【註2】	1005.3	388.0	254.4	212.0	152.6
⑫	經離子交換後，測定水樣殘留之CaCO₃重量（mg as CaCO₃）【②×⑪】	1005.3	388.0	254.4	212.0	152.6
⑬	被強酸型陽離子交換樹脂所吸附交換之CaCO₃重量（mg as CaCO₃）【⑩－⑫】	0	617.3	750.9	793.3	852.7
⑭	每克強酸型陽離子交換樹脂所吸附交換之CaCO₃重量：〔mg as CaCO₃/g樹脂〕【⑬/③】	0	154.3	93.6	60.9	42.6
⑮	硬度（CaCO₃）去除率（%）【〔(⑨－⑪)/⑨〕×100%】	0	61.4	74.7	78.9	84.8

（⑪⑫⑬⑭⑮ 另有最右欄：46.6 / 46.6 / 958.7 / 38.3 / 95.4）

【註2】水樣之總硬度（即mg as CaCO₃/L）計算式如下：
$$\text{總硬度（mg as CaCO₃/L）} = (A \times B \times 1000)/V$$
式中
A：水樣滴定時所使用之EDTA溶液體積（cc EDTA）
B：1cc EDTA滴定溶液所對應之碳酸鈣毫克數（mg CaCO₃/cc EDTA）
V：水樣體積（cc）

(1) 於座標圖繪出強酸（H）型陽離子交換樹脂加藥量（g/L）（X軸）－經離子交換反應後水樣pH（Y軸）

解：結果如上表所示，繪圖如下

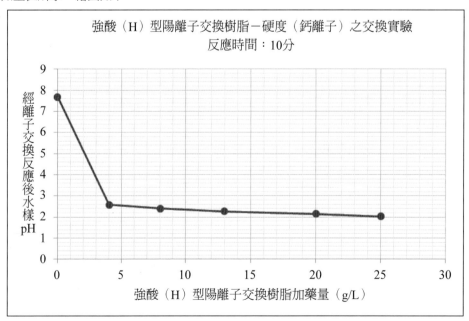

強酸（H）型陽離子交換樹脂－硬度（鈣離子）之交換實驗
反應時間：10分

（續下表）

(2) 於座標圖繪出強酸（H）型陽離子交換樹脂加藥量（g/L）（X軸）－硬度去除率（%）（Y軸）
解：計算（粗體加框者）結果如上表所示，繪圖如下

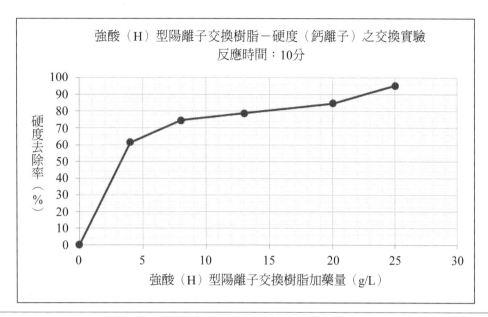

例2：批次式強酸（**H**）型陽離子交換樹脂-硬度（鈣離子）之交換實驗【固定加藥量，改變反應時間】
以強酸（H）型陽離子交換樹脂處理硬度（鈣離子），固定加藥量，改變反應時間，結果記錄及計算（粗體加框者）如下表【同例1之水樣；已知：B_{ave} = 1.06mg CaCO₃/cc EDTA】

	固定離子交換樹脂加藥量，改變反應（攪拌）時間						
①	（人工）水樣總硬度（mg as CaCO₃/L）	**1005.3**					
②	燒杯編號	1	2	3	4	5	6
③	水樣體積（L）	1.0					
④	（人工）水樣初始相當於所含CaCO₃重量（mg as CaCO₃）【①×③】	1005.3					
⑤	各加入強酸型陽離子交換樹脂量（g/L）	20					
⑥	反應（攪拌）時間（分）	**1**	**2**	**4**	**6**	**8**	**10**
⑦	（經離子交換後）水樣之pH值	**2.43**	**2.38**	**2.34**	**2.29**	**2.21**	**2.14**
⑧	（經離子交換後）以25cc球型吸管吸取上澄液之體積V(cc)【依硬度測定取水樣體積】	25.0	25.0	25.0	25.0	25.0	25.0
⑨	（水樣）滴定所使用之EDTA溶液體積 A（cc EDTA）	**7.65**	**7.45**	**6.80**	**5.80**	**4.45**	**3.35**
⑩	每1ccEDTA滴定溶液所對應之碳酸鈣毫克數平均值B_{ave}（即B_{ave} mg CaCO₃/cc EDTA）【依步驟(一)標定EDTA得之】	1.06					
⑪	經離子交換後，測定水樣殘留之總硬度（mg as CaCO₃/L）【註3】	**324.4**	**315.9**	**288.3**	**245.9**	**188.7**	**142.0**
⑫	經離子交換後，測定水樣殘留之CaCO₃重量（mg as CaCO₃）【③×⑪】	**324.4**	**315.9**	**288.3**	**245.9**	**188.7**	**142.0**

（續下表）

⑬	被強酸型陽離子交換樹脂所吸附交換之CaCO₃重量（mg as CaCO₃）【④－⑫】	680.9	689.4	717.0	759.4	816.6	863.3
⑭	每克強酸型陽離子交換脂所吸附交換之CaCO₃重量：〔mg as CaCO₃/g樹脂〕【⑬/⑤】	34.1	34.5	35.9	38.0	40.8	43.2
⑮	硬度（**CaCO₃**）去除率（**%**）【〔（①－⑪)/①〕×100%】	67.7	68.6	71.3	75.5	81.2	85.9

【註3】水樣之總硬度（即mg as CaCO₃/L）計算式如下：

總硬度（mg as CaCO₃/L）＝ (A×B×1000)/V

式中

A：水樣滴定時所使用之EDTA溶液體積（cc EDTA）

B：1cc EDTA滴定溶液所對應之碳酸鈣毫克數（mg CaCO₃/cc EDTA）

V：水樣體積（cc）

(1) 於座標圖繪出強酸（H）型陽離子交換樹脂交換反應時間（分）（X軸）－經離子交換反應後水樣pH（Y軸）

解：結果如上表所示，繪圖如下

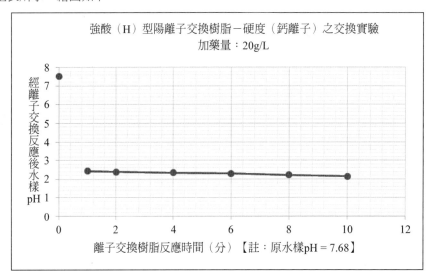

(2) 於座標圖繪出強酸（H）型陽離子交換樹脂加藥量（g/L）（X軸）－硬度去除率（%）（Y軸）

解：計算（粗體加框者）結果如上表所示，繪圖如下

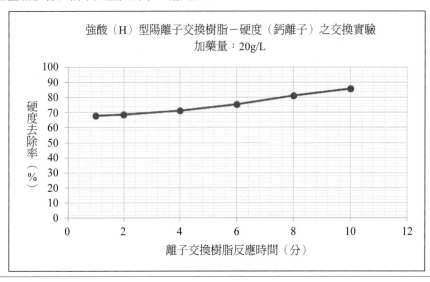

（續下表）

例3：批次式弱酸（H）型陽離子交換樹脂-硬度（鈣離子）之交換實驗【固定反應時間，改變加藥量】

以弱酸（H）型陽離子交換樹脂處理硬度（鈣離子），固定反應時間，改變加藥量，結果記錄及計算（粗體加框者）如下表【同例1之水樣；已知：B_{ave} = 1.06mg CaCO$_3$/cc EDTA】

固定反應（攪拌）時間，改變離子交換樹脂加藥量							
①	燒杯編號	1	2	3	4	5	6
②	水樣體積（L）	1.0					
③	加入弱酸型陽離子交換樹脂量（g/L）	0	2.030	5.032	8.012	12.034	15.023
④	各反應（攪拌）時間（分）	10					
⑤	（經離子交換後）水樣之pH值	**7.68**	**5.68**	**5.01**	**4.83**	**4.06**	**3.30**
⑥	（經離子交換後）25cc球型吸管吸取上澄液之體積V（cc）【依硬度測定取水樣體積】	25.0	25.0	25.0	25.0	25.0	25.0
⑦	（水樣）滴定所使用之EDTA溶液體積A（cc EDTA）	**23.70**	**13.45**	**10.35**	**7.55**	**4.35**	**0.85**
⑧	每1cc EDTA滴定溶液所對應之碳酸鈣毫克數平均值B_{ave}（即B_{ave} mg CaCO$_3$/cc EDTA）【依步驟(一)標定EDTA得之】	1.06					
⑨	（原）水樣中經測定之總硬度（mg as CaCO$_3$/L）〔含配製時所添加之硬度及自來水中既存之硬度〕【註4】	**1005.3**	略（同左）				
⑩	（原）水樣初始相當於所含CaCO$_3$重量（mg as CaCO$_3$）【②×⑨】			**1005.3**			
⑪	經離子交換後，測定水樣殘留之總硬度（mg as CaCO$_3$/L）【註4】	**1005.3**	**570.3**	**438.8**	**320.1**	**184.4**	**36.0**
⑫	經離子交換後，測定水樣殘留之CaCO$_3$重量（mg as CaCO$_3$）【②×⑪】	**1005.3**	**570.3**	**438.8**	**320.1**	**184.4**	**36.0**
⑬	被弱酸型陽離子交換樹脂所吸附交換之CaCO$_3$重量（mg as CaCO$_3$）【⑩ − ⑫】	**0**	**435.0**	**566.5**	**685.2**	**820.9**	**969.3**
⑭	每克弱酸型陽離子交換樹脂所吸附交換之CaCO$_3$重量：〔mg as CaCO$_3$/g樹脂〕【⑬/③】	**0**	**214.3**	**112.6**	**85.5**	**68.2**	**64.5**
⑮	硬度（CaCO$_3$）去除率（%）【〔(⑨ − ⑪)/⑨〕×100%】	**0**	**43.3**	**56.4**	**68.2**	**81.7**	**96.4**

【註4】水樣之總硬度（即mg as CaCO$_3$/L）計算式如下：

總硬度（mg as CaCO$_3$/L）＝(A×B×1000)/V

式中

A：水樣滴定時所使用之EDTA溶液體積（cc EDTA）

B：1cc EDTA滴定溶液所對應之碳酸鈣毫克數（mg CaCO$_3$/cc EDTA）

V：水樣體積（cc）

（續下表）

(1) 於座標圖繪出弱酸（H）型陽離子交換樹脂加藥量（g/L）（X軸）－經離子交換反應後水樣pH（Y軸）

解：結果如上表所示，繪圖如下

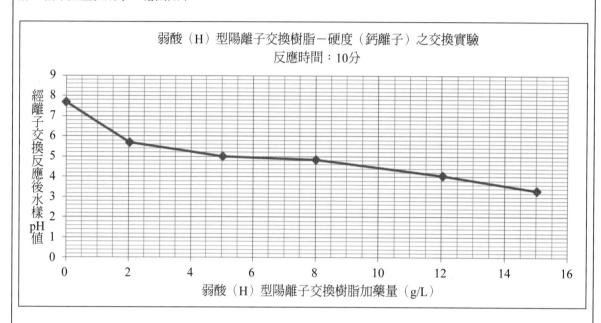

弱酸（H）型陽離子交換樹脂－硬度（鈣離子）之交換實驗
反應時間：10分

(2) 於座標圖繪出弱酸（H）型陽離子交換樹脂加藥量（g/L）（X軸）－硬度去除率（%）（Y軸）

解：計算（粗體加框者）結果如上表所示，繪圖如下

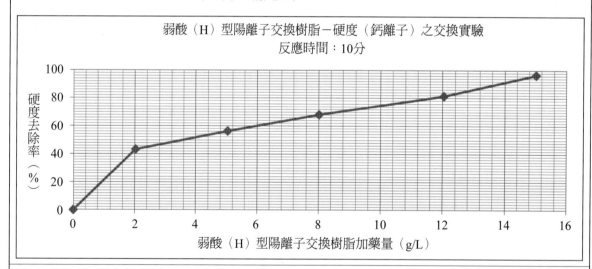

弱酸（H）型陽離子交換樹脂－硬度（鈣離子）之交換實驗
反應時間：10分

例4：批次式弱酸（H）型陽離子交換樹脂－硬度（鈣離子）之交換實驗【固定加藥量，改變反應時間】
以弱酸（H）型陽離子交換樹脂處理硬度（鈣離子），固定加藥量，改變反應時間，結果記錄及計算（粗體加框者）如下表【同例1之水樣；已知：B_{ave} = 1.06mg $CaCO_3$/cc EDTA】

固定離子交換樹脂加藥量，改變反應（攪拌）時間							
①	（人工）水樣總硬度（mg as $CaCO_3$/L）	**1005.3**					
②	燒杯編號	1	2	3	4	5	6
③	水樣體積（L）	1.0					
④	（人工）水樣初始相當於所含$CaCO_3$重量（mg as $CaCO_3$）【①×③】	1005.3					

（續下表）

⑤	各加入弱酸型陽離子交換樹脂量（g/L）	20					
⑥	反應（攪拌）時間（分）	1	2	3	5	7	10
⑦	（經離子交換後）水樣之pH值	3.98	3.78	3.36	3.19	3.12	3.11
⑧	（經離子交換後）以25cc球型吸管吸取上澄液之體積V（cc）【依硬度測定取水樣體積】	25.0	25.0	25.0	25.0	25.0	25.0
⑨	（水樣）滴定所使用之EDTA溶液體積A（cc EDTA）	12.00	10.80	9.00	5.85	0.55	0.00
⑩	每1cc EDTA滴定溶液所對應之碳酸鈣毫克數平均值 B_{ave}（即B_{ave} mg CaCO$_3$/cc EDTA）【依步驟(一)標定EDTA得之】	1.06					
⑪	經離子交換後，測定水樣殘留之總硬度（mg as CaCO$_3$/L）【註5】	508.8	457.9	381.6	248.0	23.3	0
⑫	經離子交換後，測定水樣殘留之CaCO$_3$重量（mg as CaCO$_3$）【③×⑪】	508.8	457.9	381.6	248.0	23.3	0
⑬	被弱酸型陽離子交換樹脂所吸附交換之CaCO$_3$重量（mg as CaCO$_3$）【④－⑫】	496.5	547.4	623.7	757.3	982.0	1005.3
⑭	每克弱酸型陽離子交換樹脂所吸附交換之CaCO$_3$重量：〔mg as CaCO$_3$/g樹脂〕【⑬/⑤】	24.8	27.4	31.2	37.9	49.1	50.3
⑮	硬度（CaCO$_3$）去除率（%）【〔(①－⑪)/①〕×100%】	49.4	54.5	62.0	75.3	97.7	100

【註5】水樣之總硬度（即mg as CaCO$_3$/L）計算式如下：

　　　總硬度（mg as CaCO$_3$/L）＝(A×B×1000)/V

　　　式中

　　　A：水樣滴定時所使用之EDTA溶液體積（cc EDTA）

　　　B：1cc EDTA滴定溶液所對應之碳酸鈣毫克數（mg CaCO$_3$/cc EDTA）

　　　V：水樣體積（cc）

(1) 於座標圖繪出弱酸（H）型陽離子交換樹脂交換反應時間（分）（X軸）－經離子交換反應後水樣pH（Y軸）

解：結果如上表所示，繪圖如下

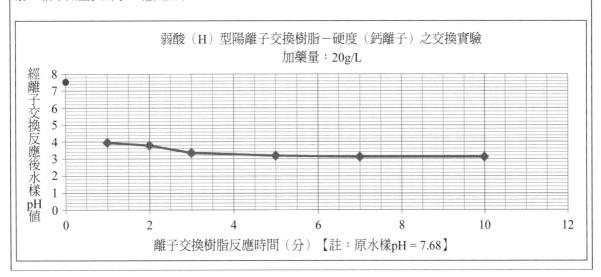

弱酸（H）型陽離子交換樹脂－硬度（鈣離子）之交換實驗
加藥量：20g/L

離子交換樹脂反應時間（分）【註：原水樣pH＝7.68】

（續下表）

(2) 於座標圖繪出弱酸（H）型陽離子交換樹脂加藥量（g/L）（X軸）－硬度去除率（%）（Y軸）

解：計算（粗體加框者）結果如上表所示，繪圖如下

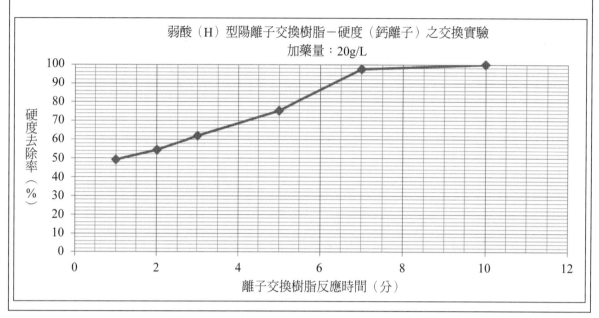

弱酸（H）型陽離子交換樹脂－硬度（鈣離子）之交換實驗
加藥量：20g/L

（Y軸：硬度去除率（%）；X軸：離子交換樹脂反應時間（分）

三、器材與藥品

(一) 硬度測定

1.250cc錐形瓶	2.25cc球形吸管	3.滴定管
4.配製甲基紅指示劑：溶解0.1g甲基紅於18.6cc之0.02N NaOH溶液，再以試劑水稀釋至250cc。		
5.配製1.00mg CaCO₃/cc之鈣標準溶液1000cc：精秤1.000g無水碳酸鈣（$CaCO_3$，一級標準）粉末，置入500cc錐形瓶中，緩緩加入(1 + 1)鹽酸溶液至所有碳酸鈣溶解。【註6：$CaCO_{3(s)} + HCl_{(aq)} \rightarrow CaCl_{2(aq)} + H_2O_{(l)} + CO_{2(g)}\uparrow$】加入200cc試劑水，再煮沸約3～5分鐘以驅除二氧化碳；俟冷卻後加入幾滴甲基紅指示劑（呈紅色），再以塑膠滴管取3M氫氧化銨（氨水，NH_4OH）或(1 + 1)鹽酸溶液調整pH，至變色為黃橙色。將全部溶液移入1000cc定量瓶中，另以試劑水沖洗錐形瓶數次，一併倒入1000cc定量瓶中，最後定容至標線。得標準鈣溶液，相當於1cc溶液中含有1.00mg碳酸鈣（$CaCO_3$）。		
6.配製（約0.01M）EDTA滴定溶液1000cc：加入3.723g EDTA-Na₂·2H₂O（含2個結晶水之EDTA二鈉鹽，分子量372.24，分析試藥級）於少量試劑水中，使溶解，再以試劑水稀釋定容至1000cc。		
【註7：EDTA溶液能自普通玻璃容器中萃取一些含有總硬度之陽離子，因此應貯存於PE塑膠瓶或硼矽玻璃瓶內，並定期以標準鈣溶液標定之。】		
7.配製緩衝溶液：【緩衝溶液2擇1：緩衝溶液Ⅰ或緩衝溶液Ⅱ】 　(1) 緩衝溶液Ⅰ：溶解16.9g氯化銨於143cc濃氫氧化銨（氨水）中，加入1.25g EDTA之鎂鹽（市售品），以試劑水定容至250cc。 　(2) 緩衝溶液Ⅱ：如無市售 EDTA之鎂鹽，可溶解1.179g含二個結晶水之EDTA二鈉鹽（分析級）和 　　　0.780g硫酸鎂（$MgSO_4 \cdot 7H_2O$）或0.644g氯化鎂（$MgCl_2 \cdot 6H_2O$）於50cc蒸餾水中，將此溶液加入含 　　　16.9g氯化銨和143cc濃氫氧化銨之溶液內，混合後以試劑水定容至250cc。 【註8：緩衝溶液Ⅰ和Ⅱ應儲存於塑膠或硼矽玻璃容器內蓋緊，以防止氨氣散失及二氧化碳進入，保存期 　　　限為一個月。當加入1至2cc緩衝溶液於水樣中仍無法使水樣在滴定終點之pH為10.0±0.1時，即應 　　　重新配製該緩衝溶液。】		

（續下表）

8.配製EBT指示劑：溶解0.5 g乾燥粉末狀之Eriochrome Black T於100g三乙醇胺（Triethanolamine）或2-甲氧基甲醇（2-Methoxymethanol）。【註9：Eriochrome Black T（1-(1-hydroxy-2-naphthylazo)-5-nitro-2-naphthol-4-sulfonic acid之鈉鹽）；為減少誤差，指示劑宜於使用前配製。】

(二) 批次式氫（H）型陽離子交換樹脂——鈣離子之吸附交換實驗

1.強酸型（或弱酸型）陽離子交換樹脂（2選1）	2.瓶杯試驗機	3.1000cc燒杯
4.100cc燒杯	5.25cc球形吸管	6.pH計

7.配製含鈣離子（Ca^{2+}）人工水樣1000cc，使其Ca^{2+}（mg/L）濃度相當於1000mg as $CaCO_3$/L【以下2選1】
   (1) 配製含1108.8mg $CaCl_2$/L人工水樣1000cc：秤取1.1088g $CaCl_2$，溶解於自來水使成1000cc，作為人工水樣，其轉換濃度相當於1000mg as $CaCO_3$/L。
   (2) 配製含1468.9mg $CaCl_2 \cdot 2H_2O$/L人工水樣1000cc：秤取1.4689 g $CaCl_2 \cdot 2H_2O$，溶解於自來水使成1000cc，作為人工水樣，其轉換濃度相當於1000mg as $CaCO_3$/L。
【註10】實驗所需要之人工水樣體積，依四、實驗步驟(二)1.。
【註11】氯化鈣（有：無水、一、二、四、六水合物）於空氣中易吸濕潮解，非一級標準品。本人工水樣以$CaCl_2$或$CaCl_2 \cdot 2H_2O$【2選1】配製。
【註12】有關配製含鈣離子（Ca^{2+}）人工水樣1000cc，使其Ca^{2+}（mg/L）濃度相當於1000mg as $CaCO_3$/L之計算說明（本人工水樣計算不含自來水中既存之硬度，人工水樣實際之硬度仍以實測為準）：
   (1) 設需要Ca^{2+}（mg/L）濃度為X_1（mg/L），則
       $X_1/(40.08/2) = 1000/(100.09/2)$
       $X_1 = 400.44$（mg/L）$= Ca^{2+}$（mg/L）
   (2) 欲配製$Ca^{2+} = 400.44$（mg/L），設需要【$CaCl_2$】濃度為X_2（mg/L），則
       〔$CaCl_2$莫耳質量 $= 40.08 + 35.45 \times 2 = 110.98$（g/mole）〕
       $400.44/X_2 = 40.08/110.98$
       $X_2 = 1108.8$（mg/L）$= CaCl_2$（mg/L）
       即秤取1.1088g $CaCl_2$，溶解於自來水使成1000cc，其Ca^{2+}轉換濃度相當於1000mg as $CaCO_3$/L。
   (3) 欲配製$Ca^{2+} = 400.44$（mg/L），設需要【$CaCl_2 \cdot 2H_2O$】濃度為X_3（mg/L），則
       〔$CaCl_2 \cdot 2H_2O$莫耳質量 $= 40.08 + 35.45 \times 2 + 2 \times (1.01 \times 2 + 16.00) = 147.02$（g/mole）〕
       $400.44/X_3 = 40.08/147.02$
       $X_3 = 1468.9$（mg/L）$= CaCl_2 \cdot 2H_2O$（mg/L）
       即秤取1.4689g $CaCl_2 \cdot 2H_2O$，溶解於自來水使成1000cc，其Ca^{2+}轉換濃度相當於1000mg as $CaCO_3$/L。

四、實驗步驟、結果記錄與計算

(一) 以（1.00mg $CaCO_3$/cc）鈣標準溶液標定EDTA溶液濃度
【註13：為節省時間，此部分可由教師或助教先行標定】

1.取 25.00cc 鈣標準溶液（二份），記錄之；置於 250cc 錐形瓶中，加入 25.0cc 試劑水稀釋之。

2.加入 1～2cc 緩衝溶液，使溶液之 pH = 10.0±0.1，並於 5 分鐘內依下述步驟完成滴定。

3.加入 2 滴 Eriochrome Black T（藍色）指示劑後，溶液會呈酒紅色。

4. 將EDTA溶液裝入滴定管中，記錄其初始刻度 V_1 cc；開始滴定，緩緩加入EDTA滴定溶液，並同時攪拌之，直至溶液由淡紅色變為藍色，達滴定終點，記錄其刻度 V_2 cc。

【註14：(1) 滴定圖示參考實驗9。(2) 當加入最後幾滴時，每滴的間隔時間約為3至5秒，正常的情況下，滴定終點時溶液呈藍色。(3) 滴定時如無法得到明顯之滴定終點顏色變化，即表示溶液中有干擾物質或者指示劑已變質，此時需加入適當之抑制劑或重新配製指示劑。】

5. （為節省時間）本實驗省略空白分析。

6. 計算：每 1.00cc EDTA 滴定溶液所對應之碳酸鈣毫克數（即 mg $CaCO_3$/cc EDTA）。

7. 結果記錄、計算於下表：

以鈣標準溶液標定EDTA溶液濃度		第1次	第2次
①	鈣標準溶液體積V（cc）		
②	鈣標準溶液濃度（mg $CaCO_3$/cc）	1.00	
③	（鈣標準溶液）滴定前EDTA溶液刻度V_1（cc）		
④	（鈣標準溶液）滴定後EDTA溶液刻度V_2（cc）		
⑤	鈣標準溶液滴定所使用之EDTA溶液體積A = ($V_2 - V_1$)（cc EDTA）		
⑥	每1cc EDTA滴定溶液所對應之碳酸鈣毫克數B（即B mg $CaCO_3$/ccEDTA）【註15】		
⑦	每1cc EDTA滴定溶液所對應之碳酸鈣毫克數平均值B_{ave}（即B_{ave} mg $CaCO_3$/cc EDTA）		

【註15】每1cc EDTA 滴定溶液所對應之碳酸鈣毫克（mg）數B，計算式如下（求B）：

$$A(cc\ EDTA) \times B(mg\ CaCO_3/cc\ EDTA) = V(cc) \times (1.00\ mg\ CaCO_3/cc)$$

即：$B(mg\ CaCO_3/cc\ EDTA) = [V(cc) \times (1.00\ mg\ CaCO_3/cc)]/A(cc\ EDTA)$

式中

A：鈣標準溶液滴定時所使用之 EDTA 溶液體積（cc EDTA）。

B：1cc EDTA 滴定溶液所對應之碳酸鈣毫克數（mg $CaCO_3$/cc EDTA）

V：鈣標準溶液體積（cc）

(二) 批次式氫（H）型陽離子交換樹脂——鈣離子之交換實驗

　　　【註16：以下實驗A、實驗B，視時間情況，可安排於1週或2週進行之。】

【實驗A】固定反應（攪拌）時間，改變離子交換樹脂加藥量

1. 配製含鈣離子（Ca^{2+}）之人工水樣【以下 2 選 1】

(1)（每組）配製含 1108.8mg $CaCl_2$/L 人工水樣 7000cc：秤取 7.762g $CaCl_2$，溶解於自來水使成 7000cc，作為人工水樣，其轉換鈣離子（Ca^{2+}）濃度相當於 1000mg as $CaCO_3$/L。

(2)（每組）配製含 1468.9mg $CaCl_2 \cdot 2H_2O$/L 人工水樣 7000cc：秤取 10.282g $CaCl_2 \cdot 2H_2O$，溶解於自來水使成 7000cc，作為人工水樣，其轉換鈣離子（Ca^{2+}）濃度相當於 1000mg as $CaCO_3$/L。

【註 17：(1) 本濃度轉換計算不含自來水中既存之硬度。(2) 實際上此人工水樣，其硬度含人工添加之鈣硬度及原自來水中既存之硬度。(3) 氯化鈣於空氣中易吸濕潮解，非一級標準品。】

2. 批次式氫（H）型陽離子交換樹脂 ── 鈣離子之交換實驗

(1)（每組）取 6 個 1000cc 燒杯（編號：1、2、3、4、5、6），各置入 1000cc 配製好之含 1108.8mg $CaCl_2$/L【或 1468.9mg $CaCl_2 \cdot 2H_2O$/L】人工水樣；記錄水樣體積。

(2) 將 6 個燒杯依序分置瓶杯試驗機上，緩緩放下攪拌棒。

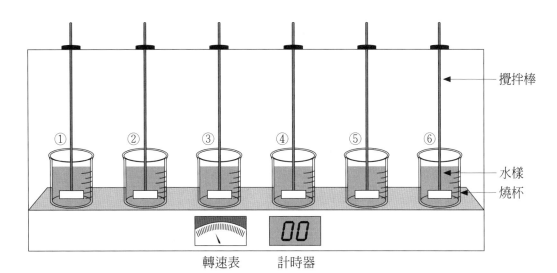

瓶杯試驗機示意

(3) 秤取強酸型陽離子交換樹脂，分別為：0、2、5、10、18、25g。依序（同時）加入 6 個燒杯中，記錄之。【或弱酸型陽離子交換樹脂，分別為：0、2、5、8、12、15g。】

【註 18：離子交換樹脂之加（藥）量，可依經驗調整之。】

(4) 以轉速約 75rpm 攪拌 10 分鐘（應避免過度攪拌而使樹脂破裂）後停止，緩緩抽出攪拌棒，立即將上層水樣（約 100cc）分別倒入 6 個 100cc 燒杯（不含離子交換樹脂），以中止交換反應。

(5) 分別以 25cc 球型吸管吸取 (4)100cc 燒杯中之水樣，依下列步驟測定硬度，將結果記錄、計算於下表。【註 19：因瓶杯編號 1. 未添加離子交換樹脂，故其水樣之硬度即為原人工水樣之硬度。】

(6) 另以 pH 計分別測定 (5) 各燒杯中水樣之 pH 值，記錄之。

【**水中總硬度之測定**】

(1) 取 25.0cc 水樣，記錄之；置於 250cc 錐形瓶中，加入 25cc 試劑水稀釋之。

(2) 加入 1～2cc 緩衝溶液，使溶液之 pH = 10.0±0.1，並於 5 分鐘內依下述步驟完成滴定。

(3) 加入 2 滴 Eriochrome Black T（藍色）指示劑後，溶液會呈酒紅色。

(4) 將 EDTA 溶液裝入滴定管中，記錄其初始刻度 V_1 cc；開始滴定，緩緩加入 EDTA 滴定溶液，並同時攪拌之，直至溶液由淡酒紅色變為藍色，達滴定終點，記錄其刻度 V_2

cc。【註 20：當加入最後幾滴時，每滴的間隔時間約為 3 至 5 秒，正常的情況下，滴定終點時溶液呈藍色。】

(5)（為節省時間）本測定省略空白分析且僅做 1 次水樣測定。

(6) 計算水樣之總硬度（即 mg as CaCO₃/L）。

固定反應（攪拌）時間，改變離子交換樹脂加藥量		1	2	3	4	5	6
①	瓶杯編號	1	2	3	4	5	6
②	水樣體積（L）	1.0					
③	**加入強(或弱)酸型陽離子交換樹脂量（g/L）**	**0**					
④	各反應（攪拌）時間（分）	10					
⑤	（經離子交換後）水樣之**pH值**						
⑥	（經離子交換後）以25cc球型吸管吸取上澄液之體積V（cc）【依硬度測定取水樣體積】	25.0	25.0	25.0	25.0	25.0	25.0
⑦	（水樣）滴定前EDTA溶液刻度V_1（cc）						
⑧	（水樣）滴定後EDTA溶液刻度V_2（cc）						
⑨	（水樣）滴定所使用之EDTA溶液體積 $A = (V_2 - V_1)$（cc EDTA）						
⑩	每1cc EDTA滴定溶液所對應之碳酸鈣毫克數平均值B_{ave}（即 B_{ave} mg CaCO₃/cc EDTA）【依步驟(一)記錄表中之⑦】						
⑪	（原）水樣中經測定之總硬度（mg as CaCO₃/L）〔含配製時所添加之硬度及自來水中既存之硬度〕【註21】	略（同左）					
⑫	（原）水樣初始相當於所含CaCO₃重量（mg as CaCO₃）【②×⑪】						
⑬	經離子交換後，測定水樣殘留之總硬度（mg as CaCO₃/L）【註21】						
⑭	經離子交換後，測定水樣殘留之CaCO₃重量（mg as CaCO₃）【②×⑬】						
⑮	被強（或弱）酸型陽離子交換樹脂所吸附交換之CaCO₃重量（mg as CaCO₃）【⑫－⑭】	0					
⑯	每克強（或弱）酸型陽離子交換樹脂所吸附交換之CaCO₃重量：〔mg as CaCO₃/g樹脂〕【⑮/③】	0					
⑰	**硬度（CaCO₃）去除率（%）**【〔(⑪－⑬)/⑪〕×100%】	0					

【註21】水樣之總硬度（即 mg as CaCO₃/L）計算式如下：

　　　總硬度（mg as CaCO₃/L）＝(A×B×1000)/V

　　　式中

　　　A：水樣滴定時所使用之 EDTA 溶液體積（cc EDTA）

　　　B：1cc EDTA 滴定溶液所對應之碳酸鈣毫克數（mg CaCO₃/cc EDTA）

　　　V：水樣體積（cc）

3. 於方格紙繪出強（或弱）酸型陽離子交換樹脂量（g/L）（X 軸）−pH（Y 軸）關係圖

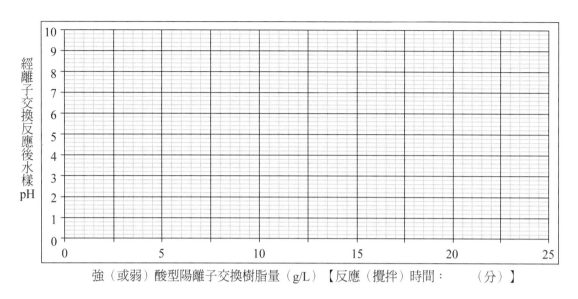

強（或弱）酸型陽離子交換樹脂量（g/L）【反應（攪拌）時間：　　　（分）】

4. 於方格紙繪出強（或弱）酸型陽離子交換樹脂量（g/L）（X 軸）−硬度去除率（%）（Y 軸）關係圖

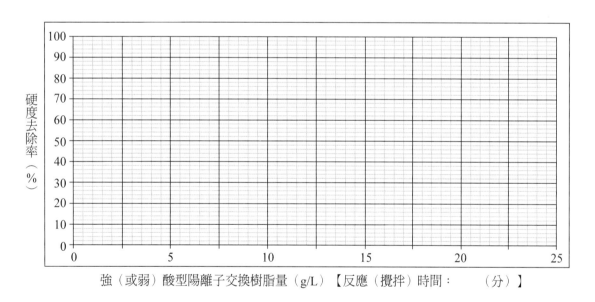

強（或弱）酸型陽離子交換樹脂量（g/L）【反應（攪拌）時間：　　　（分）】

5. 氫（H）型陽離子交換樹脂可再生使用，或依廢棄物另行分類貯存待清理；廢液可進入廢水處理系統處理。

五、心得與討論

(二) 批次式氫（H）型陽離子交換樹脂——鈣離子之交換實驗

【**實驗B**】固定離子交換樹脂加藥量，改變反應（攪拌）時間

1. 配製含鈣離子（Ca^{2+}）之人工水樣【以下 2 選 1】

(1)（每組）配製含 1108.8mg $CaCl_2$/L 人工水樣 7000cc：秤取 7.762g $CaCl_2$，溶解於自來水使成 7000cc，作為人工水樣，其轉換鈣離子（Ca^{2+}）濃度相當於 1000mg as $CaCO_3$/L。

(2)（每組）配製含 1468.9mg $CaCl_2 \cdot 2H_2O$/L 人工水樣 7000cc：秤取 10.282g $CaCl_2 \cdot 2H_2O$，溶解於自來水使成 7000cc，作為人工水樣，其轉換鈣離子（Ca^{2+}）濃度相當於 1000mg as $CaCO_3$/L。

【註 22：(1) 本濃度轉換計算不含自來水中既存之硬度。(2) 實際上此人工水樣，其硬度含人工添加之鈣硬度及原自來水中自有之硬度。(3) 氯化鈣於空氣中易吸濕潮解，非一級標準品。】

2. 測定人工水樣之硬度【水中總硬度之測定】

(1) 取 25.0cc 水樣，記錄之；置於 250cc 錐形瓶中，加入 25cc 試劑水稀釋之。

(2) 加入 1～2cc 緩衝溶液，使溶液之 pH = 10.0±0.1，並於 5 分鐘內依下述步驟完成滴定。

(3) 加入 2 滴 Eriochrome Black T（藍色）指示劑後，溶液會呈酒紅色。

(4) 將 EDTA 溶液裝入滴定管中，記錄其初始刻度 V_1 cc；開始滴定，緩緩加入 EDTA 滴定溶液，並同時攪拌之，直至溶液由淡酒紅色變為藍色，達滴定終點，記錄其刻度 V_2 cc。【註 23：當加入最後幾滴時，每滴的間隔時間約為 3 至 5 秒，正常的情況下，滴定終點時溶液呈藍色。】

(5) 為節省時間，本測定省略空白分析且僅做 1 次水樣測定。

(6) 計算水樣之總硬度（即 mg as $CaCO_3$/L）。

人工水樣總硬度之測定	
①	水樣體積V（cc）	
②	（水樣）滴定前EDTA溶液刻度V_1（cc）	
③	（水樣）滴定後EDTA溶液刻度V_2（cc）	
④	（水樣）滴定所使用之EDTA溶液體積A = (V_2 − V_1)（cc）	
⑤	每1cc EDTA溶液所對應之平均碳酸鈣毫克數B_{ave}（即B_{ave} mg $CaCO_3$/cc EDTA）【依步驟(一)記錄表中之**7.**】	
⑥	（人工）水樣總硬度（mg as $CaCO_3$/L）【註24】	

【註 24】水樣之總硬度（即 mg as $CaCO_3$/L）計算式如下：

總硬度（mg as $CaCO_3$/L）= (A×B×1000)/V

式中

A：水樣滴定時所使用之 EDTA 溶液體積（cc EDTA）

B：1cc EDTA 滴定溶液所對應之碳酸鈣毫克數（mg $CaCO_3$/cc EDTA）

V：水樣體積（cc）

3. 批次式氫（H）型陽離子交換樹脂 —— 鈣離子之交換實驗

(1)（每組）取 6 個 1000cc 燒杯（編號：1、2、3、4、5、6），各置入 1000cc 配製好之含 1108.8mg CaCl$_2$/L【或 1468.9mg CaCl$_2$·2H$_2$O /L】人工水樣；記錄水樣體積。

(2) 將 6 個燒杯依序分置瓶杯試驗機上，緩緩放下攪拌棒。

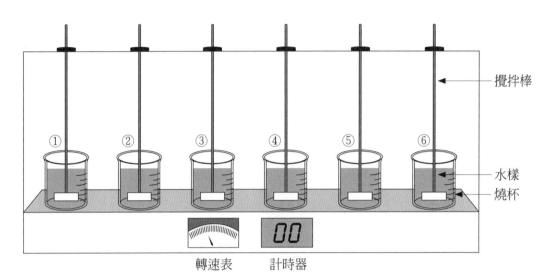

瓶杯試驗機示意

(3) 於 6 個燒杯中，（同時）各加入強酸型陽離子交換樹脂 20g，記錄之。【或弱酸型陽離子交換樹脂 15g。】【註 25：離子交換樹脂之加（藥）量，可依經驗調整之。】

(4) 以轉速約 75rpm，依燒杯編號依序分別攪拌：1、2、4、6、8、10 分鐘（應避免過度攪拌而使樹脂破裂）。各燒杯依時停止後，緩緩抽出攪拌棒，立即將上層水樣（約 100cc）分別倒入 6 個 100cc 燒杯（不含離子交換樹脂），以中止交換反應。

(5) 分別以 25cc 球型吸管吸取 (4)100cc 各燒杯中之水樣，測定硬度，將結果記錄、計算於下表。

(6) 另以 pH 計分別測定 (5) 各燒杯中水樣之 pH 值，記錄之。

	固定離子交換樹脂加藥量，改變反應（攪拌）時間						
①	（人工）水樣總硬度（mg as CaCO$_3$/L）						
②	瓶杯編號	1	2	3	4	5	6
③	水樣體積（L）	1.0					
④	（人工）水樣初始相當於所含CaCO$_3$重量（mg as CaCO$_3$）【①×③】						
⑤	各加入強（或弱）酸型陽離子交換樹脂量（g/L）						
⑥	反應（攪拌）時間（分）	**1**	**2**	**4**	**6**	**8**	**10**
⑦	（經離子交換後）水樣之pH值						
⑧	（經離子交換後）以25cc球型吸管吸取上澄液之體積V（cc）【依硬度測定取水樣體積】	25.0	25.0	25.0	25.0	25.0	25.0

（續下表）

⑨	（水樣）滴定前EDTA溶液刻度V₁（cc）						
⑩	（水樣）滴定後EDTA溶液刻度V₂（cc）						
⑪	（水樣）滴定所使用之EDTA溶液體積 A = (V₂ − V₁)（cc EDTA）						
⑫	每1cc EDTA滴定溶液所對應之碳酸鈣毫克數平均值 B_ave（即B_ave mg CaCO₃/cc EDTA） 【依步驟(一)記錄表中之⑦】						
⑬	經離子交換後，測定水樣殘留之總硬度（mg as CaCO₃/L）【註26】						
⑭	經離子交換後，測定水樣殘留之CaCO₃重量（mg as CaCO₃）【③×⑬】						
⑮	被強（或弱）酸型陽離子交換樹脂所吸附交換之CaCO₃重量（mg as CaCO₃）【④ − ⑭】						
⑯	每克強（或弱）酸型陽離子交換樹脂所吸附交換之CaCO₃重量：〔mg as CaCO₃/g樹脂〕【⑮/⑤】						
⑰	**硬度（CaCO₃）去除率（%）** 【〔(① − ⑬)/①〕×100%】						

【註26】水樣之總硬度（即 mg as CaCO₃/L）計算式如下：

$$總硬度（mg\ as\ CaCO_3/L） = (A×B×1000)/V$$

式中

A：水樣滴定時所使用之 EDTA 溶液體積（cc EDTA）

B：1cc EDTA 滴定溶液所對應之碳酸鈣毫克數（mg CaCO₃/cc EDTA）

V：水樣體積（cc）

3. 於方格紙繪出反應（攪拌）時間（分）（X 軸）−pH（Y 軸）關係圖

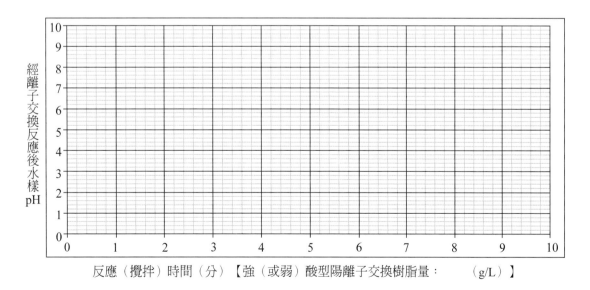

反應（攪拌）時間（分）【強（或弱）酸型陽離子交換樹脂量：　　　（g/L）】

4. 於方格紙繪出反應（攪拌）時間（分）（X 軸）－硬度去除率（%）（Y 軸）關係圖

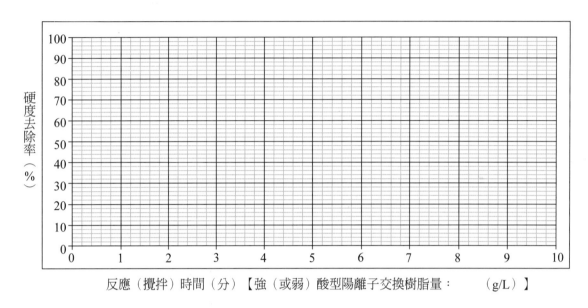

反應（攪拌）時間（分）【強（或弱）酸型陽離子交換樹脂量：　　　（g/L）】

5. 氫（H）型陽離子交換樹脂可再生使用，或依廢棄物另行分類貯存待清理；廢液可進入廢水處理系統處理。

五、心得與討論

實驗 12：連續式管柱氫（H）型陽離子交換樹脂 ── 鈣離子之吸附交換實驗

一、目的

（一）學習離子交換樹脂工作之原理。

（二）連續式氫（H）型離子交換樹脂之管柱試驗：以氯化鈣配成人工水樣，為水樣中鈣離子（Ca^{2+}）（硬度）來源，利用管柱中之氫（H）型陽離子交換樹脂中氫離子（H^+）與水樣中鈣離子的交換，連續收集經離子交換後水樣，再測定其 pH 值與總硬度，以瞭解經離子交換後水樣 pH 值與總硬度之變化。

二、相關知識

　　本實驗以管柱（滴定管）填充氫（H）型陽離子交換樹脂，再送入由人工配製已知濃度之含氯化鈣（$CaCl_2$ 或 $CaCl_2 \cdot 2H_2O$）或氯化鎂（$MgCl_2$ 或 $MgCl_2 \cdot 6H_2O$）水溶液（溶解出 Ca^{2+} 或 Mg^{2+}），以進行離子交換，反應後 Ca^{2+} 或 Mg^{2+} 會被樹脂吸附而釋出氫離子（H^+）使得溶液呈酸性，如下：

$$2R\text{-}H_{(s)} + Ca^{2+}_{(aq)} \Longleftrightarrow R_2\text{-}Ca + 2H^+_{(aq)}$$
（樹脂）（溶液）　　　　（樹脂）（溶液）

$$2R\text{-}H_{(s)} + Mg^{2+}_{(aq)} \Longleftrightarrow R_2\text{-}Mg + 2H^+_{(aq)}$$
（樹脂）（溶液）　　　　（樹脂）（溶液）

　　式中向右反應，表示水溶液中 Ca^{2+}、Mg^{2+} 與氫（H）型陽離子交換樹脂上之氫離子（H^+）產生相互交換反應，可使 Ca^{2+}、Mg^{2+} 附著於樹脂上，達到水質軟化之目的（但處理水之 H^+ 會增加）。當樹脂之可交換位置完全被 Ca^{2+}、Mg^{2+} 佔滿而達飽和狀態時，可以 5～10%HCl 溶液再生樹脂，反應式如上，向左進行反應；再生完成後，將離子交換物質中殘留之酸洗去，即可使交換樹脂回復成氫（H）型陽離子樹脂，繼續使用。

【註 1：實驗若選用 Na 型陽離子樹脂則需先以 6M HCl 溶液將其轉換為 H 型陽離子樹脂，反應如下：$R\text{-}Na_{(s)} + HCl_{(aq)} \Longleftrightarrow R\text{-}H_{(s)} + Na^+_{(aq)}$】

　　本實驗以管柱（滴定管）填充氫（H）型陽離子交換樹脂，進行連續式氫（H）型離子交換樹脂之管柱試驗。實驗裝置如圖 1 所示。

　　如圖 1. 之實驗裝置，以氯化鈣或氯化鎂為水樣中鈣離子（Ca^{2+}）或鎂離子（Mg^{2+}）來源，利用管柱中之氫（H）型陽離子交換樹脂中氫離子（H^+）與水樣中鈣離子或鎂離子的交換，測定出流水之 pH 值及鈣離子或鎂離子的含量，將結果點繪於方格紙座標，即可看出出流水之 pH 變化及鈣（鎂）離子濃度變化情形。

圖1：連續式氫（H）型陽離子交換樹脂之管柱實驗裝置

例1：連續式強酸型陽離子交換樹脂之管柱試驗

學生進行連續式強酸型陽離子交換樹脂之管柱試驗，結果記錄及計算如下表

連續式強酸型陽離子交換樹脂之管柱試驗										
①	初始（人工）水樣pH	7.79								
②	初始（人工）水樣總硬度C_0（mg as CaCO$_3$/L）	**602.7**								
③	強酸型陽離子交換樹脂量（g）	20.50								
④	（取樣）燒杯編號	1	3	5	7	9	11	13	15	17	19
⑤	（經離子交換後）取各水樣體積 V（cc）	25.0								
⑥	（經離子交換後）水樣之pH值	2.34	1.94	1.96	1.97	1.96	1.95	1.93	1.94	1.95	1.96
⑦	（水樣）滴定所使用之EDTA溶液體積A（cc EDTA）	0	0	0	0	0	0	0	0	0	0
⑧	（已知）每1cc EDTA滴定溶液所對應之碳酸鈣毫克數B（即B mg CaCO$_3$/cc EDTA）	0.97								
⑨	經離子交換後，測定水樣殘留之總硬度C_i（mg as CaCO$_3$/L）【A×B×1000/V】	0	0	0	0	0	0	0	0	0	0
⑩	水樣殘留之總硬度/初始（人工）水樣總硬度 = C_i/C_0【⑨/②】	0	0	0	0	0	0	0	0	0	0

（續下表）

連續式強酸型陽離子交換樹脂之管柱試驗										
④ （取樣）燒杯編號	21	23	25	27	29	31	33	35	37	39
⑤ （經離子交換後）取各水樣體積 V（cc）	25.0									
⑥ （經離子交換後）水樣之pH值	1.98	1.99	1.96	1.95	1.94	1.93	1.92	1.91	1.94	1.95
⑦ （水樣）滴定所使用之EDTA溶液體積A（cc EDTA）	5.70	0	0	0	0	0	0	0	3.90	0
⑧ （已知）每1cc EDTA滴定溶液所對應之碳酸鈣毫克數B（即B mg CaCO₃/cc EDTA）	0.97									
⑨ 經離子交換後，測定水樣殘留之總硬度C_i（mg as CaCO₃/L）【A×B×1000/V】	221.2	0	0	0	0	0	0	0	151.3	0
⑩ 水樣殘留之總硬度/初始（人工）水樣總硬度 = C_i/C_0【⑨/②】	0.367	0	0	0	0	0	0	0	0.251	0

(1) 於方格紙繪出（經離子交換後）取樣燒杯編號（1、3、5～19～37、39）（X軸）－pH（Y軸）關係圖

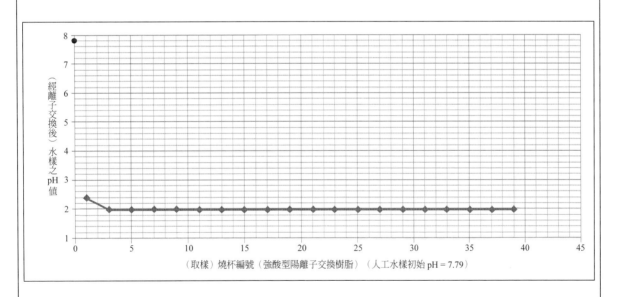

（取樣）燒杯編號（強酸型陽離子交換樹脂）（人工水樣初始 pH = 7.79）

(2) 於方格紙繪出（經離子交換後）取樣燒杯編號（1、3、5～19～37、39）（X軸）－〔水樣殘留之總硬度C_i/初始（人工）水樣總硬度C_0)〕（即C_i/C_0）（Y軸）關係圖

（續下表）

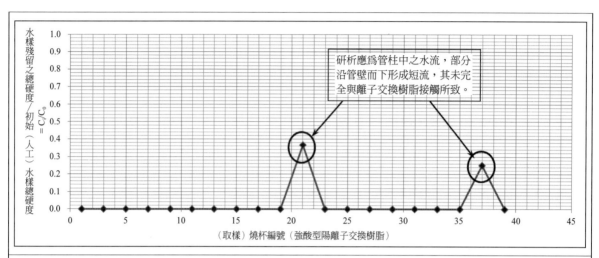

例2：連續式弱酸型陽離子交換樹脂之管柱試驗

學生進行連續式弱酸型陽離子交換樹脂之管柱試驗，結果記錄及計算如下表

連續式弱酸型陽離子交換樹脂之管柱試驗											
①	初始（人工）水樣pH	7.87									
②	初始（人工）水樣總硬度C_0（mg as $CaCO_3$/L）	679.0									
③	弱酸型陽離子交換樹脂量（g）	20.0									
④	（取樣）燒杯編號	1	3	5	7	9	11	13	15	17	19
⑤	（經離子交換後）取各水樣體積V（cc）	25.0									
⑥	（經離子交換後）水樣之pH值	2.85	2.44	2.48	2.53	2.58	2.60	2.67	2.72	2.68	2.71
⑦	（水樣）滴定所使用之EDTA溶液體積A（cc EDTA）	0.90	9.90	11.30	12.60	12.70	12.70	12.80	14.40	14.40	15.00
⑧	（已知）每1cc EDTA滴定溶液所對應之碳酸鈣毫克數B（即B mg $CaCO_3$/cc EDTA）	0.97									
⑨	經離子交換後，測定水樣殘留之總硬度C_i（mg as $CaCO_3$/L）【A×B×1000/V】	34.9	384.1	438.4	488.9	492.8	492.8	496.6	558.7	558.7	582.0
⑩	水樣殘留之總硬度／初始（人工）水樣總硬度 = C_i/C_0【⑨/②】	0.051	0.566	0.646	0.720	0.726	0.726	0.731	0.823	0.823	0.857
連續式弱酸型陽離子交換樹脂之管柱試驗											
④	（取樣）燒杯編號	21	23	25	27	29	31	33	35	37	39
⑤	（經離子交換後）取各水樣體積V（cc）	25.0									

（續下表）

⑥	（經離子交換後）水樣之pH值	**2.83**	**2.70**	**2.72**	**2.73**	**2.71**	**2.77**	**2.83**	**2.80**	**2.83**	**2.83**
⑦	（水樣）滴定所使用之EDTA溶液體積A（cc EDTA）	15.10	15.40	15.60	15.00	15.50	15.00	15.30	15.10	15.10	15.70
⑧	（已知）每1cc EDTA滴定溶液所對應之碳酸鈣毫克數B（即B mg $CaCO_3$/cc EDTA）	0.97									
⑨	經離子交換後，測定水樣殘留之總硬度C_i（mg as $CaCO_3$/L）【A×B×1000/V】	**585.9**	**597.5**	**605.3**	**582.0**	**601.4**	**582.0**	**593.6**	**585.9**	**585.9**	**609.2**
⑩	水樣殘留之總硬度／初始（人工）水樣總硬度 = C_i/C_0【⑨/②】	**0.863**	**0.880**	**0.891**	**0.857**	**0.886**	**0.857**	**0.874**	**0.863**	**0.863**	**0.897**

(1) 於方格紙繪出（經離子交換後）取樣燒杯編號（1、3、5～19～37、39）（X軸）－pH（Y軸）關係圖

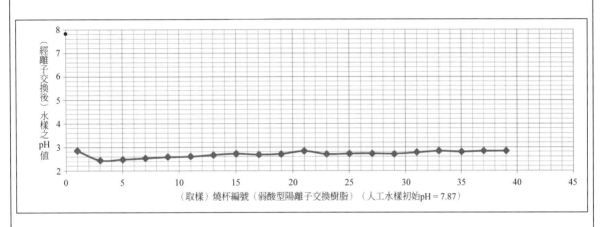

(2) 於方格紙繪出（經離子交換後）取樣燒杯編號（1、3、5～19～37、39）（X軸）－〔水樣殘留之總硬度C_i/初始（人工）水樣總硬度C_0〕（即C_i/C_0）（Y軸）關係圖

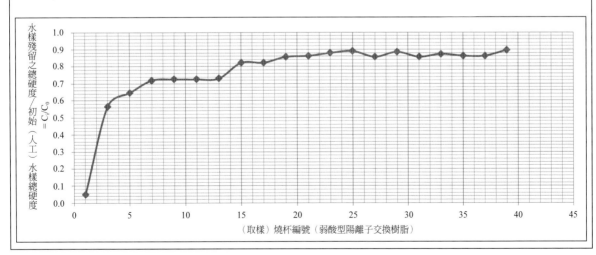

三、器材與藥品

(一) 硬度測定

1.250cc錐形瓶	2.50cc滴定管
3.配製甲基紅指示劑：溶解0.1g甲基紅於18.6cc之0.02N NaOH溶液，再以試劑水稀釋至250cc。	
4.配製1.00mg $CaCO_3$/cc之鈣標準溶液1000cc：精秤1.000g無水碳酸鈣（$CaCO_3$，一級標準）粉末，置入500cc錐形瓶中，緩緩加入（1＋1）鹽酸溶液至所有碳酸鈣溶解。【註2：$CaCO_{3(s)} + HCl_{(aq)} \rightarrow CaCl_{2(aq)} + H_2O_{(l)} + CO_{2(g)}\uparrow$】加入200cc試劑水，再煮沸約3～5分鐘以驅除二氧化碳；俟冷卻後加入幾滴甲基紅指示劑（呈紅色），再以塑膠滴管取3M氫氧化銨（氨水，NH_4OH）或（1＋1）鹽酸溶液調整pH，至變色過程中的橙色。將全部溶液移入1000cc定量瓶中，另以試劑水沖洗錐形瓶數次，一併倒入1000cc定量瓶中，最後定容至標線。得標準鈣溶液，相當於1cc溶液中含有1.00 mg碳酸鈣（$CaCO_3$）。	
5.配製（約0.01M）EDTA滴定溶液1000cc：加入3.723g EDTA-$Na_2 \cdot 2H_2O$（含2個結晶水之EDTA二鈉鹽，分子量372.24，分析試藥級）於少量試劑水中，使溶解，再以試劑水稀釋定容至1000cc。 【註3：EDTA溶液能自普通玻璃容器中萃取一些含有總硬度之陽離子，因此應貯存於PE塑膠瓶或硼矽玻璃瓶內，並定期以標準鈣溶液標定之。】	
6.配製緩衝溶液：【緩衝溶液2擇1：緩衝溶液Ⅰ或緩衝溶液Ⅱ】 (1)緩衝溶液Ⅰ：溶解16.9g氯化銨於143cc濃氫氧化銨（濃氨水）中，加入1.25g EDTA之鎂鹽（市售品），以試劑水定容至250cc。 (2)緩衝溶液Ⅱ：如無市售EDTA之鎂鹽，可溶解1.179g含二個結晶水之EDTA二鈉鹽（分析級）和0.780g硫酸鎂（$MgSO_4 \cdot 7H_2O$）或0.644g氯化鎂（$MgCl_2 \cdot 6H_2O$）於50cc蒸餾水中，將此溶液加入含16.9g氯化銨和143cc濃氫氧化銨（濃氨水）之溶液內，混合後以試劑水定容至250cc。 【註4：緩衝溶液Ⅰ和Ⅱ應儲存於塑膠或硼矽玻璃容器內蓋緊，以防止氨氣散失及二氧化碳進入，保存期限為一個月。當加入1至2cc緩衝溶液於水樣中仍無法使水樣在滴定終點之pH為10.0±0.1時，即應重新配製該緩衝溶液。】	
7.配製EBT指示劑：溶解0.5g乾燥粉末狀之Eriochrome Black T於100g三乙醇胺（Triethanolamine）或2-甲氧基甲醇（2-Methoxymethanol）。【註5：Eriochrome Black T（1-(1-hydroxy-2-naphthylazo)-5-nitro–2-naphthol–4-sulfonic acid之鈉鹽）；為減少誤差，指示劑宜於使用前配製。】	

(二) 連續式氫（H）型離子交換樹脂之管柱試驗

1.氯化鈣（$CaCl_2$或$CaCl_2 \cdot 2H_2O$）　【易吸濕潮解，可低溫烘乾】		
2.25cc、50cc、1000cc量筒	3.磁攪拌器、磁石	4.50cc、100cc、250cc、1000cc燒杯
5.25cc球型吸管	6.250cc錐形瓶	7.50cc滴定管（含固定架、棉花）
8.滴定管刷	9.漏斗、#1橡膠塞（穿孔）	10.pH計
11.氫（H）型陽離子交換樹脂【2選1】：(1)強酸型陽離子交換樹脂 (2)弱酸型陽離子交換樹脂		

四、實驗步驟、結果記錄與計算

(一) 以（**1.00mg CaCO₃/cc**）鈣標準溶液標定EDTA溶液濃度 【**註6：為節省時間，此部分可由教師或助教先行標定**】

1. 取 25.0cc 鈣標準溶液（二份），記錄之；置於 250cc 錐形瓶中，加入 25.0cc 試劑水稀釋之。
2. 加入 1～2cc 緩衝溶液，使溶液之 pH = 10.0±0.1，並於 5 分鐘內依下述步驟完成滴定。
3. 加入 2 滴 Eriochrome Black T（藍色）指示劑後，溶液會呈酒紅色。
4. 將EDTA溶液裝入滴定管中，記錄其初始刻度 V_1 cc；開始滴定，緩緩加入EDTA滴定溶液，並同時攪拌之，直至溶液由淡酒紅色變為藍色，達滴定終點，記錄其刻度 V_2 cc。
   【註 7：(1) 當加入最後幾滴時，每滴的間隔時間約為 3 至 5 秒，正常的情況下，滴定終點時溶液呈藍色。(2) 滴定時如無法得到明顯之滴定終點顏色變化，即表示溶液中有干擾物質或者指示劑已變質，此時需加入適當之抑制劑或重新配製指示劑。】
5. （為節省時間）本實驗省略空白分析。
6. 計算：每 1.00cc EDTA 滴定溶液所對應之碳酸鈣毫克數（即 mg CaCO₃/cc EDTA）。
7. 結果記錄、計算於下表：

	以鈣標準溶液標定EDTA溶液濃度	第1次	第2次
①	鈣標準溶液體積V（cc）		
②	鈣標準溶液濃度（mg CaCO₃/cc）	1.00	
③	（鈣標準溶液）滴定前EDTA溶液刻度V_1（cc）		
④	（鈣標準溶液）滴定後EDTA溶液刻度V_2（cc）		
⑤	鈣標準溶液滴定所使用之EDTA溶液體積A = (V_2 − V_1)（cc EDTA）		
⑥	每1cc EDTA滴定溶液所對應之碳酸鈣毫克數B（即B mg CaCO₃/cc EDTA）【註8】		
⑦	每1cc EDTA滴定溶液所對應之碳酸鈣毫克數平均值B_{ave}（即B_{ave} mg CaCO₃/cc EDTA）		

【註8】每 1cc EDTA 滴定溶液所對應之碳酸鈣毫克數 B，計算式如下（求 B）：

$$A(cc\ EDTA) \times B(mg\ CaCO_3/cc\ EDTA) = V(cc) \times (1.00\ mg\ CaCO_3/cc)$$

即：$B(mg\ CaCO_3/cc\ EDTA) = [V(cc) \times (1.00\ mg\ CaCO_3/cc)] / A(cc\ EDTA)$

式中

A：鈣標準溶液滴定時所使用之 EDTA 溶液體積（cc EDTA）。

B：1cc EDTA 滴定溶液所對應之碳酸鈣毫克數（mg CaCO₃/cc EDTA）

V：鈣標準溶液體積（cc）

(二) 配製含鈣離子（Ca^{2+}）之人工水樣 【以下2選1】

1. 配製含 1108.8mg CaCl₂/L 人工水樣 1000cc：秤取 1.1088g CaCl₂，溶解於自來水使成 1000cc，作為人工水樣備用，其轉換鈣離子（Ca^{2+}）濃度相當於 1000mg as CaCO₃/L。

2. 配製含 1468.9mg $CaCl_2 \cdot 2H_2O$/L 人工水樣 1000cc：秤取 1.4689g $CaCl_2 \cdot 2H_2O$，溶解於自來水使成 1000cc，作爲人工水樣備用，其轉換鈣離子（Ca^{2+}）濃度相當於 1000mg as $CaCO_3$/L。

【註 9：(1) 本濃度轉換計算不含自來水中既存之硬度。(2) 實際上此人工水樣，其硬度含人工添加之鈣硬度及原自來水中既存之硬度。(3) 氯化鈣於空氣中易吸濕潮解，非一級標準品。】

(三) 測定人工水樣之pH、總硬度【水中總硬度之測定】

1. 取 (二) 之人工水樣 25.0cc 於小燒杯，測定 pH，記錄之；再置於 250cc 錐形瓶中，加入 25cc 試劑水稀釋之。
2. 加入 1～2cc 緩衝溶液，使溶液之 pH = 10.0±0.1，並於 5 分鐘內依下述步驟完成滴定。
3. 加入 2 滴 Eriochrome Black T（藍色）指示劑後，溶液會呈酒紅色。
4. 將 EDTA 溶液裝入滴定管中，記錄其初始刻度 V_1 cc；開始滴定，緩緩加入 EDTA 滴定溶液，並同時攪拌之，直至溶液由淡酒紅色變爲藍色，達滴定終點，記錄其刻度 V_2 cc。【註 10：當加入最後幾滴時，每滴的間隔時間約爲 3 至 5 秒，正常的情況下，滴定終點時溶液呈藍色。】
5. 爲節省時間，本測定省略空白分析且僅做 1 次水樣測定。
6. 計算水樣之總硬度（即 mg as $CaCO_3$/L）。

（初始）人工水樣pH、總硬度之測定	
① 人工水樣pH	
② （硬度測定）水樣體積V（cc）	25.0
③ （水樣）滴定前EDTA溶液刻度V_1（cc）	
④ （水樣）滴定後EDTA溶液刻度V_2（cc）	
⑤ （水樣）滴定所使用之EDTA溶液體積A = (V_2 − V_1)（cc）	
⑥ 每1cc EDTA溶液所對應之平均碳酸鈣毫克數B_{ave}（即B_{ave} mg $CaCO_3$/cc EDTA）【依步驟(一)記錄表中之⑦】	
⑦ （人工）水樣總硬度（mg as $CaCO_3$/L）【註11】	

【註 11】水樣之總硬度（即 mg as $CaCO_3$/L）計算式如下：

總硬度（mg as $CaCO_3$/L）= (A×B×1000)/V

式中

A：水樣滴定時所使用之 EDTA 溶液體積（cc EDTA）

B：1cc EDTA 滴定溶液所對應之碳酸鈣毫克數（mg $CaCO_3$/cc EDTA）

V：水樣體積（cc）

(四) 氫（H）型離子交換樹脂管柱（滴定管）之填充與準備（裝置如圖所示）

1. 取些許棉花，以滴定管刷將棉花推入滴定管底部（以避免樹脂顆粒穿漏，但可使水流通過），備用。

2. 秤取 20.0g 強酸型陽離子交換樹脂（或弱酸型陽離子交換樹脂），置於 250cc 錐型瓶（或 200～400cc 燒杯）中。

3. 加入約 100cc 試劑水，輕輕搖動清洗樹脂，約 2～3 分鐘，傾去多餘之水。

4. 再加入約 50cc 試劑水於已清洗之樹脂中。

5. 取 1. 之滴定管，上置漏斗，關閉管柱底部之活栓，將 4. 之樹脂及水邊搖晃邊填入滴定管中。【註 12：填充樹脂於管柱時，應將管柱內空氣排出，避免有空氣殘留。】

6. 打開滴定管底部之活栓，使水緩緩排出，底部以 100cc 燒杯盛接（此水棄之），至試劑水之液面稍高於樹脂（約 2cm）停止，關閉活栓，備用。

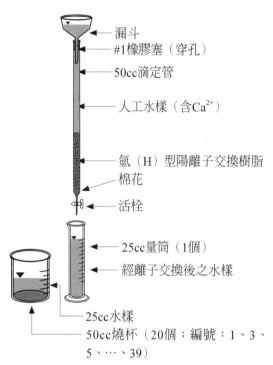

漏斗
#1橡膠塞（穿孔）
50cc滴定管
人工水樣（含Ca^{2+}）
氫（H）型陽離子交換樹脂
棉花
活栓
25cc量筒（1個）
經離子交換後之水樣
25cc水樣
50cc燒杯（20個；編號：1、3、5、…、39）

(五) 連續式氫（H）型離子交換樹脂之管柱試驗

1. 取(二)含鈣離子（Ca^{2+}）之人工水樣，經由漏斗緩慢傾入滴定管中，使液面高度如圖所示。（若無橡膠塞則使液面低於滴定管頂端約 3～5cm）。

2. 備 25cc 量筒 1 個、50cc 燒杯 20 個【燒杯編號：1、3、5～19～37、39。】。

3. 將 25cc 量筒置滴定管下方，打開滴定管底部之活栓，調整流速為：約每秒 2 滴（或稍快）。

4. 滴取 25cc 水樣後，關閉活栓，將量筒中水樣倒入編號 1. 燒杯中。

5. 再將 25cc 量筒置滴定管下方，再打開滴定管底部之活栓，調整流速為：約每秒 2 滴（或稍快）。

6. 再滴取 25cc 水樣後，關閉活栓，捨棄（偶數次）量筒中水樣。【注意：過程中應隨時補充人工水樣於滴定管中，使液面高於樹脂。】

7. 重複步驟 3.、4.、5.、6. 直至取得 20 個水樣【燒杯編號：1、3、5～19～37、39。】。

8. 分別測定各水樣（燒杯編號：1、3、5～19～37、39）之 pH 及總硬度，記錄並計算之。

　　【註 13：(1) 為節省時間，本測定省略空白分析。(2) 硬度測定時，若水樣中滴入 EBT 指示劑即呈藍色，表示水樣中無硬度離子，該水樣即無需進行 EDTA 之滴定，故水樣滴定所使用之 EDTA 溶液體積 A 記為 0cc EDTA。】

連續式離子交換樹脂之管柱試驗（記錄表）

連續式離子交換樹脂之管柱試驗											
①	初始（人工）水樣pH										
②	初始（人工）水樣總硬度C_0（mg as $CaCO_3$/L）										
③	強（或弱）酸型陽離子交換樹脂量（g）										
④	（取樣）燒杯編號	1	3	5	7	9	11	13	15	17	19
⑤	（經離子交換後）各水樣體積V（cc）	25.0									
⑥	（經離子交換後）水樣之pH值										
⑦	（水樣）滴定前EDTA溶液刻度V_1（cc）										
⑧	（水樣）滴定後EDTA溶液刻度V_2（cc）										
⑨	（水樣）滴定所使用之EDTA溶液體積 $A = (V_2 - V_1)$（cc EDTA）										
⑩	每1cc EDTA滴定溶液所對應之碳酸鈣毫克數平均值B_{ave}（即B_{ave} mg $CaCO_3$/cc EDTA）【依步驟(一)記錄表中之⑦】										
⑪	經離子交換後，測定水樣殘留之總硬度C_i（mg as $CaCO_3$/L）【註13】										
⑫	水樣殘留之總硬度/初始(人工)水樣總硬度 $= C_i/C_0$【⑪/②】										
連續式離子交換樹脂之管柱試驗											
④	（取樣）燒杯編號	21	23	25	27	29	31	33	35	37	39
⑤	（經離子交換後）取各水樣體積V（cc）	25.0									
⑥	（經離子交換後）水樣之pH值										
⑦	（水樣）滴定前EDTA溶液刻度V_1（cc）										
⑧	（水樣）滴定後EDTA溶液刻度V_2（cc）										
⑨	（水樣）滴定所使用之EDTA溶液體積 $A = (V_2 - V_1)$（cc EDTA）										
⑩	每1cc EDTA滴定溶液所對應之碳酸鈣毫克數平均值B_{ave}（即B_{ave} mg $CaCO_3$/cc EDTA）【依步驟(一)記錄表中之⑦】										
⑪	經離子交換後，測定水樣殘留之總硬度C_i（mg as $CaCO_3$/L）【註13】										
⑫	水樣殘留之總硬度/初始（人工）水樣總硬度 $= C_i/C_0$【⑪/②】										

9. 於方格紙繪出（經離子交換後）取樣燒杯編號（1、3、5～19～37、39）（X軸）－pH（Y軸）關係圖

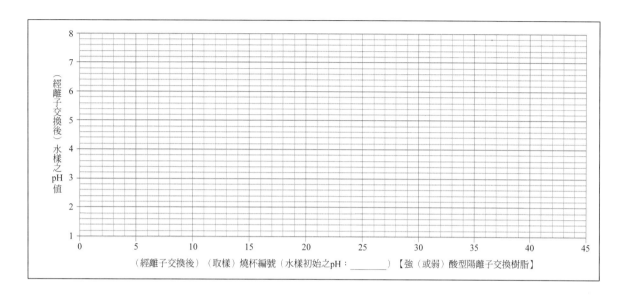

10. 於方格紙繪出（經離子交換後）燒杯編號（1、3、5～19～37、39）（X軸）－〔水樣殘留之總硬度 C_i/ 初始（人工）水樣總硬度 C_0〕（即 C_i/C_0）（Y軸）關係圖

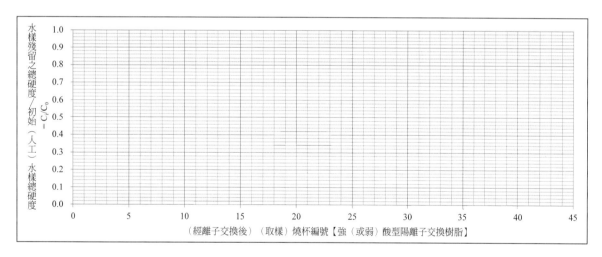

11. 氫（H）型陽離子交換樹脂可再生使用，或依廢棄物另行分類貯存待清理；廢液可進入廢水處理系統處理。

五、心得與討論

實驗 13：廢鋁罐製備明礬（硫酸鋁）及明礬之混凝作用

一、目的

（一）學習製備鋁明礬，瞭解其化學作用過程。

（二）認知於水處理中，鋁明礬作為「混凝劑」之作用。

二、相關知識

「鋁（Al）」為地殼中含量第三多之元素，廣泛被運用於日常生活用品中，鋁製易開罐即其中之一。

鋁製易開罐常被回收再生鋁金屬，亦可被再利用製成「鉀鋁礬（alum，$KAl(SO_4)_2 \cdot 12H_2O$，十二水合硫酸鋁鉀）」，其外觀呈白色粉末。

鋁（Al）為兩性元素，能與酸作用亦可與鹼作用；氫氧化鋁（$Al(OH)_3$）為兩性氫氧化物，可溶於酸又可溶於鹼，可利用此性質分離鋁金屬。氫氧化鋁分別與酸（H^+）、鹼（OH^-）反應如下：

$$Al(OH)_{3(s)} + 3H^+_{(aq)} \rightarrow Al^{3+}_{(aq)} + 3H_2O_{(l)}$$

$$Al(OH)_{3(s)} + OH^-_{(aq)} \rightarrow Al(OH)_4^-{}_{(aq)}$$

鋁金屬在空氣中會迅速於表面形成一層緻密的氧化鋁（Al_2O_3）薄膜，其與稀酸反應較慢，但鹼性溶液則可溶解該氧化層，進而與鋁反應。

(一) 以鋁（Al）製備鉀鋁礬（$KAl(SO_4)_2 \cdot 12H_2O$）

以鋁（Al）製備鉀鋁礬（$KAl(SO_4)_2 \cdot 12H_2O$）時之反應過程說明如下：

1. 「鋁金屬」與過量鹼〔如氫氧化鉀（KOH）〕反應，形成可溶解的 $Al(OH)_4^-$ 溶液，並釋出氫（H_2）氣。

$$2Al_{(s)} + 2KOH_{(aq)} + 6H_2O_{(l)} \rightarrow 2K^+_{(aq)} + 2Al(OH)_4^-{}_{(aq)} + 3H_{2(g)} \uparrow$$

2. 加入硫酸（H_2SO_4）使反應生成白色絨絮狀之氫氧化鋁 $Al(OH)_3$ 膠體沉澱。

$$Al(OH)_4^-{}_{(aq)} + H^+_{(aq)} \rightarrow Al(OH)_{3(s)} + H_2O_{(l)}$$

3. 繼續再加入硫酸（H_2SO_4），則氫氧化鋁 $Al(OH)_3$ 膠體會被溶解成鋁離子（Al^{3+}）。

$$Al(OH)_{3(s)} + 3H^+_{(aq)} \rightarrow Al^{3+}_{(aq)} + 3H_2O_{(l)}$$

4. 進行冷卻，溶液中之鉀離子（K^+）、鋁離子（Al^{3+}）、硫酸根離子（SO_4^{2-}）反應，緩緩形成（白色至乳白色）鋁明礬（$KAl(SO_4)_2 \cdot 12H_2O$）結晶沉澱。

$$K^+_{(aq)} + Al^{3+}_{(aq)} + 2SO_4^{2-}_{(aq)} + 12H_2O_{(l)} \rightarrow KAl(SO_4)_2 \cdot 12H_2O_{(s)}$$

【註1】鉀鋁礬（明礬）亦可由硫酸鋁（$Al_2(SO_4)_3$）與硫酸鉀（K_2SO_4）溶液適量混合後蒸發製得；反應式：

$$Al_2(SO_4)_{3(aq)} + K_2SO_{4(aq)} + 24H_2O_{(l)} \rightarrow 2KAl(SO_4)_2 \cdot 12H_2O_{(s)}$$

「鉀鋁礬」具混凝能力，於環工領域可被用作水處理之「混凝劑」。

(二) 鉀鋁礬（$KAl(SO_4)_2 \cdot 12H_2O$）生成氫氧化鋁（$Al(OH)_3$）膠體之反應

鉀鋁礬溶於水可釋出鋁離子（Al^{3+}），其與水中之鹼度物質（如碳酸氫鈉 $NaHCO_3$、碳酸鈉 Na_2CO_3、氫氧化鈉 $NaOH$）反應時，生成氫氧化鋁（$Al(OH)_3$）膠體，反應如下：

$$2Al^{3+}_{(aq)} + 6HCO_3^-_{(aq)} \rightarrow 2Al(OH)_{3(s)} \downarrow + 6CO_{2(g)}$$
$$2Al^{3+}_{(aq)} + 3CO_3^{2-}_{(aq)} + 3H_2O_{(l)} \rightarrow 2Al(OH)_{3(s)} \downarrow + 3CO_{2(g)}$$
$$2Al^{3+}_{(aq)} + 6OH^-_{(aq)} \rightarrow 2Al(OH)_{3(s)} \downarrow$$

氫氧化鋁（$Al(OH)_3$）膠體粒子可吸附水中的懸浮微粒。

環工領域常以硫酸鋁（$Al_2(SO_4)_3$）加入含鹼度（如碳酸氫鈉 $NaHCO_3$、碳酸鈉 Na_2CO_3、氫氧化鈉 $NaOH$）物質之水時，其可生成氫氧化鋁（$Al(OH)_3$）膠體，反應如下：

$$Al_2(SO_4)_{3(s)} + 6NaHCO_{3(aq)} \rightarrow 2Al(OH)_{3(s)} \downarrow + 3Na_2SO_{4(aq)} + 6CO_{2(g)}$$
$$Al_2(SO_4)_{3(s)} + 3Na_2CO_{3(aq)} + 3H_2O_{(l)} \rightarrow 2Al(OH)_{3(s)} \downarrow + 3Na_2SO_{4(aq)} + 3CO_{2(g)}$$
$$Al_2(SO_4)_{3(s)} + 6NaOH_{(aq)} \rightarrow 2Al(OH)_{3(s)} \downarrow + 3Na_2SO_{4(aq)}$$

【註2：自然水中形成鹼度（alkalinity）之來源有三：OH^-、CO_3^{2-}、HCO_3^-。】

氫氧化鋁（$Al(OH)_3$）膠體呈白色絨絮狀，於水中經由電雙層壓縮、電性中和、吸附、沉澱絆除等作用，與水中之懸浮膠體微粒凝絮生成較大顆粒粒子而易於沉澱，可澄清處理之水質。

本實驗取廢鋁製易開罐作為鋁原料來源，製備鉀鋁礬，再利用製備之鉀鋁礬作為「混凝劑」，進行簡易之混凝作用實驗。

三、器材與藥品

1.空廢鋁罐	2.剪刀	3.細砂紙	4.50cc、1000cc燒杯
5.抽氣櫃	6.加熱器	7.濾紙（125mm、47mm）	8.抽氣過濾裝置
9.漏斗	10.塑膠滴管	11.玻棒	12.冰水浴（碎冰塊）
13.藥杓	14.高嶺土	15.500cc量筒	16.標籤紙

17.配製1.4M氫氧化鉀（KOH）溶液1000cc：秤取78.554g KOH，溶於試劑水後，定容至1000cc。

18.配製9M硫酸（H_2SO_4）溶液1000cc：取1000cc燒杯，內裝約500cc試劑水；另取489.13cc濃硫酸（約98%），沿燒杯內壁緩緩加入，俟降至室溫，再加入試劑水至1000cc標線後，移至已標示溶液名稱、濃度、配製日期、配製人員姓名之容器中。
【註3】注意：強酸稀釋時，應將強酸加入水中；嚴禁將水加入強酸中。實驗室之濃硫酸約為98%，為強酸，外觀透明無色，溶液及蒸氣極具腐蝕性，開瓶、操作時應戴安全手套，並於抽氣櫃內操作。

19.配製酒精（95%）與水（體積1：1）混合液500cc：取250cc酒精（95%）、250cc試劑水，均勻混合之。

四、實驗步驟、結果記錄與計算

(一) 廢鋁罐製備鉀鋁礬

1. 自備 1 個空廢鋁罐，以剪刀剪出一片約 5cm×7.5cm 大小之鋁片。
2. 以砂紙磨去鋁片內、外表面之氧化層、顏料或膠膜。
3. 將磨光後之鋁片再剪成小片（可增加反應速率），秤取約 0.30g，記錄之 W_0（g）。
4. 將秤好之鋁片置入 50cc 燒杯中，加入 13cc 1.4M 氫氧化鉀（KOH）溶液，移至抽氣櫃中緩慢加熱（150℃以下）以加速反應。【註 4：注意，需以加熱器加熱，勿使用明火加熱；因此反應會產生氫氣（H_2），氫氣與空氣混合遇熱易爆炸，加熱過程需注意。】
5. 反應過程中，燒杯中溶液會逐漸減少，為避免乾涸，需適時加入少量試劑水（使溶液體積維持於約 7～13cc）；反應中，若見溶液由無色轉變成深灰色，係因有不純物、雜質（如鋁罐中鋁之純度、有殘餘膠膜、顏料）反應所致；當氣泡（氫氣）不再產生，表示反應完畢（此時液體體積約為 8cc，約為反應前之 3/5）。
6. 將燒杯移出抽氣櫃，以濾紙（125mm）、漏斗過濾此熱溶液於 50cc 燒杯中（此步驟為濾除雜質，收集濾液）；並以塑膠滴管吸取少量試劑水淋洗燒杯，將附著之殘餘物洗出過濾，留存澄清濾液（此濾紙廢棄）。
7. 待濾液冷卻後，取少量 9M 硫酸（H_2SO_4）溶液沿玻棒緩緩攪拌加入，使產生白色氫氧化鋁（$Al(OH)_3$）沉澱（固體）；繼續加入 9M 硫酸溶液作用（全部最多不超過 8cc），使氫氧化鋁沉澱完全溶解。
8. 此時，溶液中含有鉀離子（K^+）、鋁離子（Al^{3+}）、硫酸根離子（SO_4^{2-}），將燒杯置實驗桌上冷卻至室溫，待鉀明礬（$KAl(SO_4)_2 \cdot 12H_2O$）析出，再靜置冰水浴冷卻數分鐘，使結

晶完全，並觀察結晶過程。【註 5：若無晶體長出，可以玻棒輕刮杯壁誘導使結晶。】

9. 取濾紙（47mm）1 張秤重 W_1（g），記錄之；置於抽氣過濾裝置上（此步驟為收集鉀鋁礬結晶物）。

10. 將燒杯中長有鉀鋁礬晶體之溶液迅速倒入抽氣過濾裝置，收集晶體；另以塑膠滴管（分次）吸取約 10cc 之酒精與水（體積 1：1）混合液淋洗燒杯（不可過量，以減少結晶物溶解），將附著之殘餘晶體洗出過濾，留存晶體及濾紙（此濾液廢棄）。持續抽氣約 3～5～10 分鐘，使結晶物脫水乾燥。

11. 秤重得鉀鋁礬結晶物重 $W_3 = (W_2 - W_1)$（g），記錄之；計算鉀鋁礬（$KAl(SO_4)_2 \cdot 12H_2O$）理論與實驗之產生率。

	項　目	結果記錄與計算
①	磨光後鋁片試料重 W_0（g）	
②	收集鉀鋁礬結晶物之濾紙（47mm）重 W_1（g）	
③	經乾燥後，（鉀鋁礬結晶物＋濾紙）重 W_2（g）	
④	經乾燥後，鉀鋁礬結晶物重 $W_3 = (W_2 - W_1)$（g）	
⑤	鉀鋁礬〔$KAl(SO_4)_2 \cdot 12H_2O$〕之莫耳質量（g/mole）　　【註6】	
⑥	鉀鋁礬理論產生量（g）＝（鋁片試料重 W_0／鋁原子量）×鉀鋁礬莫耳質量【註6】	
⑦	鉀鋁礬實驗產生率（%）＝（實驗得鉀鋁礬重 W_3／鉀鋁礬理論產生量）×100%	

【註 6】鋁（Al）原子量：26.98；鉀鋁礬（$KAl(SO_4)_2 \cdot 12H_2O$）莫耳質量：474.21（g/mole）

(二) 鉀鋁礬之混凝作用

1. 秤取 1.0g 高嶺土，置入 1000cc 燒杯中，加 1000cc 自來水於燒杯，以玻棒緩緩攪拌使成均勻人工水樣，得高嶺土濃度約為 1000mg/L。

2. 再另取 1 個 1000cc 燒杯，置入 500cc 含高嶺土之人工水樣。【註 7：共 2 個 1000cc 燒杯，各裝有 500cc 含高嶺土之人工水樣，分別編號為 A 燒杯、B 燒杯。】

3. 秤取自製鉀鋁礬約 0.1g，加入 A 燒杯中（B 燒杯不加鉀鋁礬）。

4. 取玻棒 2 支，各自分別快速攪拌 A、B 燒杯約 2 分鐘（每分鐘約 60 轉），使鉀鋁礬溶解並反應（快混）；再慢速攪拌 A、B 燒杯約 3 分鐘（每分鐘約 10 轉），使溶液中顆粒互相碰撞，以凝聚成較大顆粒以利沉澱（慢混）。【註 8：過程中觀察比較膠羽產生之情形。】

5. 將 A、B 燒杯各靜置 10～20 分鐘（沉澱），觀察比較其沉澱顆粒大小、沉澱情形、沉澱膠羽之體積及上層澄清液是否澄清？記錄之。

【註 9：若 A 燒杯混凝效果不佳，需檢討混凝劑加藥量過少或過多、鹼度是否足夠？】

	比較項目	A燒杯〔有加鉀鋁礬（混凝劑）〕	B燒杯（沒加鉀鋁礬）
①	高嶺土人工水樣濃度（mg/L）		
②	沉澱之顆粒大小		

（續下表）

③	顆粒沉澱情形（良或不良）		
④	沉澱膠羽之體積高度（cm）		
⑤	目視上層澄清液是否澄清		

五、心得與討論

實驗 14：混凝膠凝沉澱實驗 ── 最佳 pH 之決定

一、目的

(一) 學習化學混凝──瓶杯試驗（Jar test）之操作。

(二) 藉瓶杯試驗求得混凝操作條件之最佳 pH 決定。

(三) 觀察瓶杯試驗中膠羽生成及沉澱情形。

二、相關知識

　　水中若含有濁度、懸浮固體物、有機物膠體、微生物等細小微粒，因顆粒細微、比重較小、作布朗運動且表面常帶有正電荷或負電荷（同性電荷，會形成顆粒與顆粒之排斥力），使微粒呈分散穩定狀態，若藉自然沉澱其需時甚久，不易以沉澱方法去除。

　　液態或固態物質溶於水中，有會呈分散穩定狀態之「膠體（colloids）」者，如：澱粉、蛋白質、奶水、乳化油脂、牛奶、豆（粉）漿、（水性）水泥漆、水泥灰、黏土粒子、火山灰、硫磺粉、肥皂水、樹脂、高分子有機聚合物、微生物體（如藻類、細菌、真菌類、原生動物、浮游生物等）、氫氧化鋁、氫氧化鐵、微細金屬氧化物等。於環境工程之水處理，其或形成「濁度」、或形成「懸浮固體物」，常藉由「混凝→膠凝→沉澱」程序去除之。

　　「混凝（coagulation）」是指於水中加入混凝劑以破壞膠體、微粒間的穩定狀態，使顆粒於彼此接觸時能凝聚成核；「膠凝（flocculation）」則是使凝聚成核之膠體再進一步互相接觸碰撞，再結合形成更大、更重之「膠羽」，而增加膠羽顆粒之沉降速度，以利於沉澱去除。「混凝」→「膠凝」→「沉澱」為水處理工程中一個重要的程序。

　　「混凝」於水中初始加入混凝劑時，需藉快速攪拌以利於混合及反應進行，又稱為快混（rapid mixing）；「膠凝」則是藉慢速攪拌，以增加膠羽間互相接觸碰撞機會，使結合成更大的膠羽，又稱為慢混（slow mixing）。另有於快混後期（段）、膠凝之前添加高分子有機聚合物（polymer）作為「助凝劑（coagulant aid）」者，因 polymer 具黏稠特性，可在水中發揮架橋作用，使膠體凝聚形成更大、更結實之膠羽，可縮短膠凝、沉澱時間。

(一) 混凝機制

　　混凝機制有四：【註 1：詳細請參閱其他有關專書，如「給水工程」、「環境工程化學」等。】

1. 電雙層壓縮

帶電荷之膠體微粒為維持溶液之電中性，於固定層外面吸附有與膠體粒子相反電荷之反離

子（counter-ion），其範圍稱為反離子擴散層（diffuse layer of counter-ion），固定層與反離子擴散層合稱為電雙層（electrical double layer）。

於分散穩定之膠體溶液中，大部分之膠體微粒帶有負電荷，其會吸引帶異性電荷之離子於其表面附近，隨距離增加則異性電荷密度逐漸減少，此即於「膠體微粒」表面四週形成了所謂的「電雙層」；包括了「固定層（近膠體粒子表面所吸附相反電荷之離子層）」與「擴散層（環繞在固定層外圍之帶正、負電荷離子層）」。因膠體微粒間同性之靜電（排斥）力大於凡得瓦力（吸引力），造成膠體微粒彼此無法碰觸之分散穩定狀態。當高離子強度之電解質加入水中時，使得擴散層含有較高濃度之正電離子，因而壓縮了電雙層之厚度，使膠體微粒間之排斥力下降，而使得凝聚之機會增大。

膠體粒子之帶電性可以為正電荷或負電荷，其電荷種類及電荷多少則依膠體物質種類及溶液特性而定。

2. 吸附及電性中和

混凝程序中適當之混凝劑加藥量可因產生與膠體微粒不同電荷之錯離子，其可被吸附於膠體微粒之表面，因具電價中和及吸附作用，而可破壞膠體微粒間的穩定；但混凝劑加藥過量時，產生過量之帶電荷錯離子又會使膠體微粒之帶電性改變，使膠體微粒帶有與帶電荷錯離子相同之電性，如此將造成膠羽微粒之再穩定現象，將不利於混（膠）凝作用。

3. 沉降（澱）絆除

當加入足量之混凝劑（如鋁鹽或鐵鹽）時，使產生氫氧化物〔如氫氧化鋁（$Al(OH)_3$）、氫氧化鐵（$Fe(OH)_3$）〕膠羽顆粒，則部分膠羽微粒會以其顆粒為核心共同形成沉澱物下降，並於膠凝沉澱過程中造成掃曳絆除其他膠羽微粒，形成共沉澱現象。

4. （高分子有機聚合物）吸附架橋作用

「吸附架橋作用」多發生於高分子有機聚合物（又稱聚合電解質，polyelectrolyte）；於聚合物之結構鏈上具有可吸附膠體之活性空位（active sites），藉此空位之一連串吸附及架橋作用，使膠體顆粒形成較大之膠羽，達到混（膠）凝之目的。【註 2：參閱實驗 16】

(二) 混凝劑之硫酸鋁（$Al_2(SO_4)_3 \cdot 18H_2O$）

常被用為混凝劑的電解質多為三價的鋁鹽或鐵鹽；如：硫酸鋁、多元氯化鋁、氯化鐵、硫酸鐵、硫酸亞鐵等。本實驗僅介紹硫酸鋁。

硫酸鋁（$Al_2(SO_4)_3 \cdot 18H_2O$）為水處理中常用之混凝劑，為電解質，溶於水中具壓縮電雙層作用；於處理水中與鹼度物質〔如：氫氧化鈉（NaOH）、氫氧化鈣（$Ca(OH)_2$）、碳酸鈉（Na_2CO_3）、碳酸氫鈉（$NaHCO_3$）、碳酸氫鈣（$Ca(HCO_3)_2$）等〕反應生成氫氧化鋁（$Al(OH)_3$）膠羽及帶正電荷之錯離子。反應可簡化如下：

$$Al_2(SO_4)_{3(s)} + 6NaOH_{(aq)} \rightarrow 2Al(OH)_{3(s)} \downarrow + 3Na_2SO_{4(aq)}$$

$$Al_2(SO_4)_{3(s)} + 3Ca(OH)_{2(aq)} \rightarrow 2Al(OH)_{3(s)} \downarrow + 3CaSO_{4(aq)}$$

$$Al_2(SO_4)_{3(s)} + 3Na_2CO_{3(aq)} + 3H_2O_{(l)} \rightarrow 2Al(OH)_{3(s)} \downarrow + 3Na_2SO_{4(aq)} + 3CO_{2(g)}$$

$$Al_2(SO_4)_{3(s)} + 6NaHCO_{3(aq)} \rightarrow 2Al(OH)_{3(s)} \downarrow + 3Na_2SO_{4(aq)} + 6CO_{2(g)}$$

$$Al_2(SO_4)_{3(s)} + 3Ca(HCO_3)_{2(aq)} \rightarrow 2Al(OH)_{3(s)} \downarrow + 3CaSO_{4(aq)} + 6CO_{2(g)}$$

又鋁離子（Al^{3+}）與水中的氫氧根離子（OH^-）可進行錯合反應，其產生之氫氧化鋁錯合物多為帶正電荷的離子，故可接近帶負電荷的膠體微粒，此為電性中和，可破壞膠體間的穩定而達到混凝的效果。反應式如下：

$$Al^{3+}_{(aq)} + OH^-_{(aq)} \rightarrow AlOH^{2+}_{(aq)}$$

$$AlOH^{2+}_{(aq)} + OH^- \rightarrow Al(OH)_2{}^+_{(aq)}$$

$$Al(OH)_2{}^+ + OH^- \rightarrow Al(OH)_{3(s)}$$

$$Al(OH)_{3(s)} + OH^-_{(aq)} \rightarrow Al(OH)_4{}^-_{(aq)}$$

若水中鹼度物質不足，將會影響氫氧化鋁（$Al(OH)_3$）膠羽（體）之形成，則需適量補充鹼度物質，且其應先於硫酸鋁之前加入；另由反應式中可見，若補充氫氧化鈣（$Ca(OH)_2$）、碳酸氫鈣（$Ca(HCO_3)_2$）會產生硫酸鈣（$CaSO_4$），將會增加處理水之（永久）鈣硬度；但若補充氫氧化鈉（$NaOH$）、碳酸鈉（Na_2CO_3）、碳酸氫鈉（$NaHCO_3$）則不會增加鈣硬度。

氫氧化鋁膠體呈白色絨絮狀（為固體物），於水中沉降時與懸浮膠體微粒接觸，具沉澱絆除作用，共同成為沉澱物沉澱。故以硫酸鋁作為混凝劑，其經由電雙層壓縮、吸附電性中和、沉降（澱）絆除等作用，可澄清處理水之水質。

【註3：因混凝沉澱所產生之化學污泥如何處理？為環境工程之另一課題。】

例1：原水中加入1mg/L硫酸鋁〔$Al_2(SO_4)_3 \cdot 18H_2O$〕時，則

(1) 會消耗原水中之鹼度為？（mg as $CaCO_3$/L）

解：硫酸鋁（$Al_2(SO_4)_3 \cdot 18H_2O$）之莫耳質量 = 666（g/mole）

碳酸鈣$CaCO_3$之莫耳質量 = 100.0（g/mole）

$$Al_2(SO_4)_3 \cdot 18H_2O + 3CaCO_3 + 3H_2O \rightarrow 2Al(OH)_{3(s)} \downarrow + 3CaSO_4 + 3CO_2 + 18H_2O$$

設加入硫酸鋁（$Al_2(SO_4)_3 \cdot 18H_2O$）1mg/L時，會消耗鹼度（碳酸鈣）量為$X_1$（mole/L），則

$X_1 = [(3 \times 1 \times 10^{-3})/666]$（mole $CaCO_3$/L）

$= [(3 \times 1 \times 10^{-3})/666] \times 100.0 \times 1000$（mg $CaCO_3$/L）

$= 0.450$（mg $CaCO_3$/L）

(2) 假設原水中無鹼度，需要補充石灰（氫氧化鈣$Ca(OH)_2$）量為？（mg/L）

解：氫氧化鈣（$Ca(OH)_2$）之莫耳質量 = 74.0（g/mole）

$$Al_2(SO_4)_3 \cdot 18H_2O + 3Ca(OH)_2 \rightarrow 2Al(OH)_{3(s)} \downarrow + 3CaSO_4 + 18H_2O$$

設加入硫酸鋁（$Al_2(SO_4)_3 \cdot 18H_2O$）1mg/L時，需要補充石灰（氫氧化鈣）量為$X_2$（mole/L），則

$X_2 = [(3 \times 1 \times 10^{-3})/666]$（mole $Ca(OH)_2$/L）

$= [(3 \times 1 \times 10^{-3})/666] \times 74.0 \times 1000$（mg $Ca(OH)_2$/L）

$= 0.333$（mg $Ca(OH)_2$/L）

(3) 假設原水中無鹼度，需要補充碳酸鈉量為？（mg/L）

解：碳酸鈉（Na_2CO_3）之莫耳質量 = 105.99（g/mole）

（續下表）

$Al_2(SO_4)_3 \cdot 18H_2O_{(s)} + 3Na_2CO_{3(aq)} \rightarrow 2Al(OH)_{3(s)}\downarrow + 3Na_2SO_{4(aq)} + 3CO_{2(g)} + 15H_2O_{(l)}$

設加入硫酸鋁（$Al_2(SO_4)_3 \cdot 18H_2O$）1mg/L時，需要補充碳酸鈉量為$X_3$（mole/L），則

$X_3 = [(3\times1\times10^{-3})/666]$（mole Na_2CO_3/L）

$= [(3\times1\times10^{-3})/666]\times105.99\times1000$（mg Na_2CO_3/L）

$= 0.477$（mg Na_2CO_3/L）

(4) 處理水中會增加硫酸鹽（SO_4^{2-}）量為？（mg/L）

解：硫酸鹽（SO_4^{2-}）之莫耳質量 = 96.0（g/mole）

碳酸鈣$CaCO_3$之莫耳質量 = 100.0（g/mole）

$Al_2(SO_4)_3 \cdot 18H_2O + 3CaCO_3 + 3H_2O \rightarrow 2Al(OH)_{3(s)}\downarrow + 3CaSO_4 + 3CO_2 + 18H_2O$

設加入硫酸鋁（$Al_2(SO_4)_3 \cdot 18H_2O$）1mg/L時，會產生硫酸鹽（$SO_4^{2-}$）量為$X_4$（mole/L），則

$X_4 = [(3\times1\times10^{-3})/666]$（mole SO_4^{2-}/L）

$= [(3\times1\times10^{-3})/666]\times96.0\times1000$（mg SO_4^{2-}/L）

$= 0.432$（mg SO_4^{2-}/L）

(三) 混凝、膠凝、沉澱之影響因子

會影響「混凝」→「膠凝」→「沉澱」程序效果之因子有：原水的水質（pH 值、濁度、懸浮固體物、陰、陽離子的物質組成及濃度）、操作之 pH、混凝劑種類、加藥量、鹼度物質、攪拌速度與時間、溫度等。另有添加「助凝劑」以幫助混凝效果者。

1. pH之影響

硫酸鋁（混凝劑）加入後，其所形成氫氧化鋁（$Al(OH)_3$）膠羽之溶解度、鋁離子（Al^{3+}）會與氫氧根離子（OH^-）形成錯合物，於混凝程序中會消耗大量的鹼度，此時 pH 即成為一重要之影響因子。溶液偏酸（低 pH）則氫氧化鋁 $Al(OH)_3$ 膠羽會溶解【與 H^+ 反應，產生鋁離子、水，$Al(OH)_{3(s)}+3H^+_{(aq)} \rightarrow Al^{3+}_{(aq)} + 3H_2O_{(l)}$】；偏鹼（高 pH）則氫氧化鋁（$Al(OH)_3$）膠羽亦會溶解【與 OH^- 進行錯合反應，產生氫氧化鋁錯合物，$Al(OH)_{3(s)}+ OH^-_{(aq)} \rightarrow Al(OH)_4^-_{(aq)}$】。一般而言，硫酸鋁混凝其較適宜之 pH 值約於 5.5～$\boxed{7.2\sim7.8}$～8.0 之間。對於不同來源、特性之「水」，其所含膠體微粒特性自是不同，適合混凝操作之 pH 亦不盡相同，此可藉瓶杯試驗尋求適當之 pH 操作範圍。

2. 攪拌速度

攪拌速度亦會影響混凝、膠凝效果；初始加入混凝劑時，為溶解、擴散混凝劑並破壞膠體間的穩定，需用較快之速度攪拌（快混）；而後膠凝則是藉慢速攪拌，增加膠羽間互相接觸碰撞機會，使結合成更大、更重之膠羽（慢混），此時若攪拌速度過快，會將已形成之大膠羽破壞碎裂。

(四) 瓶杯試驗（Jar test）

對於不同來源、特性之「水」，其所含膠體微粒特性自是不同，如何尋求混（膠）凝之最佳操作條件呢（操作之 pH、混凝劑種類及加藥量、鹼度物質、攪拌速度與時間、溫度、助凝劑種類及加藥量）？此常藉進行「瓶杯試驗」求得（圖 1 為瓶杯試驗機示意）。瓶杯試驗可用於評估上述因子對「混凝」→「膠凝」→「沉澱」之影響，尋求適當之混凝、膠凝操作條件，並評估混凝效果。

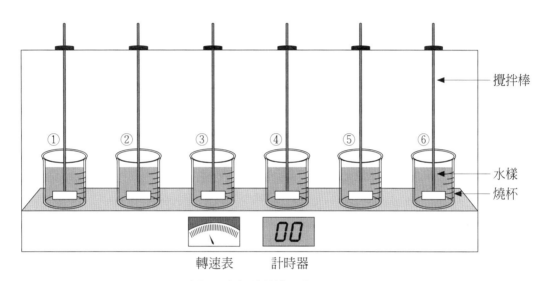

圖1：瓶杯試驗機示意

混凝沉澱之程序，可分為四個步驟：1. 化學藥品（混凝劑）之注入；2. 藥品之混合（快混），將加入原水之混凝劑或助凝劑快速混合，使其充分且均勻與水分子接觸；3. 膠凝作用（慢混），為緩和之攪拌，藉速度差之動力及適當之接觸時間，使膠羽長成增大，並彼此結合成較粗大之膠羽；4. 沉澱，俟膠羽沉澱後移除之。

「瓶杯試驗」之操作步驟參見四、實驗步驟。

本實驗在學習瓶杯試驗之操作，並藉其求得最佳混凝操作條件（最佳 pH、最佳加藥量、助凝劑加藥量）並觀察膠羽生成及沉澱情形。

例2：學生進行「混凝膠凝沉澱實驗──最佳pH之決定」，結果記錄計算如下表：

混凝膠凝沉澱實驗－最佳pH之決定						
① 原水樣之pH值	**7.99**					
② 原水樣之濁度（NTU）	784					
③ 燒杯編號	1	2	3	4	5	6
④ 調整後水樣pH值	3.93	5.00	6.03	**7.01**	7.99	8.96
⑤ （瓶杯試驗）水樣體積（L）	1.0	1.0	1.0	1.0	1.0	1.0
⑥ 硫酸鋁溶液添加量（cc）【10mg $Al_2(SO_4)_3 \cdot 16{\sim}18H_2O$/cc】	5.0	5.0	5.0	5.0	5.0	5.0

（續下表）

⑦	硫酸鋁加藥量（mg/L）	50	50	50	50	50	50
⑧	上澄液濁度（NTU）	38.0	41.7	20.6	9.16	11.6	11.4
⑨	濁度去除率（%）【〔(②－⑧)/②〕×100%】	95.2	94.7	97.4	**98.8**	98.5	98.5
⑩	選定最佳pH（寫出）				**7.01**		

於方格紙繪出pH（X軸）－濁度去除率（Y軸）關係圖？

解：

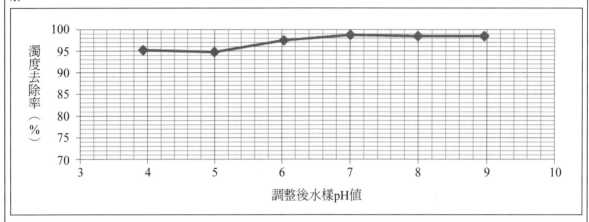

評析：就濁度去除率數值而言，於pH = 7.01時，濁度去除率 = 98.8%為最大。但就實務而言，原水樣之pH為7.99，而其濁度去除率 = 98.5%，兩者差異不大；故若原水樣之pH = 7.99時，且經混凝處理後上澄液之濁度能符合水質需求，則最佳pH以7.99為宜，此並不需調整水樣之pH，可節省加藥費用。

三、器材與藥品

1.瓶杯試驗機	2.高嶺土（kaolinite）	3.pH計	4.標準緩衝溶液
5.濁度計	6.刻度吸管（安全吸球）	7.塑膠滴管	8.量筒
9.15L塑膠水桶	10.1000cc燒杯	11.磁攪拌器	12.磁攪拌子

13.配製6N（6M）氫氧化鈉（NaOH）溶液500cc：取1000cc燒杯，置入約400cc試劑水；秤取120g之NaOH入燒杯，攪拌使完全溶解，再加入試劑水至500cc後拌勻，冷卻至室溫後，置塑膠容器中。

14.配製1N（1M）氫氧化鈉（NaOH）溶液500cc：取1000cc燒杯，置入約400cc試劑水；另取83.3cc6M NaOH溶液入燒杯，攪拌使均勻，再加入試劑水至500cc後拌勻，冷卻至室溫後，置塑膠容器中。

15.配製6N（3M）硫酸（H_2SO_4）溶液500cc：取1000cc燒杯，置入約400cc試劑水；另取81.5cc濃硫酸（98%），沿燒杯內壁緩緩加入，再加入試劑水至500cc後拌勻，冷卻至室溫後，移至已標示溶液名稱、濃度、配製日期、配製人員姓名之容器中。

【註4】注意：強酸稀釋時，應將強酸加入水中；嚴禁將水加入強酸中。實驗室之濃硫酸（H_2SO_4）約為98%，為強酸，外觀透明無色，溶液及蒸氣極具腐蝕性，開瓶、操作時應戴安全手套，並於抽氣櫃內操作。

16.配製1N（0.5M）硫酸（H_2SO_4）溶液500cc：取1000cc燒杯，內裝約300cc試劑水；另取83.4cc3M H_2SO_4溶液，沿燒杯內壁緩緩加入，再加入試劑水至500cc後拌勻，冷卻至室溫後，移至已標示溶液名稱、濃度、配製日期、配製人員姓名之容器中。

17.配製10mg/cc硫酸鋁（$Al_2(SO_4)_3 \cdot 16{\sim}18H_2O$）溶液1000cc：秤取10.0g $Al_2(SO_4)_3 \cdot 16{\sim}18H_2O$，以自來水溶解、稀釋至1000cc備用；得每1cc硫酸鋁溶液含有10mg $Al_2(SO_4)_3 \cdot 16{\sim}18H_2O$。

四、實驗步驟、結果記錄與計算

(一) 配製人工水樣〔高嶺土（kaolinite）懸濁液600mg/L，10L〕

1. 高嶺土需要量 = 600(mg/L)×10(L)=6000(mg) = 6.00(g)。
2. 取 10～15L 塑膠水桶，另秤取高嶺土 6.00g，傾入自來水中攪拌均勻，配成 10L 人工水樣備用。
3. 測此人工水樣之 pH 值、濁度（或懸浮固體物 S.S.），記錄之。
   【註 5：為縮短實驗時間，建議測定濁度即可。】

	項　　目	記　　錄
①	高嶺土量（g）	
②	人工水樣體積（L）	
③	人工水樣之高嶺土懸濁液濃度（mg/L）	
④	人工水樣之pH值	
⑤	人工水樣之濁度（NTU）	

(二) 瓶杯試驗之混凝劑加藥量初估（預備試驗）

1. 取 3 個 1000cc 燒杯，各置入人工水樣 1000cc，調整 pH 於 7 附近。【註 6：取水樣時應充分攪拌均勻。】
2. 將 3 個燒杯置瓶杯試驗機上，由少而多加入不同劑量之硫酸鋁（建議硫酸鋁溶液分別加入 3、5、7cc；即加藥量各為：30、50、70mg/L），以 100rpm 快速攪拌 1～2 分鐘，30rpm 慢速攪拌 3～5 分鐘，目視觀察膠羽生成情形以評估初步較佳之混凝劑量，記錄之。
3. 選定初步較佳之混凝劑量。

項　　目	硫酸鋁（$Al_2(SO_4)_3 \cdot 16\text{～}18H_2O$）加藥量		
	30（mg/L）	50（mg/L）	70（mg/L）
膠羽顆粒生成情形（微細、小、中、大）			

【註 7】為方便計，硫酸鋁加藥量以 $Al_2(SO_4)_3 \cdot 16\text{～}18H_2O$ 計（含結晶水之量）。

(三) 瓶杯試驗之最佳pH決定

1. 取 6 個 1000cc 燒杯，各置入人工水樣 1000cc，燒杯編號依序為：1、2、3、4、5、6。【註 8：取水樣時應充分攪拌均勻。】
2. 以塑膠滴管取 6N（或 1N）之 H_2SO_4（或 NaOH）溶液調整人工水樣之 pH（並配合以磁攪拌器攪拌之），依燒杯編號使 pH 分別為：4±0.1、5±0.1、6±0.1、7±0.1、8±0.1、

9±0.1：記錄之。【註 9：以 6N 濃度粗調，以 1N 濃度微調。】

3. 將調好 pH 之 6 個燒杯依序置瓶杯試驗機上（如圖 1. 所示），再將 (二) 預備試驗所選定之初步較佳混凝劑量加入各燒杯中。

4. 以 100rpm 快速攪拌 1～2 分鐘，30rpm 慢速攪拌 3～5 分鐘；期間觀察各燒杯內膠羽生成情形，記錄之。【註 10：若時間不足，可調整為：100rpm 快混 1 分鐘、30rpm 慢混 3 分鐘、沉澱 20 分鐘。】

5. 攪拌結束，緩緩抽出攪拌棒（勿擾動破壞形成之膠羽），水樣靜置沉澱 30 分鐘，並觀察各燒杯膠羽顆粒大小及沉降情形；記錄之。

6. 以吸管吸取上澄液測定濁度（或懸浮固體物 S.S.），將結果記錄、計算於下表，選定最佳操作 pH。【註 11：為縮短實驗時間，建議測定濁度即可。】

混凝膠凝沉澱實驗－最佳pH之決定							
①	原（人工）水樣之pH						
②	原（人工）水樣之濁度（NTU）						
③	燒杯編號	1	2	3	4	5	6
④	調整後水樣pH值						
⑤	（瓶杯試驗）水樣體積（L）						
⑥	硫酸鋁溶液添加量（cc）【10mg $Al_2(SO_4)_3 \cdot 16～18H_2O$/cc】						
⑦	硫酸鋁加藥量（mg/L）						
⑧	膠羽出現時間（快、中、慢）						
⑨	膠羽顆粒大小（大、中、小、微細）						
⑩	膠羽沉降情形（快、中、慢）						
⑪	上澄液濁度（NTU）						
⑫	濁度去除率（%）【註12】						
⑬	選定最佳pH（寫出）						

【註 12】濁度去除率（%）＝〔(原水樣濁度－上澄液濁度)／原水樣濁度〕×100%

7. 於方格紙繪出 pH（X 軸）－濁度去除率（Y 軸）關係圖

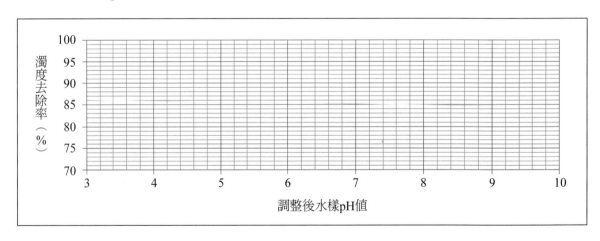

五、心得與討論

實驗 15：混凝膠凝沉澱實驗 ── 最佳（混凝劑）加藥量之決定

一、目的

(一) 學習化學混凝──瓶杯試驗（Jar test）之操作。

(二) 藉瓶杯試驗求得混凝操作條件之最佳加藥量決定。

(三) 觀察瓶杯試驗中膠羽生成及沉澱情形。

二、相關知識

請參閱「實驗 14：混凝膠凝沉澱實驗──最佳 pH 之決定」中之「二、相關知識」，有關「混凝機制」中之「電雙層壓縮」、「吸附及電性中和」及「沉降（澱）絆除」。

混凝程序中適當之混凝劑加藥量，可因產生與膠體微粒不同電荷之錯離子，其可被吸附於膠體微粒之表面，因具電價中和及吸附作用，而可破壞膠體微粒間的穩定；但混凝劑加藥過量時，產生過量之帶電荷錯離子又會使膠體微粒之帶電性改變，使膠體微粒帶有與帶電荷錯離子相同之電性，如此將造成膠羽微粒之再穩定現象，將不利於混（膠）凝作用。

硫酸鋁（$Al_2(SO_4)_3 \cdot 18H_2O$）為水處理中常用之混凝劑，為電解質，溶於水中具壓縮電雙層作用；於處理水中與鹼度物質〔如：氫氧化鈉（$NaOH$）、氫氧化鈣（$Ca(OH)_2$）、碳酸鈉（Na_2CO_3）、碳酸氫鈉（$NaHCO_3$）、碳酸氫鈣（$Ca(HCO_3)_2$）等〕生成氫氧化鋁（$Al(OH)_3$）膠羽及帶正電荷之錯離子。反應可簡化如下：

$$Al_2(SO_4)_{3(s)} + 6NaOH_{(aq)} \rightarrow 2Al(OH)_{3(s)} \downarrow + 3Na_2SO_{4(aq)}$$

$$Al_2(SO_4)_{3(s)} + 3Ca(OH)_{2(aq)} \rightarrow 2Al(OH)_{3(s)} \downarrow + 3CaSO_{4(aq)}$$

$$Al_2(SO_4)_{3(s)} + 3Na_2CO_{3(aq)} + 3H_2O_{(l)} \rightarrow 2Al(OH)_{3(s)} \downarrow + 3Na_2SO_{4(aq)} + 3CO_{2(g)}$$

$$Al_2(SO_4)_{3(s)} + 6NaHCO_{3(aq)} \rightarrow 2Al(OH)_{3(s)} \downarrow + 3Na_2SO_{4(aq)} + 6CO_{2(g)}$$

$$Al_2(SO_4)_{3(s)} + 3Ca(HCO_3)_{2(aq)} \rightarrow 2Al(OH)_{3(s)} \downarrow + 3CaSO_{4(aq)} + 6CO_{2(g)}$$

又鋁離子（Al^{3+}）與水中的氫氧根離子（OH^-）可進行錯合反應，其產生之氫氧化鋁錯合物多為帶正電荷的離子，故可接近帶負電荷的膠體微粒，此為電性中和，可破壞膠體間的穩定而達到混凝的效果。反應式如下：

$$Al^{3+}_{(aq)} + OH^-_{(aq)} \rightarrow AlOH^{2+}_{(aq)}$$

$$AlOH^{2+}_{(aq)} + OH^- \rightarrow Al(OH)_2^+_{(aq)}$$

$$Al(OH)_2^+ + OH^- \rightarrow Al(OH)_{3(s)}$$

$$Al(OH)_{3(s)} + OH^-_{(aq)} \rightarrow Al(OH)_4^-_{(aq)}$$

另有關混凝劑加藥量之多寡，一般而言「適當」之加藥量即可達一定的效果，但若加入

過量混凝劑，除浪費藥品外，亦會形成過多沉澱膠羽而產生大量污泥，亦可能產生過量帶正電荷之錯合物，使得膠體有「再穩定」現象，將造成混凝沉澱效果不佳（即處理水中之濁度或懸浮固體物又回復穩定狀態）。

例1：原水中加入硫酸鋁（$Al_2(SO_4)_3 \cdot 18H_2O$）1mg/L時，則

(1) 會消耗原水中之鹼度為？（mg as $CaCO_3$/L）

解：硫酸鋁（$Al_2(SO_4)_3 \cdot 18H_2O$）之莫耳質量 = 666（g/mole）

碳酸鈣$CaCO_3$之莫耳質量 = 100.0（g/mole）

$Al_2(SO_4)_3 \cdot 18H_2O + 3CaCO_3 + 3H_2O \rightarrow 2Al(OH)_{3(s)} \downarrow + 3CaSO_4 + 3CO_2 + 18H_2O$

設加入硫酸鋁（$Al_2(SO_4)_3 \cdot 18H_2O$）1mg/L時，會消耗鹼度（碳酸鈣）量為$X_1$（mole/L），則

$X_1 = [(3 \times 1 \times 10^{-3})/666]$（mole $CaCO_3$/L）

$= [(3 \times 1 \times 10^{-3})/666] \times 100.0 \times 1000$（mg $CaCO_3$/L）

$= 0.450$（mg $CaCO_3$/L）

(2) 假設原水中無鹼度，需要補充石灰（氫氧化鈣）量為？（mg/L）

解：氫氧化鈣（$Ca(OH)_2$）之莫耳質量 = 74.0（g/mole）

$Al_2(SO_4)_3 \cdot 18H_2O + 3Ca(OH)_2 \rightarrow 2Al(OH)_{3(s)} \downarrow + 3CaSO_4 + 18H_2O$

設加入硫酸鋁（$Al_2(SO_4)_3 \cdot 18H_2O$）1mg/L時，需要補充石灰（氫氧化鈣）量為$X_2$（mole/L），則

$X_2 = [(3 \times 1 \times 10^{-3})/666]$（mole $Ca(OH)_2$/L）

$= [(3 \times 1 \times 10^{-3})/666] \times 74.0 \times 1000$（mg $Ca(OH)_2$/L）

$= 0.333$（mg $Ca(OH)_2$/L）

(3) 假設原水中無鹼度，需要補充碳酸鈉量為？（mg/L）

解：碳酸鈉（Na_2CO_3）之莫耳質量 = 105.99（g/mole）

$Al_2(SO_4)_{3} \cdot 18H_2O_{(s)} + 3Na_2CO_{3(aq)} \rightarrow 2Al(OH)_{3(s)} \downarrow + 3Na_2SO_{4(aq)} + 3CO_{2(g)} + 15H_2O_{(l)}$

設加入硫酸鋁（$Al_2(SO_4)_3 \cdot 18H_2O$）1mg/L時，需要補充碳酸鈉量為$X_3$（mole/L），則

$X_3 = [(3 \times 1 \times 10^{-3})/666]$（mole Na_2CO_3/L）

$= [(3 \times 1 \times 10^{-3})/666] \times 105.99 \times 1000$（mg Na_2CO_3/L）

$= 0.477$（mg Na_2CO_3/L）$\fallingdotseq 0.50$（mg Na_2CO_3/L）

(4) 處理水中會增加硫酸鹽（SO_4^{2-}）量為？（mg/L）

解：硫酸鹽（SO_4^{-2}）之莫耳質量 = 96.0（g/mole）

碳酸鈣$CaCO_3$之莫耳質量 = 100.0（g/mole）

$Al_2(SO_4)_3 \cdot 18H_2O + 3CaCO_3 + 3H_2O \rightarrow 2Al(OH)_{3(s)} \downarrow + 3CaSO_4 + 3CO_2 + 18H_2O$

設加入硫酸鋁（$Al_2(SO_4)_3 \cdot 18H_2O$）1mg/L時，會產生硫酸鹽（$SO_4^{-2}$）量為$X_4$（mole/L），則

$X_4 = [(3 \times 1 \times 10^{-3})/666]$（mole SO_4^{2-}/L）

$= [(3 \times 1 \times 10^{-3})/666] \times 96.0 \times 1000$（mg SO_4^{-2}/L）

$= 0.432$（mg SO_4^{2-}/L）

本實驗仍以「瓶杯試驗」之操作步驟進行，先將原水樣 pH 調整為「實驗 14」所得之最佳 pH，再求得混凝劑最佳加藥量並觀察膠羽生成及沉澱情形。

例2：學生進行「混凝膠凝沉澱實驗－最佳（混凝劑）加藥量決定」，結果記錄計算如下表：

瓶杯試驗之最佳（混凝劑）加藥量決定	
① 原（人工）水樣之pH	7.95
② 調整後人工水樣之pH值【最佳pH】	7.95

（續下表）

③	原（人工）水樣之濁度（NTU）	562					
④	燒杯編號	1	2	3	4	5	6
⑤	（瓶杯試驗）水樣體積（L）	1.0	1.0	1.0	1.0	1.0	1.0
⑥	（鹼度）碳酸鈉（Na_2CO_3）加藥量（mg/L）	0	20	30	40	50	60
⑦	硫酸鋁加藥量（mg/L）	0	40	60	80	100	120
⑧	上澄液濁度（NTU）	139	16.4	10.0	6.39	5.36	5.68
⑨	濁度去除率（%）	75.3	97.1	98.2	98.9	99.0	99.0
⑩	選定（硫酸鋁）最佳加藥量（mg/L）（寫出）					100	

【註1】

(1)碳酸鈉溶液濃度為10mg Na_2CO_3/cc，硫酸鋁溶液濃度為10mg $Al_2(SO_4)_3 \cdot 16\sim18H_2O$/cc。

(2)濁度去除率（%）＝〔(原水樣濁度 − 上澄液濁度) / 原水樣濁度〕×100%

於方格紙繪出硫酸鋁加藥量（X軸）－濁度去除率（Y軸）關係圖？

解：

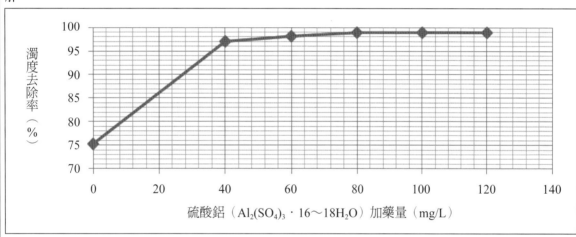

評析：就濁度去除率數值而言，於硫酸鋁加藥量為100mg/L時，濁度去除率＝99.0%為最大。但就實務而言，若硫酸鋁加藥量為60mg/L或80mg/L時，而其濁度去除率分別為98.2%、98.9%，差異皆不大；故若原水樣之濁度為562NTU時，且經混凝處理後上澄液之濁度能符合水質需求，則混凝劑硫酸鋁最佳加藥量以60mg/L或80mg/L為宜，此可節省加藥費用。

三、器材與藥品

1.瓶杯試驗機	2.高嶺土（kaolinite）	3.pH計	4.標準緩衝溶液
5.濁度計	6.刻度吸管（安全吸球）	7.塑膠滴管	8.量筒
9.15L塑膠水桶	10.1000cc燒杯	11.磁攪拌器	12.磁攪拌子
13.配製6N（6M）氫氧化鈉（NaOH）溶液500cc：取1000cc燒杯，置入約400cc試劑水；秤取120g之NaOH入燒杯，攪拌使完全溶解，再加入試劑水至500cc後拌勻，冷卻至室溫後，置塑膠容器中。			
14.配製1N（1M）氫氧化鈉（NaOH）溶液500cc：取1000cc燒杯，置入約400cc試劑水；另取83.3cc 6M NaOH溶液入燒杯，攪拌使均勻，再加入試劑水至500cc後拌勻，冷卻至室溫後，置塑膠容器中。			

（續下表）

15.配製6N（3M）硫酸（H_2SO_4）溶液500cc：取1000cc燒杯，置入約400cc試劑水；另取81.5cc濃硫酸（98%），沿燒杯內壁緩緩加入，再加入試劑水至500cc後拌勻，冷卻至室溫後，移至已標示溶液名稱、濃度、配製日期、配製人員姓名之容器中。

【註2：注意：強酸稀釋時，應將強酸加入水中；嚴禁將水加入強酸中。實驗室之濃硫酸（H_2SO_4）約為98%，為強酸，外觀透明無色，溶液及蒸氣極具腐蝕性，開瓶、操作時應戴安全手套，並於抽氣櫃內操作。】

16.配製1N（0.5M）硫酸（H_2SO_4）溶液500cc：取1000cc燒杯，內裝約300cc試劑水；另取83.4cc 3M H_2SO_4溶液，沿燒杯內壁緩緩加入，再加入試劑水至500cc後拌勻，冷卻至室溫後，移至已標示溶液名稱、濃度、配製日期、配製人員姓名之容器中。

17.配製10mg/cc硫酸鋁（$Al_2(SO_4)_3 \cdot 16\sim18H_2O$）溶液1000cc：秤取10.0g $Al_2(SO_4)_3 \cdot 16\sim18H_2O$，以自來水溶解、稀釋至1000cc備用；得每1cc硫酸鋁溶液含有10mg $Al_2(SO_4)_3 \cdot 16\sim18H_2O$。

18.配製10mg/cc碳酸鈉（Na_2CO_3）溶液1000cc【補充鹼度用】：秤取10.0g Na_2CO_3溶解於試劑水，配成1000cc即得。

四、實驗步驟、結果記錄與計算

(一) 配製人工水樣〔高嶺土（kaolinite）懸濁液600mg/L，7L〕

1. 高嶺土需要量 = 600(mg/L)×7(L) = 4200(mg) = 4.20(g)。
2. 取 10～15L 塑膠水桶，另秤取高嶺土 4.20g，傾入自來水中攪拌均勻，配成 7L 人工水樣備用。
3. 測此人工水樣之 pH 值、濁度（或懸浮固體物 S.S.），記錄之。
   【註 3：(1) 取水樣時應充分攪拌均勻。(2) 為縮短實驗時間，建議測定濁度即可。】

	項　目	記　錄
①	高嶺土量（g）	
②	人工水樣體積（L）	
③	人工水樣之高嶺土懸濁液濃度（mg/L）	
④	人工水樣之pH值	
⑤	人工水樣之濁度（NTU）	

(二) 瓶杯試驗之最佳（混凝劑）加藥量決定

1. 以塑膠滴管取 H_2SO_4 或 NaOH 溶液調整人工水樣之 pH（並以玻棒或勺子攪拌之），至「實驗 14：混凝膠凝沉澱實驗 —— 最佳 pH 之決定」所得之最佳 pH：_____，記錄之。【註 4：以 6N 濃度粗調，以 1N 濃度微調。】
2. 取 6 個 1000cc 燒杯，各置入人工水樣 1000cc。【註 5：取水樣時應充分攪拌均勻。】

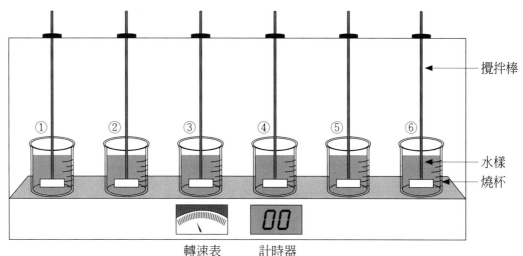

攪拌棒

水樣
燒杯

轉速表　計時器
瓶杯試驗機示意

3. 將 6 個燒杯置瓶杯試驗機上，依序編號：1、2、3、4、5、6。

4. 依下表，燒杯中依序加入碳酸鈉（Na_2CO_3）補充鹼度；再依序加入不同硫酸鋁（$Al_2(SO_4)_3$·16～18H_2O）（混凝劑）之加藥量：

①	燒杯編號	1	2	3	**4**	5	6
②	（鹼度）碳酸鈉（Na_2CO_3）溶液添加量（cc）	0	2	3	**4**	5	6
③	（鹼度）碳酸鈉（Na_2CO_3）加藥量（mg/L）	0	20	30	**40**	50	60
④	（混凝劑）硫酸鋁溶液添加量（cc）	0	4	6	**8**	10	12
⑤	（混凝劑）硫酸鋁加藥量（mg/L）	0	40	60	**80**	100	120

【註6】

1. 以碳酸鈉溶液（10mg Na_2CO_3/cc）補充鹼度。【假設人工水樣鹼度極低；由例 1. 可知 1mg $Al_2(SO_4)_3$·18H_2O 約需 0.50mg Na_2CO_3】

2. 硫酸鋁溶液濃度為 10mg $Al_2(SO_4)_3$·16～18H_2O/cc。為方便計，硫酸鋁加藥量以 $Al_2(SO_4)_3$·16～18H_2O 計（含結晶水之量）。

3. 混凝劑加藥量原則以編號 4 為中心，往左遞減加藥量，往右遞增加藥量。

4. 編號 1 之燒杯，不添加碳酸鈉（鹼度）、硫酸鋁（混凝劑），作為對照比較用。

5. 本次實驗做完後，可再重做一次更精確之加藥量實驗。

6. 因加藥量所增加之體積予忽略不計。

7. 增加混凝劑加藥量，濁度去除率未必增加。

5. 以 100rpm 快速攪拌 1～2 分鐘，30rpm 慢速攪拌 3～5 分鐘；觀察各燒杯內膠羽生成情形，記錄之。

6. 攪拌結束，緩緩抽出攪拌棒（勿擾動破壞形成之膠羽），水樣靜置沉澱 30 分鐘，並觀察各燒杯膠羽顆粒大小及沉降情形，記錄之。

7. 以吸管吸取上澄液測定濁度（或懸浮固體物 S.S.），將結果記錄、計算於下表，選定最佳加藥量。【註 7：為縮短實驗時間，建議測定濁度即可。】

瓶杯試驗之最佳（混凝劑）加藥量決定							
①	原（人工）水樣之pH						
②	調整後人工水樣之pH值【實驗14所得之最佳pH】						
③	原（人工）水樣之濁度（NTU）						
④	燒杯編號	1	2	3	4	5	6
⑤	（瓶杯試驗）水樣體積（L）	1.0	1.0	1.0	1.0	1.0	1.0
⑥	（鹼度）碳酸鈉（Na_2CO_3）加藥量（mg/L）						
⑦	硫酸鋁（$Al_2(SO_4)_3 \cdot 18H_2O$）加藥量（mg/L）						
⑧	膠羽出現時間（快、中、慢）						
⑨	膠羽顆粒大小（大、中、小、微細）						
⑩	膠羽沉降情形（快、中、慢）						
⑪	上澄液濁度（NTU）						
⑫	濁度去除率（%）						
⑬	選定（硫酸鋁）最佳加藥量（mg/L）（寫出）						

【註8】濁度去除率（%）＝〔(原水樣濁度－上澄液濁度)／原水樣濁度〕×100%

8.於方格紙繪出硫酸鋁加藥量（X軸）－濁度去除率（Y軸）關係圖

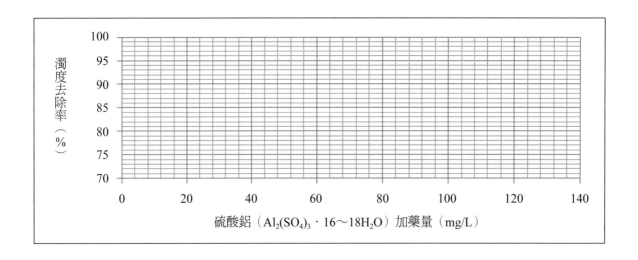

五、心得與討論

實驗 16：混凝膠凝沉澱實驗 — 助凝劑之添加

一、目的

(一) 學習化學混凝——瓶杯試驗（Jar test）之操作。

(二) 化學混凝過程中，觀察助凝劑之添加對膠羽生成及沉澱情形。

(三) 藉瓶杯試驗求得助凝劑之最佳加藥量。

二、相關知識

化學混凝過程中，添加助凝劑之目的為：1. 補足原水中之鹼度，2. 增加原水中之微粒子，以促進膠羽之生成，3. 促使膠羽增大及強度，加速沉澱。

助凝劑之添加需視原水水質而定，必要時選用適當之助凝劑可以增加混凝效果，減少混凝劑用量。一般使用之助凝劑有碳酸鈉、碳酸氫鈉、氫氧化鈣、氫氧化鈉、碳酸鈣、矽酸鈉、黏土、高分子有機聚合物（organic polymer）等。

本實驗係選用「高分子有機聚合物」於化學混凝過程，作為助凝劑之添加，以促進膠羽之生成，並使膠羽顆粒及強度均增大而加速沉澱。

高分子有機聚合物可分為：聚合電解質（陰離子型、陽離子型、兩性離子型）、非離子型聚合物。做為助凝劑，其與鋁鹽、鐵鹽之混凝劑併用，可促進膠羽之形成及強度，加速沉澱。高分子有機聚合物種類甚多，其膠凝能力與膠羽顆粒表面結合能力、聚合物分子量與分枝程度、溶液 pH 值、水中二價陽離子（如 Ca^{2+}、Mg^{2+}）濃度、水中離子強度、水解程度等有關；做為助凝劑使用，需先試驗其加藥量及效果，並需考慮處理費用及毒性問題方可決定。

高分子有機聚合物做為助凝劑，係破壞膠體粒子之穩定性，其作用機制有電雙層作用、聚合物之吸附及電價中和、聚合物反應基與膠羽間之交互作用、聚合物之吸附及架橋作用。吸附及架橋作用係發生於長鏈且帶電之高分子有機聚合物上，利用聚合物結構鏈上具有可吸附膠體之活性空位，於兩個或多個膠體粒子間形成架橋作用，藉此活性空位之一連串吸附及架橋作用形成較大之膠羽，而達到混（膠）凝之目的。圖 1 所示為高分子有機聚合物破壞膠體穩定之吸附及架橋作用模式。

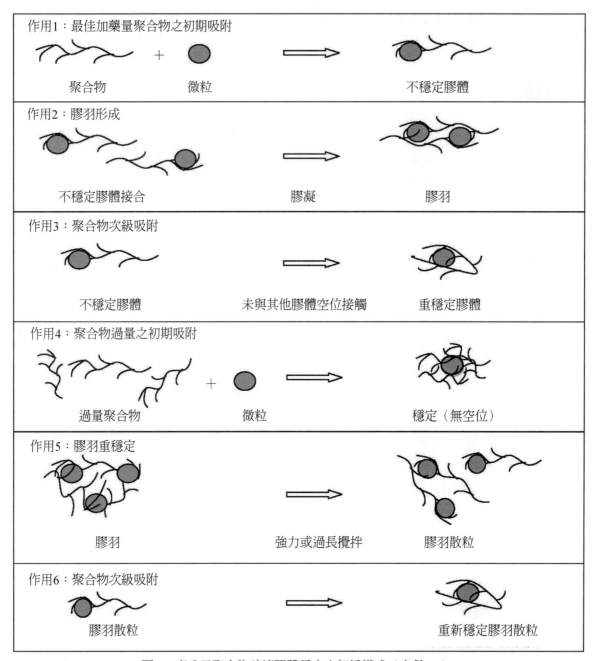

圖 1：高分子聚合物破壞膠體穩定之架橋模式（文獻 22）

　　由模式圖中可知，添加過量之高分子有機聚合物、攪拌速度過大、攪拌時間過久，皆可能造成「膠體再穩定」，將不利於混（膠）凝及沉澱。

　　行政院環境保護署公告（87 年 3 月 31 日環署毒字第 0018624 號）：公告「聚丙烯醯胺」、「聚氯化己二烯二甲基胺」、「氯甲基一氧三環二甲基胺聚合物」為飲用水水質處理藥劑。其相關資料如表 1 所示。

表1：聚丙烯醯胺、聚氯化己二烯二甲基胺、氯甲基一氧三環二甲基胺聚合物為飲用水水質處理藥劑

公告聚丙烯醯胺、聚氯化己二烯二甲基胺、氯甲基一氧三環二甲基胺聚合物為飲用水水質處理藥劑					
飲用水水質處理藥劑	聚丙烯醯胺		聚氯化己二烯二甲基胺		氯甲基一氧三環二甲基胺聚合物
藥劑編號	017		018		019
藥劑名稱	中文	聚丙烯醯胺		聚氯化己二烯二甲基胺		氯甲基一氧三環二甲基胺聚合物
	英文	Polyacrylamide(PAM)		Poly(Diallyldimethyl Ammonium Chloride)，〔Poly(DADMAC)〕		Epi-DMA Polyamines (Epichlorohydrin Dimethylamine, Polymer)
分子式		$(C_3H_5NO)_n$		$(C_8H_{16}N \cdot Cl)_n$		$(C_2H_7N \cdot C_3H_5ClO)_n$
品質管制（應符合規定）	項目	品質	項目	品質	項目	品質
	丙烯醯胺（Acrylamide）	500ppm以下	氯化己二烯二甲基胺（Diallyldimethyl Ammonium Chloride）	500ppm以下	氯甲基一氧三環（Epichlorohydrin）	20ppm以下
					1,3-二氯-2-丙醇（1,3-Dichloro-2-Propanol）	1000ppm以下
使用時機	當飲用水水源之原水濁度大於250NTU時，始得使用。					
用量（最大添加劑量）	不得超過1毫克／公升（mg/L）		不得超過10毫克／公升（mg/L）		不得超過20毫克／公升（mg/L）	

「聚丙烯醯胺（polyacrylamide，PAM，$(-[CH_2CH]_nCONH_2-)$）」是由「丙烯醯胺（acrylamide）」單體聚合而成之聚合物，外觀呈白色粉末；於水處理程序中，常被用作「高分子凝集劑」，可發揮吸附架橋作用，達到快速凝聚水中懸浮膠體粒子，使加速沉降；其可做為混凝劑、助凝劑、污泥脫水劑。

聚丙烯醯胺較無危害性，但其可能會含有少量之丙烯醯胺。另聚丙烯醯胺會自然的分解變回丙烯醯胺單體，而丙烯醯胺單體具危害性〔丙烯醯胺30%（Acrylamide）之物質安全資料表危害警告訊息：吞食有害、皮膚接觸有毒、造成皮膚刺激、造成眼睛刺激、可能致癌、懷疑對生育能力或胎兒造成傷害、長期暴露會損害神經系統〕，需小心處理。

本實驗係選用「聚丙烯醯胺」，於化學混凝過程作為助凝劑之添加，以促進膠羽之生成，並使膠羽顆粒及強度均增大而加速沉澱。

【註1：聚丙烯醯胺之純度、離子特性、分子量、溶解度、使用注意事項，應向藥品供應商索取。】

例1：學生進行「混凝膠凝沉澱實驗——助凝劑之添加」，結果記錄計算如下表：

混凝膠凝沉澱實驗——助凝劑之添加							
①	燒杯編號	1	2	3	4	5	6
②	（瓶杯試驗）各水樣體積（L）	1.0					
③	原水樣之濁度（NTU）	501					
④	調整後水樣之pH值【最佳pH】	7.05					

（續下表）

⑤	各水樣（鹼度）碳酸鈉加藥量（mg/L）	40					
⑥	各水樣硫酸鋁加藥量（mg/L） 【最佳混凝劑加藥量】	80					
⑦	助凝劑（聚丙烯醯胺）溶液添加量（cc）	**0**	**0.50**	**1.0**	**2.0**	**4.0**	**6.0**
⑧	助凝劑（聚丙烯醯胺）加藥量（mg/L）	**0**	**0.25**	**0.50**	**1.0**	**2.0**	**3.0**
⑨	上澄液濁度（NTU）	5.24	4.18	5.34	4.05	3.28	3.98
⑩	濁度去除率（%）　　　　　【註2】	99.0	99.2	98.9	99.2	99.3	99.2
⑪	選定（助凝劑）最佳加藥量（mg/L）	0.25					

【註2】濁度去除率（%）＝〔(原水樣濁度－上澄液濁度) / 原水樣濁度〕×100%

於方格紙繪出助凝劑（聚丙烯醯胺）加藥量（X軸）－濁度去除率（Y軸）關係圖？

解：計算結果如上表所示，繪圖如下

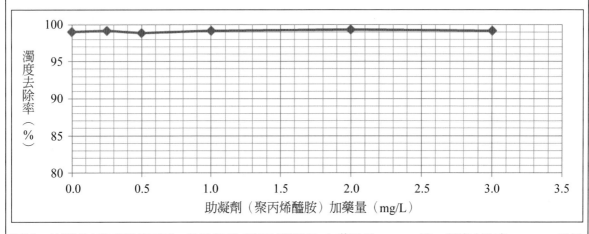

評析：就濁度去除率數值而言，於助凝劑（聚丙烯醯胺）加藥量為2.0mg/L時，濁度去除率＝99.3%為最大。但就實務而言，若以聚丙烯醯胺作為飲用水水質處理藥劑，其用量（最大添加劑量）不得超過1mg/L，故本實驗宜選定加藥量為0.25mg/L，而其濁度去除率為99.2%。就本實驗而言，添加聚丙烯醯胺（助凝劑）於濁度處理，未必能明顯增加濁度去除率，但明顯可以快速促進膠羽之生成，並使膠羽顆粒及強度均增大而加速沉澱，此有助於膠羽顆粒縮短沉降（澱）之時間。

三、器材與藥品

1.瓶杯試驗機	2.高嶺土（kaolinite）	3.pH計	4.標準緩衝溶液
5.濁度計	6.刻度吸管（安全吸球）	7.塑膠滴管	8.量筒
9.15L塑膠水桶	10.1000cc燒杯	11.磁攪拌器	12.磁石
12.配製6N（6M）氫氧化鈉（NaOH）溶液500cc：取1000cc燒杯，置入約400cc試劑水；秤取120g之NaOH入燒杯，攪拌使完全溶解，再加入試劑水至500cc後拌勻，冷卻至室溫後，置塑膠容器中。			
13.配製1N（1M）氫氧化鈉（NaOH）溶液500cc：取1000cc燒杯，置入約400cc試劑水；另取83.3cc6M NaOH溶液入燒杯，攪拌使均勻，再加入試劑水至500cc後拌勻，冷卻至室溫後，置塑膠容器中。			

（續下表）

14. 配製6N（3M）硫酸（H_2SO_4）溶液500cc：取1000cc燒杯，置入約400cc試劑水；另取81.5cc濃硫酸（98%），沿燒杯內壁緩緩加入，再加入試劑水至500cc後拌勻，冷卻至室溫後，移至已標示溶液名稱、濃度、配製日期、配製人員姓名之容器中。

【註3】注意：強酸稀釋時，應將強酸加入水中；嚴禁將水加入強酸中。實驗室之濃硫酸（H_2SO_4）約為98%，為強酸，外觀透明無色，溶液及蒸氣極具腐蝕性，開瓶、操作時應戴安全手套，並於抽氣櫃內操作。

15. 配製1N（0.5M）硫酸（H_2SO_4）溶液500cc：取1000cc燒杯，內裝約300cc試劑水；另取83.4cc 3M H_2SO_4溶液，沿燒杯內壁緩緩加入，再加入試劑水至500cc後拌勻，冷卻至室溫後，移至已標示溶液名稱、濃度、配製日期、配製人員姓名之容器中。

16. 配製10mg/cc硫酸鋁（$Al_2(SO_4)_3 \cdot 16\sim18H_2O$）溶液1000cc：秤取10.0g $Al_2(SO_4)_3 \cdot 16\sim18H_2O$，以自來水溶解、稀釋至1000cc備用；得每1cc硫酸鋁溶液含有10mg $Al_2(SO_4)_3 \cdot 16\sim18H_2O$。

17. 配製10mg/cc碳酸鈉（Na_2CO_3）溶液1000cc【補充鹼度用】：秤取10.0g碳酸鈉（Na_2CO_3）溶解於試劑水，配成1000cc即得。

18. 配製0.50mg/cc聚丙烯醯胺（polyacrylamide，PAM）溶液1000cc：秤取0.50g聚丙烯醯胺溶解於試劑水，配成1000cc即得。

四、實驗步驟、結果記錄與計算

(一) 配製人工水樣〔高嶺土（kaolinite）懸濁液600mg/L，7L〕

1. 高嶺土需要量 = 600(mg/L)×7(L) = 4200(mg) = 4.20(g)。
2. 取 10～15L 塑膠水桶，另秤取高嶺土 4.20g，傾入自來水中攪拌均勻，配成 7L 人工水樣備用。
3. 測此人工水樣之 pH 值、濁度（或懸浮固體物 S.S.），記錄之。

【註 4：(1) 取水樣時應充分攪拌均勻。(2) 為縮短實驗時間，建議測定濁度即可。】

	項　　目	記　　錄
①	高嶺土量（g）	
②	人工水樣體積（L）	
③	人工水樣之高嶺土懸濁液濃度（mg/L）	
④	人工水樣之pH值	
⑤	人工水樣之濁度（NTU）	

(二) 混凝膠凝沉澱實驗 —— 助凝劑之添加

1. 以塑膠滴管取 H_2SO_4 或 NaOH 溶液調整人工水樣之 pH（並以玻棒或勺子攪拌之），至「實驗 14：混凝膠凝沉澱實驗 —— 最佳 pH 之決定」所得之最佳 pH：_____，記錄之。【註 5：以 6N 濃度粗調，以 1N 濃度微調。】

2. 取 6 個 1000cc 燒杯，各置入人工水樣 1000cc。【註 6：取水樣時應充分攪拌均勻。】

3. 將 6 個燒杯置瓶杯試驗機上，依序編號：1、2、3、4、5、6。

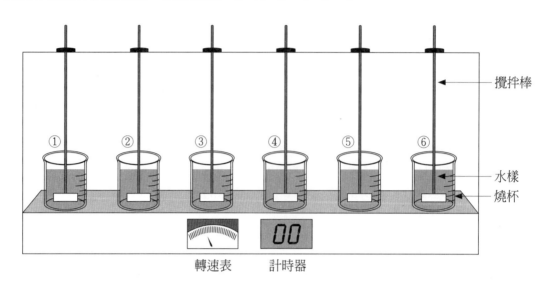

轉速表　　計時器

瓶杯試驗機示意

4. 依「實驗 15：最佳混凝劑加藥量」試驗結果【最佳混凝劑加藥量：_____mg $Al_2(SO_4)_3 \cdot 18H_2O/L$】，計算各燒杯所需添加之碳酸鈉（$Na_2CO_3$）量（補充鹼度），加入並記錄之。【註 7：以碳酸鈉溶液（10mg Na_2CO_3/cc）補充鹼度（假設此人工水樣鹼度極低）。】

5. 於各燒杯中加入「實驗 15：最佳混凝劑加藥量之決定」試驗所得之最佳混凝劑（硫酸鋁）加藥量，記錄之。

6. 以 100rpm 快速攪拌 1 分鐘。

7. 暫停攪拌，添加（聚丙烯醯胺）助凝劑，（建議）加藥量分別如下：

①	燒杯編號	1	2	3	4	5	6
②	調整後人工水樣之pH值【最佳pH】						
③	（瓶杯試驗）各水樣體積（L）			1.0			
④	各水樣（鹼度）碳酸鈉溶液添加量（cc）						
⑤	各水樣（鹼度）碳酸鈉加藥量（mg/L）						
⑥	各水樣硫酸鋁溶液添加量（cc）						
⑦	各水樣硫酸鋁加藥量（mg/L）【實驗15所得之最佳混凝劑加藥量】						
⑧	各水樣助凝劑溶液添加量（cc）	0	0.50	1.0	2.0	4.0	6.0
⑨	各水樣助凝劑加藥量（mg/L）	0	0.25	0.50	1.0	2.0	3.0

【註 8】

1. 編號 1 之燒杯，不添加助凝劑，但仍需加入（鹼度）碳酸鈉（Na_2CO_3）、硫酸鋁（$Al_2(SO_4)_3 \cdot 16 \sim 18H_2O$），作為比較對照用。

2. 碳酸鈉溶液濃度：10mg Na_2CO_3/cc；硫酸鋁溶液濃度：10mg $Al_2(SO_4)_3 \cdot 16 \sim 18H_2O$/cc。

3. 每 1mg $Al_2(SO_4)_3 \cdot 16 \sim 18H_2O$ 約需 0.50mg Na_2CO_3。例如：$Al_2(SO_4)_3 \cdot 16 \sim 18H_2O$ 加藥量為 100mg/L，則 Na_2CO_3 加藥量為 50mg/L。

4. （助凝劑）聚丙烯醯胺（polyacrylamide，PAM）溶液濃度：0.50mg/cc。

8. 再以100rpm 快速攪拌 1 分鐘。【註 9：使助凝劑溶解及擴散。】

9. 以 30rpm 慢速攪拌 3～5 分鐘，並觀察各燒杯內膠羽生成及沉降情形，記錄之。

10. 攪拌結束，緩緩抽出攪拌棒（勿擾動破壞形成之膠羽），將水樣分別靜置沉澱 15 及 30 分鐘，並觀察各燒杯膠羽顆粒大小及沉降情形，記錄之。

11. 以吸管吸取上澄液測定濁度（或懸浮固體物 S.S.），將結果記錄、計算於下表，選定助凝劑最佳加藥量。【註 10：為縮短實驗時間，建議測定濁度即可。】

	混凝膠凝沉澱實驗 ── 助凝劑之添加						
①	燒杯編號	1	2	3	4	5	6
②	（瓶杯試驗）各水樣體積（L）	1.0					
③	原（人工）水樣之濁度（NTU）						
④	調整後人工水樣之pH值【實驗14所得之最佳pH】						
⑤	各水樣（鹼度）碳酸鈉加藥量（mg/L）						
⑥	各水樣硫酸鋁加藥量（mg/L）【實驗15所得之最佳混凝劑加藥量】						
⑦	助凝劑（聚丙烯醯胺）溶液添加量（cc）	0	0.50	1.0	2.0	4.0	6.0
⑧	助凝劑（聚丙烯醯胺）加藥量（mg/L）	0	0.25	0.50	1.0	2.0	3.0
⑨ 膠羽情形	出現時間（快、中、慢）						
	顆粒大小（大、中、小、微細）						
	沉降情形（快、中、慢）						
	目視沉澱膠羽量（多、中、少）						
⑩	靜置沉澱15分鐘上澄液濁度（NTU）						
⑪	（靜置沉澱15分鐘）濁度去除率（%）　　【註11】						
⑫	靜置沉澱30分鐘上澄液濁度（NTU）						
⑬	（靜置沉澱30分鐘）濁度去除率（%）　　【註11】						
⑭	選定（助凝劑）最佳加藥量（mg/L）						

【註 11】濁度去除率（%）＝〔(原水樣濁度－上澄液濁度)／原水樣濁度〕×100%

12. 於方格紙分別繪出靜置沉澱 15（▲）及 30（●）分鐘（分別標示）之助凝劑（聚丙烯醯胺）加藥量（X軸）－濁度去除率（Y軸）關係圖

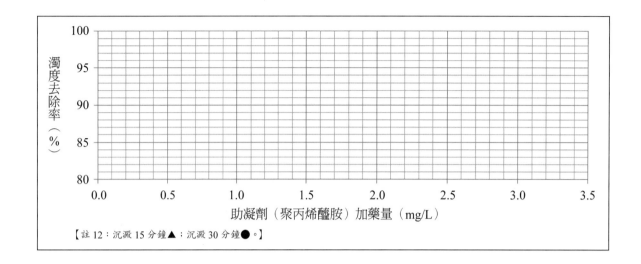

【註12：沉澱15分鐘▲；沉澱30分鐘●。】

五、心得與討論

實驗 17：利用分光光度計製作（甲烯藍）標準濃度曲線（檢量線製作）

一、目的

(一)瞭解分光光度計之原理及應用。

(二)以分光光度計製作標準濃度曲線（檢量線製作）。

二、相關知識

本實驗使用「分光光度計」或「吸收光譜儀」（spectrophotometry），屬儀器分析中之「吸收光譜法」。

紫外線及可見光之「吸收光譜法」，係依據物質「分子」或「離子團」對紫外線及可見光之「特性吸收光譜圖線」，進行定性、定量之分析方法。「紫外線及可見光吸收光譜法」又稱「紫外線可見光分光光度法（ultraviolet-visible spectrophotometry；UV-spectrophotometry）」。

紫外線及可見光吸收光譜法	紫外線吸收光譜法	適用於近紫外線光區（200～400nm）	定性及定量分析
	可見光吸收光譜法	適用於可見光區（400～780nm）	

【註1】1nm（nanometer，奈米）＝ 1×10^{-9} m

「分光光度計」係利用稜鏡或繞設光柵之分光單元，將紫外線及可見光分成不同波長（能量）之入射光，再將這些入射光穿透測試溶液（含特定物質成分），測其於各不同波長之吸光度 A（absorbance），可得水樣所含特定物質成分之吸光行為，並尋求其最大吸光度（A_{max}）之特定波長（λ），則可藉此進行特定物質成分之定性、定量。

測量物質之吸收光譜線圖之儀器稱為「吸收光譜儀」或「分光光度計」（spectrophotometry）。

典型光譜分析儀包含 5 個組件，如圖 1 所示：

圖1：典型分光光度計之組件

吸光物質之「分子」或「離子團」具獨特之化學組成與結構，其於不同波長區域有不同之吸光能力，各物質都具有獨特吸收光譜線圖，吸收光譜線圖之形狀表現出物質分子或離子

團於不同波長區域吸光能力之分布。故可依據物質之吸收光譜線圖之形狀，由線圖上之吸收峰數目、吸收峰對應之波長及吸收峰之相對高度來進行「定性分析」。如圖 2 所示。

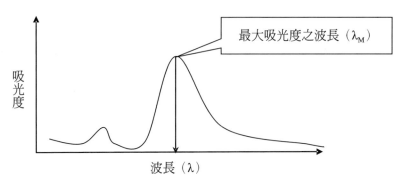

圖 2：最大吸光度之波長（λ_M）

　　另「定量分析」則可依據光譜線圖中最大吸光度波長之吸光度（Abs.）與特定物質濃度（C）成正比之關係來進行，此為「比耳定律（Beer's Law）」（吸收定律）：若一束平行光通過吸收物質溶液之光路（徑）為 bcm，而溶液濃度為 C（mg/L），則溶液之吸光度 A（absorbance，Abs.）與溶液濃度 C 及溶液厚度 b 之關係式為：

　　　　$A = a \times b \times C$　　　【吸光度 A 與溶液濃度 C 成正比】

式中

A 為溶液之吸光度

a 為吸光係數（absorptivity），L/mg・cm

b 為溶液厚度（樣品槽之厚度）又稱光程長度，cm

C 為溶液濃度，mg/L

　　對於單成分之定量可使用常規定量分析法，以下介紹 2 種方法：

（一）比較法：即標準物對照法，於最大吸收波長（λ_M）時，分別測定標準物溶液（濃度 C_S）及樣品溶液（濃度 C_X）之吸光度 A_S 及 A_X，進行比較，可求得樣品溶液之濃度（C_X），如下式：

【吸光度 A 與溶液濃度 C 成正比；$A_S = a \times b \times C_S$；$A_X = a \times b \times C_X$】

　　　$A_S/A_X = C_S/C_X$

得 $C_X = (A_X \times C_S)/A_X$

（二）標準曲線法 — 檢量線法：先配製一系列（5～8 個）已知不同濃度（C_1、C_2、C_3、C_4、C_5、C_6）之標準溶液，於選定之波長分別測定其吸光度（A_1、A_2、A_3、A_4、A_5、A_6），再以標準溶液濃度 C 為橫坐標（X 軸），吸光度 A 為縱座標（Y 軸），做出標準曲線（或稱檢量線），若符合比耳定律（Beer's Law）應為一直線；於相同條件下，測定樣品溶液之吸光度（A_X），即可由檢量線得其濃度（C_X）。如圖 3 所示：

標準溶液濃度C（mg/L）	C_1	C_2	C_3	C_4	C_5	C_6
標準溶液吸光度Abs.	A_1	A_2	A3	A_4	A_5	A_6

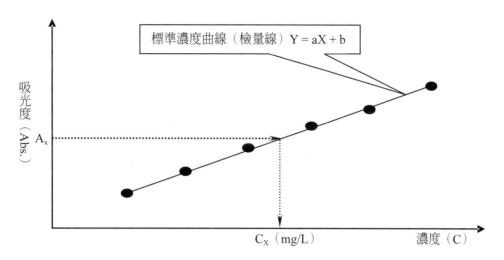

標準濃度曲線（檢量線）$Y = aX + b$

圖3：標準濃度曲線（檢量線）示意〔濃度 C_x（X軸）－吸光度 Abs.（Y軸）〕

例1：配製25.0mg/L甲烯藍溶液，測其於不同波長（λ）（400～900nm）之吸光度（Abs.），結果如下，試繪出波長（λ：X軸）－吸光度（Abs.：Y軸）關係圖，並標示最大吸光度之波長（λ_M）為？（nm）

波長（nm）	吸光度	波長（nm）	吸光度	波長（nm）	吸光度	波長（nm）	吸光度	波長（nm）	吸光度
400	0.648	615	1.012	654	1.576	665	1.690	725	0.082
425	0.435	620	0.996	655	1.600	666	1.672	750	0.108
450	0.290	625	0.985	656	1.622	667	1.646	775	0.117
475	0.190	630	1.000	657	1.644	668	1.616	800	0.226
500	0.116	635	1.058	658	1.660	669	1.582	825	0.288
525	0.077	640	1.162	659	1.676	670	1.536	850	0.308
550	0.183	645	1.302	660	1.688	675	1.256	870	0.332
575	0.501	650	1.464	661	1.696	680	0.851	900	0.357
600	0.788	651	1.496	662	1.702	685	0.474		
605	0.917	652	1.526	**663**	**1.702**	690	0.182		
610	0.995	653	1.554	664	1.698	700	0.201		

解：將波長（λ）X軸－吸光度（Abs.）Y軸點繪於方格紙，結果如下圖，得最大吸光度之波長≒663（nm）

（續下表）

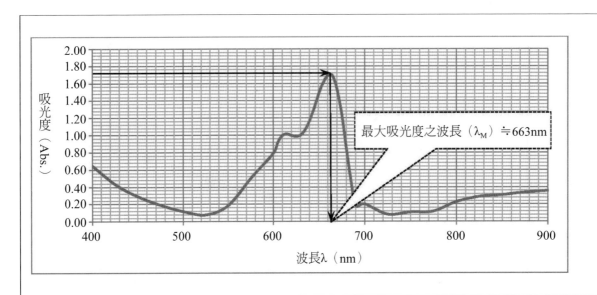

例2：於波長660nm測得甲烯藍標準溶液濃度X_i（mg/L）及其吸光度Y_i（Abs.），如下表，

定量瓶編號	1	2	3	4	5	6	7
甲烯藍標準溶液濃度X_i（mg/L）	0.0	5.0	10.0	20.0	30.0	40.0	50.0
吸光度Y_i（Abs.）	0.000	0.250	0.488	0.978	1.270	1.868	2.195

(1) 試作甲烯藍標準濃度曲線（檢量線）：$y = ax + b$（需$R^2 > 0.995$）？
(2) 某含甲烯藍之水樣於660nm波長測得吸光度（Y）為1.518，求水樣之甲烯藍濃度為？（mg/L）

解法1：**手繪檢量線**：以甲烯藍濃度（X軸）對吸光度（Y軸）作圖，點繪於方格紙上後；目視劃一最適當之直線，得甲烯藍溶液檢量線，如下圖。

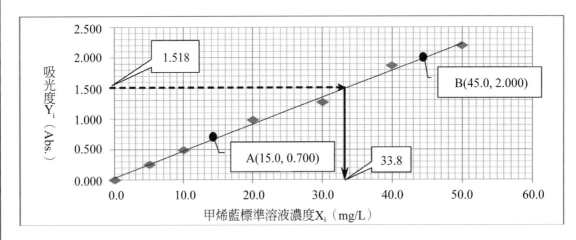

(1) 以內插法，由吸光度（Y_i）＝1.518，得水樣之甲烯藍濃度（X_i）＝33.8（mg/L）。
(2) 求手繪檢量線方程式
　　於手繪直線上任取A、B兩點，查得座標分別為A(15.0，0.700)、B(45.0，2.000)，設過A、B兩點之直線方程式為$y = ax + b$，將A(15.0，0.700)、B(45.0，2.000)代入，得
　　　$0.700 = a \times 15.0 + b$……（Ⅰ式）
　　　$2.000 = a \times 45.0 + b$……（Ⅱ式）
　　　（Ⅱ式）－（Ⅰ式）得：$1.300 = 30.0 \times a$
　　　$a = 0.0433$，將$a = 0.0433$代入Ⅰ式，得
　　　$0.700 = 0.0433 \times 15.0 + b$

（續下表）

b = 0.0505

得檢量線方程式為：y = 0.0433x + 0.0505

若水樣吸光度 = 1.518，代入

1.518 = 0.0433x + 0.0505

x = 33.9（mg/L）………得水樣之甲烯藍濃度

解法2：使用Microsoft Excel求得檢量線方程式（y = ax + b，需R^2 > 0.995）

【註1：以**Microsoft Excel**製作標準濃度曲線（檢量線製作）之步驟請參見本實驗所附之補充資料。】

(1) 檢量線方程式過原點（截距 = 0）：

以Microsoft Excel製作甲烯藍標準溶液之檢量線，得檢量線方程式：

y = 0.0449x　　　【R^2 = **0.9946** < **0.995**；不接受此檢量線方程式。以下作答僅供參考。】

檢量線方程式之繪圖：

設取線上任二點，分別為C(15.0、y_1)、D(35.0、y_2)，則

y_1 = 0.0449×15.0 = 0.6735

y_2 = 0.0449×35.0 = 1.5715

則C(15.0、y_1) = C(15.0、0.6735)、D(35.0、y_2) = D(35.0、1.5715)

將C(15.0、0.6735)、D(35.0、1.5715)二點點繪於方格紙座標上，再劃一過C、D二點之直線，如下圖，即得。

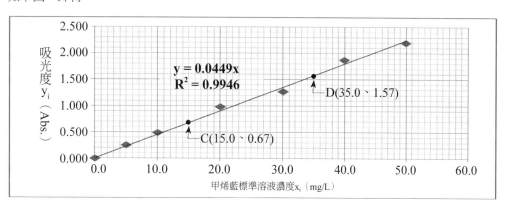

若水樣吸光度 = 1.518，代入

1.518 = 0.0449x

x ≒ 33.8（mg/L）

(2) 檢量線方程式不過原點（截距 ≠ 0）：

以Microsoft Excel製作甲烯藍標準溶液之檢量線，得檢量線方程式：

y = 0.044x + 0.0318　　　【R^2 = **0.9952** > **0.995**；接受此檢量線方程式。】

檢量線方程式之繪圖：

設取線上任二點，分別為E(15.0、y_1)、F(35.0、y_2)，則

y_1 = 0.044×15.0 + 0.0318 = 0.6918

y_2 = 0.044×35.0 + 0.0318 = 1.5718

則E(15.0、y_1) = E(15.0、0.6918)、F(35.0、y_2) = F(35.0、1.5718)

將E(15.0、0.6918)、F(35.0、1.5718)二點點繪於方格紙座標上，再劃一過E、F二點之直線，如下圖，即得。

（續下表）

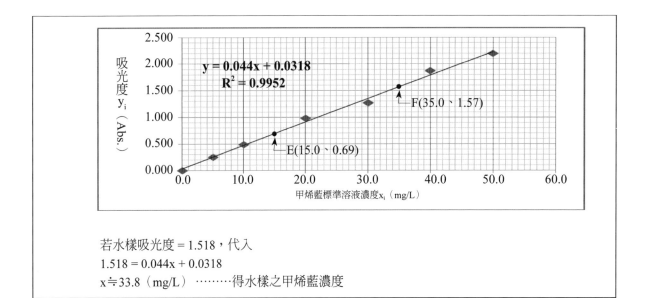

若水樣吸光度＝1.518，代入

1.518＝0.044x＋0.0318

x≒33.8（mg/L）………得水樣之甲烯藍濃度

三、器材與藥品

1.分光光度計（含比色管）	2.甲烯藍（methylene blue）染料	3.塑膠滴管
4.洗瓶	5.刻度吸管	6.拭淨紙
7.50cc定量瓶		
9.配製（0.1mg/1cc或100mg/L）甲烯藍儲備溶液1000cc：精秤0.1000g甲烯藍（methylene blue，MB），傾於1000cc定量瓶中，加入試劑水溶解之，定容至刻度線，得100mg/1000cc，即0.1mg/1cc。		

四、實驗步驟、結果記錄與計算

(一) 配製甲烯藍標準濃度溶液

1. 如下步驟，先配製甲烯藍標準溶液濃度為：0.0、10.0、20.0、30.0、40.0、50.0mg/L。

2. 取 6 個 50cc 定量瓶，再以刻度吸管分別取 0.0、5.0、10.0、15.0、20.0、25.0cc 之（0.1mg/1cc）甲烯藍儲備溶液，分別加入 6 個 50cc 定量瓶中，再以試劑水稀釋至刻度，即可得濃度 0.0、10.0、20.0、30.0、40.0、50.0mg/L 之甲烯藍標準溶液。

3. 結果如下表所示：

①	50cc定量瓶編號	1	2	3	4	5	6
②	加入（0.1mg/1cc）甲烯藍儲備溶液體積V_i（cc）	0.0	5.0	10.0	15.0	20.0	25.0
③	50cc定量瓶中甲烯藍含量（mg）	0.0	0.50	1.00	1.50	2.00	2.50
④	加入試劑水稀釋至刻度（cc）	50	50	50	50	50	50
⑤	甲烯藍（標準）溶液濃度X_i（mg/L）	0.0	10.0	20.0	30.0	40.0	50.0

（續下表）

【註2】配製甲烯藍（標準）溶液濃度X_i（mg/L）之計算例：

欲配製10.0 mg/L甲烯藍（標準）溶液50cc，應如何配置？

解：設取（0.1mg/1cc）甲烯藍儲備溶液體積爲V（cc）

則：$(V \times 0.1)/(50/1000) = 10.0$

$V = 5.0$（cc）

即取5.0cc之甲烯藍儲備溶液（0.1mg/1cc），加入50cc定量瓶中，以試劑水稀釋至刻度，得濃度10.0mg/L之甲烯藍（標準）溶液。其餘濃度以此類推。

(二) 製作甲烯藍標準濃度曲線（檢量線）

1. 先將分光光度計熱機 15 分鐘。

2. 設定分光光度計之波長 $\lambda = 660nm$，爲定量甲烯藍溶液之最大吸收波長。【註 3：以可見光之波長掃描，得甲烯藍溶液之最大吸收波長 $\lambda \fallingdotseq 663nm$。】

3. 取編號 1 之定量瓶（裝試劑水），做爲甲烯藍標準溶液濃度 = 0.0mg/L，並定其於分光光度計之吸光度 Abs. = 0.000。

4. 製作甲烯藍標準濃度曲線（檢量線）

   (1) 以分光光度計（波長 660nm）測各濃度之吸光度（Abs.），以濃度爲 X 軸，吸光度爲 Y 軸，結果記錄如下表：

①	50cc定量瓶編號	1	2	3	4	5	6
②	甲烯藍（標準）溶液濃度X_i（mg/L）	0.0	10.0	20.0	30.0	40.0	50.0
③	吸光度Y_i（Abs.）	0.000					

   (2) 製作甲烯藍標準濃度曲線（檢量線）【以下方法 A、B，2 選 1】

   方法 A. **手繪檢量線**：參考例 2.（解法 1.），以濃度（X 軸）對吸光度（Y 軸）作圖，點繪於方格紙上，目視劃出最適當之一直線，得甲烯藍標準濃度曲線，並可求出手繪直線之方程式：y = ax + b：_____

   _____

   _____

   _____

   _____

   _____

   _____

   _____

   _____ 。

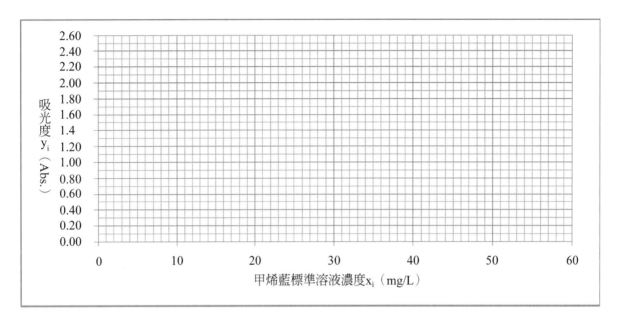

方法 B. 使用 **Microsoft Excel** 求檢量線方程式 **y = ax + b**【需 **R^2 > 0.995**；此檢量線方程式方可被接受】

(a) 過原點之檢量線方程式 y = ax：＿＿＿＿＿＿＿＿＿＿＿＿　R^2 = ＿＿＿＿＿

（□接受、□不接受）

(b) 不過原點之檢量線方程式 y = ax + b：＿＿＿＿＿＿＿＿＿＿　R^2 = ＿＿＿＿＿

（□接受、□不接受）

參考例 2.（解法 2），繪出甲烯藍標準濃度曲線（繪出直線）

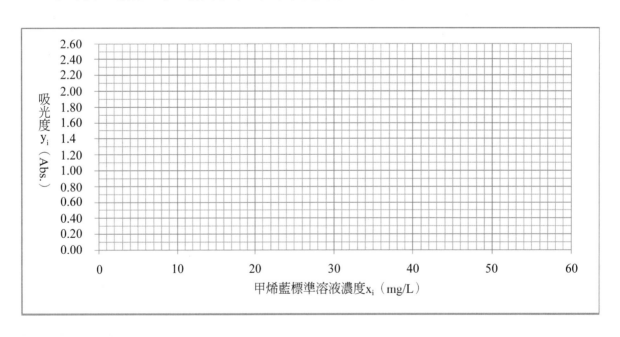

(三) 測定未知水樣之甲烯藍濃度

取（含甲烯藍）未知水樣（可將製作檢量線各濃度之甲烯藍溶液混合於 500cc 燒杯中，作為未知濃度水樣），以分光光度計測其於 660nm 之吸光度，結果記錄、計算於下表

測定未知水樣之甲烯藍濃度	第1次	第2次
① 未知濃度水樣之吸光度Abs.（y）		
② 手繪所得之檢量線方程式y = ax + b（或y = ax）		
③ 水樣之甲烯藍濃度x（mg/L）【由手繪檢量線或內插求得】		
④ 水樣之平均甲烯藍濃度x_{ave}（mg/L）【由③所得】		
⑤ Microsoft Excel求得之檢量線方程式y = ax + b【取$R^2 > 0.995$者】		
⑥ 水樣之甲烯藍濃度x（mg/L）【由Microsoft Excel檢量線方程式求得】		
⑦ 水樣之平均甲烯藍濃度x_{ave}（mg/L）【由⑥所得】		

【註4】：廢液以廢液桶貯存待處理或排入廢水處理廠處理之。

五、心得與討論

_____

_____

_____

_____

_____

_____

_____

_____

_____

_____

_____

_____

_____

_____

_____

_____

_____

_____

_____

_____

【補充資料】：「例題2」解法2以Microsoft Excel製作標準濃度曲線步驟（檢量線製作）

步驟1：開啓 Microsoft Excel，將甲烯藍標準溶液濃度 X_i(mg/L)、吸光度 Y_i(Abs.) 之數值輸入，如下圖所示。

步驟2：選取、複製上圖框中數值，選「插入」「散佈圖」，如下圖所示。

步驟3：點選步驟2之「散佈圖」，結果如下圖所示。

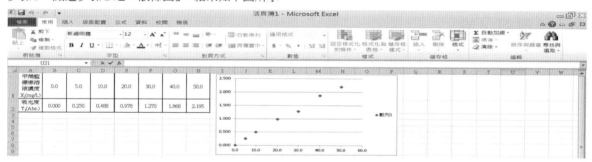

步驟4：點選「版面配置3」，再刪除「數列1」。

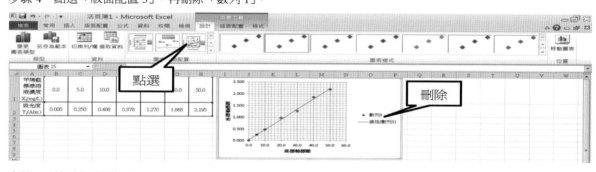

步驟5：結果如下圖所示。

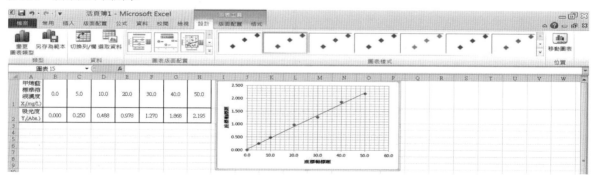

步驟 6：X 軸輸入「甲烯藍標準溶液濃度 X_i(mg/L)」、Y 軸輸入「吸光度 Y_i(Abs.)」，結果如下圖所示。

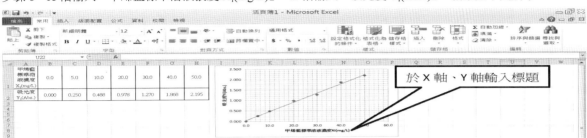

步驟 7：於數列上點選任一點（按右鍵），結果如下圖所示。

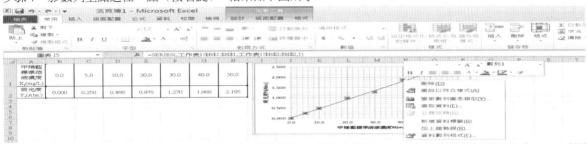

步驟 8：點選「加上趨勢線」，出現下圖後，勾選「線性」、「設定截距 (S) = 0.0」、「圖表上顯示公式 (E)」、「圖表上顯示 R 平方值 (R)」，結果如下圖所示。

【註：若設定截距 (S) = 0.0，則直線方程式過原點，為 Y = aX；若不設定截距 (S)，則直線方程式不過原點，為 Y = aX + b。】

步驟 9：點選「關閉」後，移動「趨勢線方程式」至適當位置，亦可放大其字型（例如，14 號），結果如下圖所示。

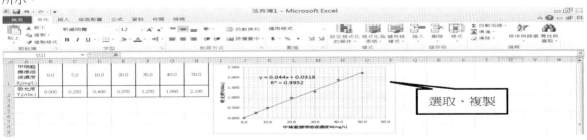

步驟 10：「選取」、「複製」趨勢線圖，於 Microsoft Word「貼上」，結果如下圖所示。

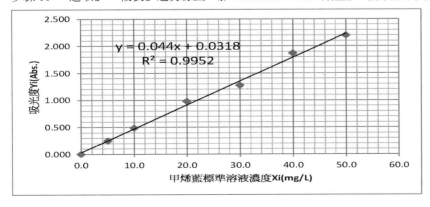

實驗 18：活性碳之吸附動力實驗（甲烯藍）

一、目的

（一）利用批次式實驗，評估活性碳對甲烯藍染料之吸附能力（容量）。

（二）繪製溶液相之甲烯藍濃度比值（C_t / C_0）與時間（t）之關係圖。

（三）繪製活性碳之吸附量（mg/g）與時間（t）之關係圖。

二、相關知識

當流體與多孔固體（吸附劑，如活性碳）接觸時，流體中某一成分或多個成分（被吸附物）在固體表面產生聚積，此現象稱爲「吸附（adsorption）」。

吸附可以分爲物理性吸附與化學性吸附；物理性吸附係被吸附物以微弱的作用力（如凡德瓦力與靜電力）聚積在吸附物表面的過程，是可逆的行爲，其逆行爲稱「脫附」，被吸附 - 脫附的物質性質不變（如爲物理性吸附，當吸附達飽和時，過度或過強之攪動，會有脫附現象）；化學性吸附則是被吸附物與吸附物間產生了較強的作用力，如生成共價鍵、離子鍵等化學鍵，被吸附物於吸附物的表面重組成新的物質。吸附爲一表面質傳過程的現象，吸附劑之吸附能力隨其表面積增加而增加，通常爲細小顆粒狀，具小而密的孔洞，以達最大的表面積，故活性碳經常被作爲吸附劑使用。

「活性碳吸附」應用於環境工程中爲一單元操作，於水處理時常用於吸附處理水中「溶解性有機物」，如水中之色、味、臭、化學需氧量（chemical oxygen demand，COD）、生化需氧量（biochemical oxygen demand，BOD）、總有機碳（total organic carbon，TOC）等污染物；或有機物染料、農藥、揮發性有機溶質、酚、酚衍生物、烷基苯磺酸鹽（界面活性劑之一種）、木質素、單寧酸等。

活性碳係由煤質碳、木質碳、果殼碳及椰殼碳等經碳化、活化（乾餾、熱解）處理，而得之多微孔性、高表面積（800～1500m^2/g）之含碳物質，表面具有某些官能基及孔隙爲作用基，藉物理性吸附、化學性吸附及離子吸附作用來吸附物質。活性碳之碳素爲其主要成分，另會含有少量之灰分、水分、氧、氫、氮、硫及一些金屬元素等不純物，因原料、製程不同，這些不純物常會影響活性碳之吸附性能。

活性碳依外觀形態有粉狀活性碳（粒徑 < 300mesh）、顆粒狀活性碳（約 4～40mesh）、纖維網狀活性碳、基材表面塗佈活性碳等，其吸附能力各異，各有不同之適用（氣相、液相）。

需注意者，很多因素會影響活性碳吸附作用之容量及速率，如：溫度、pH 值、接觸（攪拌）時間、攪拌強度、被吸附物質之濃度及溶解度、被吸附物質分子大小、多種被吸附物質共存、溶質性質、吸附劑（活性碳）顆粒之粒徑（表面積）、性質等。此皆可以實驗驗證之。

活性碳吸附（批次）實驗結果，可應用於水處理程序之混凝沉澱，即當欲處理水水質中

溶解性有機物突有異常增加，可考慮以應急（批次式）添加顆粒狀活性碳於「混凝沉澱」程序，藉以吸附處理水中之溶解性有機物（需考慮使用活性碳之可沉降性及衍生廢棄物清理問題）。「溶解性有機物」若為欲處理水中經常性之污染質，則可考慮設置「活性碳管柱（固定床）」單元，以吸附處理連續流中之溶解性有機物。

　　活性碳於水處理之應用包括：

1. 飲用水水源之淨化，包括水中含色、臭、味、合成洗劑、有機溶質、農藥等之吸附去除。
2. 工業用水之處理、工業及實驗室之純水製造（與離子交換樹脂組合）。
3. 家庭污水之處理及再利用（吸附處理 COD、BOD、TOC、真色色度等）。
4. 工業廢水之處理及再利用（吸附處理 COD、BOD、TOC、真色色度等）。
5. 垃圾滲出水之處理（吸附處理 COD、BOD、TOC、真色色度等）。

【註1：實務上，欲處理之水中所含物質（污染物）種類繁雜、濃度變化各異，需依處理目的進行水質監測，如總有機碳（total organic carbon，TOC）。】

　　本實驗係配製含甲烯藍染料之人工水樣，以顆粒狀活性碳為吸附劑，進行批次式活性碳之吸附動力實驗，以 (1) 評估活性碳對甲烯藍染料之吸附能力（容量）。(2) 繪製溶液相之甲烯藍濃度比值（C_t/C_0）與時間（t）之關係圖。(3) 繪製活性碳之吸附量（mg/g）與時間（T）之關係圖。

例1：甲烯藍溶液初始濃度C_0 = 50.0mg/L、活性碳量 = 20.0g、活性碳篩號：No.6（1.77mm）～No.8（2.36mm）進行活性碳吸附動力實驗，結果記錄及計算如下表：（瓶杯試驗機轉速：100rpm）

甲烯藍溶液初始濃度C_0 = 50.0mg/L；甲烯藍溶液體積V = 1.0（L）												
吸附時間t（分）	0	1	3	6	10	15	20	30	45	60	75	90	120
甲烯藍吸光度 Abs.	2.232	1.604	1.357	1.002	0.686	0.453	0.315	0.203	0.174	0.176	0.186	0.200	0.210
甲烯藍濃度 C_t（mg/L）	50.0	35.8	30.1	22.1	14.9	9.6	6.5	3.9	3.3	3.3	3.5	3.8	4.1
甲烯藍濃度比值（C_t/C_0）	1.00	0.72	0.60	0.44	0.30	0.19	0.13	0.08	0.07	0.07	0.07	0.08	0.08
甲烯藍被吸附量〔$(C_0 - C_t)×V$〕（mg）	0.0	14.3	19.9	27.9	35.1	40.4	43.5	46.1	46.8	46.7	46.5	46.2	45.9
活性碳重量 W（g）	20.0												
活性碳之吸附量（mg/g）	0.0	0.7	1.0	1.4	1.8	2.0	2.2	2.3	2.3	2.3	2.3	2.3	2.3

【註2】1.已知甲烯藍溶液檢量線方程式y = ax + b：y = 0.044x + 0.0318〔y：吸光度，x：甲烯藍溶液濃度（mg/L）〕

　　　　2.活性碳之吸附量（mg/g）= $(C_0 - C_t)×V/W$

(1) 繪製溶液相之甲烯藍濃度比值（C_t/C_0）與時間（t）之關係圖？

（續下表）

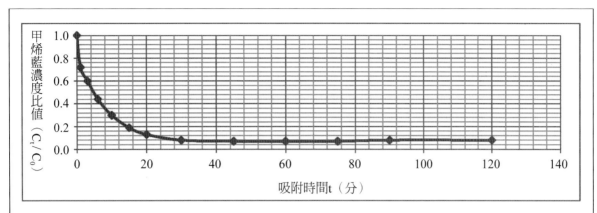

結果：由圖可知，吸附達平衡之時間約為30分鐘。

(2) 依每一水樣之甲烯藍濃度（C_t），計算該時間活性碳所吸附之甲烯藍量（mg of MB/g of carbon）；繪出活性碳之吸附量（mg/g）與時間（t）之關係圖？

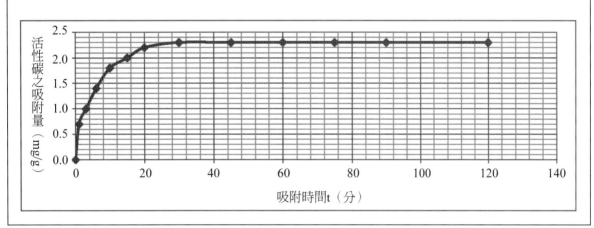

三、器材與藥品

1.分光光度計（含比色管）	2.塑膠滴管	3.刻度吸管
4.甲烯藍染料（methylene blue，MB）	5.洗瓶	6.50cc定量瓶
7.1000cc燒杯	8.拭鏡紙	9.粒狀活性碳（粒徑0.8～1.5mm）
10.瓶杯試驗之攪拌機		
11.配製0.1mg/1cc或100mg/L甲烯藍儲備溶液1000cc：精秤0.1000g甲烯藍，傾於1000cc定量瓶中，加入試劑水溶解之，定容至標線，得100mg/1000cc，即0.1mg/1cc。【註3：配製標準濃度溶液用。】		
12.配製1mg/cc或1000mg/L甲烯藍儲備溶液1000cc：精秤1.000g甲烯藍，傾於1000cc定量瓶中，加入試劑水溶解之，定容至刻度線，得1000mg/1000cc，即1mg/1cc。【註4：製備人工水樣用。】		
13.準備活性碳：取顆粒狀活性碳，以試劑水水洗數次，洗去粉末狀者及雜質，再經100℃烘乾備用。依實驗所需顆粒大小，以美國標準篩篩選之，例如：（mesh）No.4以上、No.4～No.7、No.7～No.12、No.12以下等。【註5：活性碳顆粒愈大，吸附能力愈小；活性碳顆粒愈小，吸附能力愈大。】		

四、實驗步驟、結果記錄與計算

(一) 配製甲烯藍標準濃度溶液

1. 如下步驟，先配製甲烯藍標準溶液濃度為：0.0、10.0、20.0、30.0、40.0、50.0mg/L。
2. 取 6 個 50cc 定量瓶，再以刻度吸管分別取 0.0、 5.0、 10.0、 15.0、 20.0、 25.0cc 之（0.1mg/1cc）甲烯藍儲備溶液，分別加入 6 個 50cc 定量瓶中，再以試劑水稀釋至刻度，即可得濃度 0.0、10.0、20.0、30.0、40.0、50.0mg/L 之甲烯藍標準溶液。
3. 結果如下表所示：

①	50cc定量瓶編號	1	**2**	3	4	5	6
②	加入（0.1mg/1cc）甲烯藍儲備溶液體積V_i（cc）	0.0	**5.0**	10.0	15.0	20.0	25.0
③	50cc定量瓶中甲烯藍含量（mg）	0.0	**0.50**	1.00	1.50	2.00	2.50
④	加入試劑水稀釋至刻度（cc）	50	**50**	50	50	50	50
⑤	甲烯藍（標準）溶液濃度X_i（mg/L）	0.0	**10.0**	20.0	30.0	40.0	50.0

【註6】配製甲烯藍（標準）溶液濃度X_i（mg/L）之計算例：
欲配製10.0 mg/L甲烯藍（標準）溶液50cc，應如何配置？
解：設取（0.1mg/1cc）甲烯藍儲備溶液體積為V（cc）
則：$(V \times 0.1)/(50/1000) = 10.0$
V = 5.0（cc）
即取5.0cc之甲烯藍儲備溶液（0.1mg/1cc），加入50cc定量瓶中，以試劑水稀釋至刻度，得濃度10.0mg/L之甲烯藍（標準）溶液。其餘濃度以此類推。

(二) 製作甲烯藍標準濃度曲線（檢量線）

1. 先將分光光度計熱機 15 分鐘。
2. 設定分光光度計之波長 λ = 660nm，為定量甲烯藍溶液之最大吸收波長。【註 7：以可見光之波長掃描，得甲烯藍溶液之最大吸收波長 λ ≒ 663nm。】
3. 取編號 1 之定量瓶（裝試劑水），做為甲烯藍標準溶液濃度 = 0.0mg/L，並定其於分光光度計之吸光度 Abs. = 0.000。
4. 製作甲烯藍標準濃度曲線（檢量線）
   (1) 以分光光度計（波長 660nm）測各濃度之吸光度（Abs.），以濃度為 X 軸，吸光度為 Y 軸，結果記錄如下表：

①	50cc定量瓶編號	1	2	3	4	5	6
②	甲烯藍（標準）溶液濃度X_i（mg/L）	0.0	10.0	20.0	30.0	40.0	50.0
③	吸光度Y_i（Abs.）	0.000					

(2) 製作甲烯藍標準濃度曲線（檢量線）【以下方法 **A**、**B**，**2 選 1**】

方法 A. **手繪檢量線**：參考實驗 17 例 2.（解法 1），以濃度（X 軸）對吸光度（Y 軸）作圖，點繪於方格紙上，目視劃出最適當之一直線，得甲烯藍標準濃度曲線，並可求出手繪直線之方程式：y = ax + b：_____

_____

_____

_____

_____

_____

_____

_____ 。

方法 B. **使用 Microsoft Excel 求檢量線方程式 y = ax + b**【需 R^2 > **0.995**；此檢量線方程式方可被接受】

(a) 過原點之檢量線方程式 y = ax：_____ R^2 = _____
（□接受、□不接受）

(b) 不過原點之檢量線方程式 y = ax + b：_____ R^2 = _____
（□接受、□不接受）

參考實驗 17. 例 2.（解法 2），繪出甲烯藍標準濃度曲線（繪出直線）

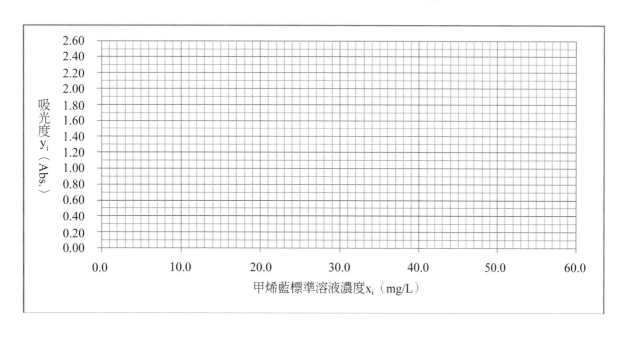

(二) 活性碳吸附動力實驗【註8：活性碳顆粒愈大，吸附能力愈小；活性碳顆粒愈小，吸附能力愈大。】

1. 製備約 50mg/L 甲烯藍人工水樣 1000cc：取 50cc 之（1mg/cc）甲烯藍儲備溶液，置 1000cc 燒杯中，以自來水稀釋混合至 1000cc，即得。

2. 以分光光度計（λ = 660nm）測定此水樣之吸光度（Abs.）：_____，並依甲烯藍檢量線方程式，轉換為甲烯藍（初始）濃度（C_0）：_____mg/L，記錄之。

3. 將 1. 之燒杯置瓶杯試驗機上，放下攪拌棒，以 80rpm 轉速攪拌之，如圖所示。【註 9：應避免劇烈攪拌而使活性碳破裂。】

4. 秤取（顆粒狀）活性碳 20.0g，加入於持續攪拌中之燒杯，開始計時（0 分開始）。

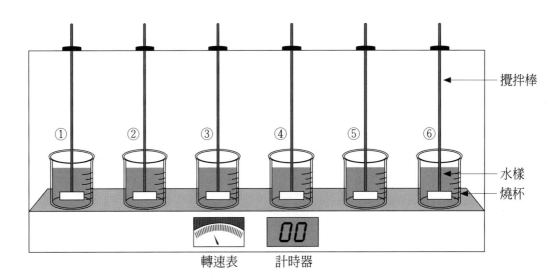

5. 每隔一段時間取燒杯中水樣（建議取樣時間為：1、3、6、10、15、20、30、45、60、75、100 分鐘），並以分光光度計（λ = 660nm）測定吸光度（Abs.），並依甲烯藍標準濃度曲線（檢量線），轉換為甲烯藍濃度 C_t（mg/L），記錄之。【註 10：(1) 測完吸光度後之水樣可倒回燒杯中，以減少誤差。(2) 取水樣時，應避免取到活性碳；若水樣中有活性碳，則需過濾或離心去除之。】

6. 持續至系統達吸附平衡為止。

7. 結果記錄及計算如下表：

甲烯藍人工水樣體積V = 1.0（L）；瓶杯試驗機轉速：80rpm；粒狀活性碳：mesh No._____ ～No._____												
①	人工水樣甲烯藍初始濃度C_0（mg/L）											
②	吸附時間t（分）	0	1	3	6	10	15	20	30	45	60	75	100
③	水樣甲烯藍吸光度Abs.											
④	水樣甲烯藍濃度C_t（mg/L）											
⑤	甲烯藍濃度比值（C_t/C_0）											

（續下表）

⑥	甲烯藍被吸附量 〔(C_0 − C_t)×V〕（mg）									
⑦	活性碳重量W（g）									
⑧	活性碳吸附甲烯藍量（mg/g）									

【註11】

1. 甲烯藍檢量線方程式 $y = ax + b$（或 $y = ax$）： _____ 〔y：吸光度、x：甲烯藍溶液濃度（mg/L）〕

2. 活性碳吸附甲烯藍量（mg of MB/g of carbon）之計算式如下：

活性碳之吸附量（mg 甲烯藍 /g 活性碳）＝〔(C_0 − C_t)×V)〕/W

式中

C_0：水樣之甲烯藍初始濃度（mg/L）

C_t：經時間（t）水樣之甲烯藍濃度（mg/L）

V：水樣體積（L）

W：活性碳重量（g）

8. 繪製溶液相之甲烯藍濃度比值（C_t / C_0）與時間（t）之關係於下圖。

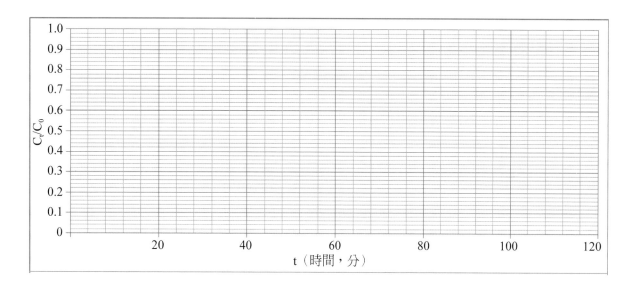

9. 依水樣之甲烯藍濃度（C_t），計算於該時間活性碳所吸附之甲烯藍量（mg of MB/g of carbon）；依此繪製活性碳之吸附量（mg/g）與時間（t）之關係於下圖。

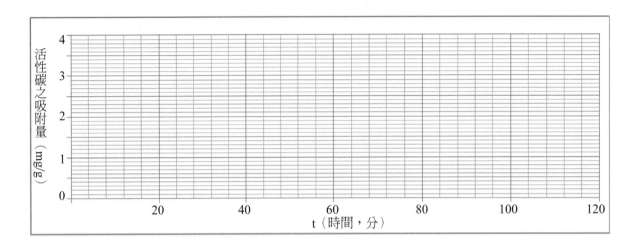

10. 實驗廢液先以濾網濾除活性碳顆粒（以廢棄物清理之），廢液則以廢液桶貯存待處理或排入廢水處理廠處理之。

五、心得與討論

實驗 19：活性碳之等溫吸附實驗（甲烯藍）

一、目的

(一) 利用批次式實驗，評估活性碳對甲烯藍染料之吸附能力（容量）。

(二) 繪圖並求出活性碳吸附甲烯藍染料之 Langmuir 及 Fruendlich 等溫線方程式。

二、相關知識

　　「活性碳吸附」應用於環境工程中為一單元操作，於水處理時常用於吸附處理水中「溶解性有機物」，如水中之色、味、臭、化學需氧量（chemical oxygen demand，COD）、生化需氧量（biochemical oxygen demand，BOD）、總有機碳（total organic carbon，TOC）等污染物；或有機物染料、農藥、揮發性有機溶質、酚、酚衍生物、烷基苯磺酸鹽（界面活性劑之一種）、木質素、單寧酸等。

　　定溫時，活性碳吸附實驗所收集之數據，可表示特定條件時，活性碳吸附劑對特定物質之吸附能力；其可以數學（經驗）式表示，常見者如：Langmuir 等溫線方程式、Fruendlich 等溫線方程式。說明如下：

(一) 活性碳吸附之Langmuir等溫線方程式

　　Langmuir 等溫線方程式表示如下：

$$\frac{x}{m} = \frac{abC}{1 + aC}$$

式中

x：被吸附物質之量，mg 或 g

m：吸附劑（活性碳）重量，mg 或 g

C：吸附後溶液中殘留之物質濃度，mg/L

a、b：常數

或取 x/m = abC/(1 + aC) 之倒數，可得：

$$\frac{1}{\left(\dfrac{x}{m}\right)} = \frac{1 + aC}{abc}$$

或：$\dfrac{1}{\left(\dfrac{x}{m}\right)} = \left(\dfrac{1}{ab}\right) \times \dfrac{1}{C} + \dfrac{1}{b}$

若吸附遵循 Langmuir 等溫模式，於算數座標方格紙 X 軸、Y 軸點繪 (1/C) 對應〔1/(x/m)〕

之圖，應可得一直線，如例 1 之圖示，由圖之截距（= 1/b）可得常數 b，由斜率（= 1/(ab)）可得常數 a。

例1：實驗室進行批次式活性碳吸附甲烯藍實驗，甲烯藍人工水樣初始濃度 C_0 = 41.0mg/L（吸光度 = 1.923），結果記錄、計算如下表：【使用之粒狀活性碳：mesh No.4〜No.7、轉速：80rpm、30分鐘】

水樣編號	甲烯藍濃度 C_0（mg/L）	水樣體積 V（L）	甲烯藍重量 w（mg）	活性碳重量 m（g）	吸附後水樣甲烯藍吸光度（Abs.）	吸附後水樣甲烯藍濃度 C（mg/L）	被吸附甲烯藍重量 x（mg）	x/m（mg/g）	1/C = X（X軸）	1/(x/m) = Y（Y軸）
①		1.0		3.00	1.474	31.2	9.8	3.27	0.032	0.31
②		1.0		5.00	1.208	25.4	15.6	3.12	0.039	0.32
③	41.0	1.0	41.0	10.00	0.694	14.2	26.8	2.68	0.070	0.37
④		1.0		15.00	0.446	8.8	32.2	2.15	0.114	0.47
⑤		1.0		20.00	0.266	4.9	36.1	1.81	0.204	0.55
⑥		1.0		25.00	0.153	2.4	38.6	1.54	0.417	0.65

已知甲烯藍檢量線方程式：y = 0.0459x + 0.0411　　R^2 = 0.997

(1) 試求Langmuir等溫線方程式：$1/(x/m) = [1/(ab)] \times (1/C) + (1/b)$【或：$x/m = abC/(1 + aC)$】，並繪圖示之？

解：計算被活性碳吸附之甲烯藍重量x（mg）及x/m值，

水樣編號：

$x_1 = (41.0 - 31.2) \times 1.0 = 9.8$（mg）

$x_1/m = 9.8/3.00 = 3.27$（mg/g）

依此類推，分別計算出各水樣之x、x/m、1/C、1/(x/m)值，結果如上表所示。

以(1/C)為X軸、[1/(x/m)]為Y軸，藉Microsoft Excel求得直線方程式：y = 0.8821x + 0.3162，如下圖所示

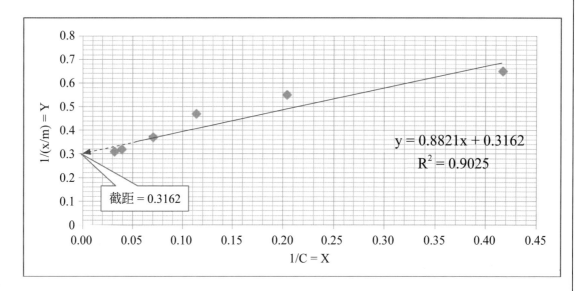

將直線方程式：y = 0.8821x + 0.3162對應：$1/(x/m) = [1/(ab)] \times (1/C) + (1/b)$

【由直線方程式y = 0.8821x + 0.3162，或圖之截距、斜率，決定式中常數a、b之值】

（續下表）

由截距 = 0.3162 = 1/b，得b≒3.163
由斜率 = 0.8821 = 1/(ab) = 1/(a×3.163)，得a≒0.358
故Langmuir等溫線方程式為：**1/(x/m) = 0.8821×(1/C) + 0.3162**
或求x/m = abC/(1 + aC)；代入得：**x/m = (1.134C)/(1 + 0.358×C)**

(2) 若欲將此甲烯藍人工水樣以活性碳吸附處理至5.0mg/L，則每公升水樣中，需活性碳量為？（g）
解：由題意知C = 5.0mg/L、x = (41.0 − 5.0)×1 = 36.0mg；設需加入活性碳為m（g）
代入：**1/(x/m) = 0.8821×(1/C) + 0.3162**
則1/(36.0/m) = 0.8821×(1/5.0) + 0.3162
m≒17.7（g）

(二) 活性碳吸附之Fruendlich等溫線方程式

Fruendlich 等溫線方程式表示如下：

$$\frac{x}{m} = KC^{\frac{1}{n}}$$

式中
x：被吸附物質之量，mg 或 g
m：吸附劑（活性碳）重量，mg 或 g
C：吸附後溶液中殘留之物質濃度，mg/L
K、n：常數
或將 $x/m = KC^{1/n}$ 兩邊各取對數可得：

$$\log\left(\frac{x}{m}\right) = \log K + \left(\frac{1}{n}\right)\log C$$

　　若吸附遵循 Fruendlich 等溫模式，於「全對數」方格紙之 X 軸（點繪 C）、Y 軸（點繪 x/m）作圖，應可得一直線，如例2 之圖示，由圖之截距（= K）可得常數 K，由斜率（= 1/n）可得常數 n。

例2：實驗室進行活性碳吸附甲烯藍實驗，甲烯藍人工水樣初始濃度C_0 = 41.0mg/L（吸光度 = 1.923），結果記錄、計算如下表：【使用之粒狀活性碳：mesh No.4～No.7、轉速：80rpm、30分鐘】

水樣編號	甲烯藍濃度 C_0 (mg/L)	水樣體積 V (L)	甲烯藍重量 w (mg)	活性碳重量 m (g)	吸附後水樣甲烯藍吸光度 (Abs.)	吸附後水樣甲烯藍濃度 C (mg/L)	被吸附甲烯藍重量 x (mg)	x/m (mg/g)	logC = X (X軸)	log(x/m) = Y (Y軸)
①		1.0		3.00	1.474	31.2	**9.8**	3.27	1.49	0.51
②		1.0		5.00	1.208	25.4	**15.6**	3.12	1.40	0.49
③	41.0	1.0	41.0	10.00	0.694	14.2	**26.8**	2.68	1.15	0.43
④		1.0		15.00	0.446	8.8	**32.2**	2.15	0.94	0.33
⑤		1.0		20.00	0.266	4.9	**36.1**	1.81	0.69	0.26
⑥		1.0		25.00	0.153	2.4	**38.6**	1.54	0.38	0.19

（續下表）

(1) 試求Fruendlich等溫線方程式：x/m = KC$^{1/n}$【或：log(x/m) = logK + (1/n)logC】，並繪圖示之？

解：計算被活性碳吸附之甲烯藍重量x（mg）及x/m值，

水樣編號1：

$x_1 = (41.0 - 31.2) \times 1.0 = 9.8$（mg）

$x_1/m = 9.8/3.00 = 3.27$（mg/g）

依此類推，分別計算出各水樣之x、x/m、logC、log(x/m)值，結果如上表所示。

令logC = X（X軸）、log(x/m) = Y（Y軸），將其點繪於（算數座標）方格紙作圖，藉Microsoft Excel求得直線方程式：y = 0.3021x + 0.0637，如下圖所示

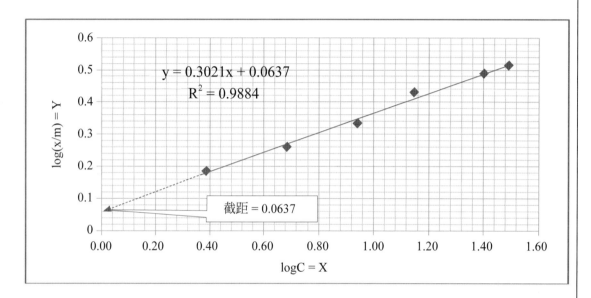

將直線方程式：y = 0.3021x + 0.0637對應於：log(x/m) = (1/n)logC + logK

得Fruendlich等溫線方程式：**log(x/m) = 0.3021logC + 0.0637**

由：1/n = 0.3021，得n = 3.310

由：logK = 0.0637，得K = 1.158

代入：x/m = KC$^{1/n}$

得Fruendlich等溫線方程式：**x/m = 1.158×C$^{1/3.310}$或：x/m = 1.158×C$^{0.3021}$**

(2) 若欲將此甲烯藍人工水樣以活性碳吸附處理至5.0mg/L，則每公升水樣中，需活性碳量為？（g）

解：由題意知C = 5.0mg/L、x = (41.0 − 5.0)×1 = 36.0mg；設需加入活性碳為m（g）

代入：x/m = 1.158×C$^{0.3021}$

$36.0/m = 1.158 \times 5.0^{0.3021}$

$m \fallingdotseq 19.1$（g）

評析：比較例1.例2結果

(1)實際上，活性碳之顆粒大小、幾何形狀各異，呈非均質樣態，其重量與表面積並非成比例關係。(2) Langmuir等溫線方程式與Fruendlich等溫線方程式計算所得，皆為活性碳吸附之數學經驗方程式，僅為評估用，實務上仍需將評估結果進行實驗驗證之。

　　本實驗利用批次式實驗，評估（粒狀）活性碳對甲烯藍染料之吸附能力（容量），並求出 Langmuir 等溫線方程式及 Fruendlich 等溫線方程式（繪圖及數學方程式）。

三、器材與藥品

1. 分光光度計（含石英或塑膠比色管）	2. 塑膠滴管
3. 甲烯藍染料（methylene blue，MB）	4. 洗瓶
5. 刻度吸管	6. 吸水紙
7. 50cc定量瓶	8. 拭淨（鏡）紙
9. 粒狀活性碳（粒徑0.8～1.5mm）	10. 瓶杯試驗之攪拌機

11. 配製（0.1mg/1cc或100mg/L）甲烯藍儲備溶液1000cc：精秤0.1000g甲烯藍，傾於1000cc定量瓶中，加入試劑水溶解之，定容至標線，得100mg/1000cc，即0.1mg/1cc。【註1：配製標準濃度溶液用。】
12.配製1mg/cc或1000mg/L甲烯藍儲備溶液1000cc：精秤1.000g甲烯藍，傾於1000cc定量瓶中，加入試劑水溶解之，定容至刻度線，得1000mg/1000cc，即1mg/1cc。【註2：製備人工水樣用。】
13.準備活性碳：取顆粒狀活性碳，以試劑水水洗數次，洗去粉末狀者及雜質，再經100℃烘乾備用。依實驗所需顆粒大小，以美國標準篩篩選之，例如：（mesh）No.4以上、No.4～No.7、No.7～No.12、No.12以下等。 【註3：活性碳顆粒愈大，吸附能力愈小；活性碳顆粒愈小，吸附能力愈大。】

四、實驗步驟、結果記錄與計算

(一) 配製甲烯藍標準濃度溶液

1. 如下步驟，先配製甲烯藍標準溶液濃度為：0.0、10.0、20.0、30.0、40.0、50.0mg/L。
2. 取 6 個 50cc 定量瓶，再以刻度吸管分別取 0.0、5.0、10.0、15.0、20.0、25.0cc 之（0.1mg/1cc）甲烯藍儲備溶液，分別加入 6 個 50cc 定量瓶中，再以試劑水稀釋至刻度，即可得濃度 0.0、10.0、20.0、30.0、40.0、50.0mg/L 之甲烯藍標準溶液。
3. 結果如下表所示：

		1	2	3	4	5	6
①	50cc定量瓶編號	1	**2**	3	4	5	6
②	加入（0.1mg/1cc）甲烯藍儲備溶液體積V_i（cc）	0.0	**5.0**	10.0	15.0	20.0	25.0
③	50cc定量瓶中甲烯藍含量（mg）	0.0	**0.50**	1.00	1.50	2.00	2.50
④	加入試劑水稀釋至刻度（cc）	50	**50**	50	50	50	50
⑤	甲烯藍(標準)溶液濃度X_i（mg/L）	0.0	**10.0**	20.0	30.0	40.0	50.0

【註4】配製甲烯藍（標準）溶液濃度X_i（mg/L）之計算例：
欲配製10.0 mg/L甲烯藍（標準）溶液50cc，應如何配置？
解：設取（0.1mg/1cc）甲烯藍儲備溶液體積為V（cc）
　　則：$(V \times 0.1)/(50/1000) = 10.0$
　　V = 5.0（cc）
　　即取5.0cc之甲烯藍儲備溶液（0.1mg/1cc），加入50cc定量瓶中，以試劑水稀釋至刻度，得濃度10.0mg/L之甲烯藍（標準）溶液。其餘濃度以此類推。

(二) 製作甲烯藍標準濃度曲線（檢量線）

1. 先將分光光度計熱機 15 分鐘。
2. 設定分光光度計之波長 λ = 660nm，為定量甲烯藍溶液之最大吸收波長。【註 5：以可見光之波長掃描，得甲烯藍溶液之最大吸收波長 λ ≒ 663nm。】
3. 取編號 1 之定量瓶（裝試劑水），做為甲烯藍標準溶液濃度 = 0.0mg/L，並定其於分光光度計之吸光度 Abs. = 0.000。
4. 製作甲烯藍標準濃度曲線（檢量線）。
   (1) 以分光光度計（波長 660nm）測各濃度之吸光度（Abs.），以濃度為 X 軸，吸光度為 Y 軸，結果記錄如下表：

①	50cc定量瓶編號	1	2	3	4	5	6
②	甲烯藍(標準)溶液濃度X_i（mg/L）	0.0	10.0	20.0	30.0	40.0	50.0
③	吸光度Y_i（Abs.）	0.000					

   (2) 製作甲烯藍標準濃度曲線（檢量線）【以下方法 A、B，2 選 1】

   方法 A. **手繪檢量線**：參考實驗 17. 例 2.（解法 1），以濃度（X 軸）對吸光度（Y 軸）作圖，點繪於方格紙上，目視劃出最適當之一直線，得甲烯藍標準濃度曲線，並可求出手繪直線之方程式：y = ax + b：_____

   _____

   _____

   _____

   _____

   _____

   _____

   _____。

   方法 B. **使用 Microsoft Excel 求檢量線方程式 y = ax + b【需 R^2 > 0.995；此檢量線方程式方可被接受】**
   (a) 過原點之檢量線方程式 y = ax：_____　R^2 = _____
   　（□接受、□不接受）
   (b) 不過原點之檢量線方程式 y = ax + b：_____　R^2 = _____
   　（□接受、□不接受）
   參考實驗 17. 例 2.（解法 2），繪出甲烯藍標準濃度曲線（繪出直線）

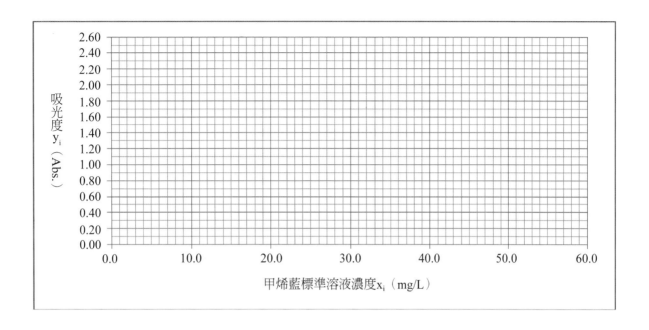

(三) 批次式活性碳吸附平衡實驗

1. 製備約 50.0mg/L 甲烯藍人工水樣 6500cc：取 325cc 之（1mg/cc）甲烯藍儲備溶液，倒入 10～15L 塑膠水桶中，再加入 6175cc 自來水，充分攪拌混合，即得。測定此水樣之吸光度（Abs.）：_____，並依甲烯藍檢量線方程式，轉換為甲烯藍濃度（C_0）：_____mg/L，記錄之。

2. 取 1. 製備好之（約 50.0mg/L）甲烯藍人工水樣，各自分裝 1000cc 至 6 個 1000cc 燒杯中（編號：①、②、③、④、⑤、⑥）。將燒杯置瓶杯試驗機上，放下攪拌棒，如圖所示。

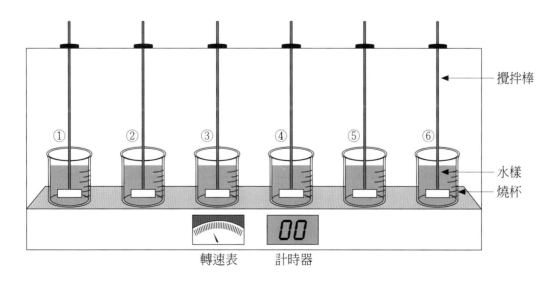

3. 秤重顆粒狀活性碳，分別為：3.0、5.0、10.0、15.0、20.0、25.0g。備用。

4. 將 3. 之活性碳分別依序加入 2. 之 6 個燒杯中，以 80rpm 轉速攪拌 25 或 30 分鐘。【註 6：應避免劇烈攪拌而使活性碳破裂。】

5. 攪拌結束，稍俟活性碳沉澱後取各燒杯之水樣，測定其吸光度（Abs.），並依甲烯藍檢量線方程式，轉換為甲烯藍濃度（C_m）。【註 7：取樣時，應避免取到活性碳；若水樣中有活性碳，則需過濾或離心之。】

6. 計算每個燒杯中活性碳所吸附之甲烯藍量 x/m（mg of MB/mg of carbon）。

7. 依數據繪製 Langmuir 及 Fruendlich 等溫吸附線圖，並分別計算等溫線方程式。

8. 結果記錄及計算如下表：

(1) 繪製 Langmuir 等溫吸附線圖，並計算等溫線方程式（水樣溫度：_____℃）

水樣編號	甲烯藍濃度 C_0 (mg/L)	水樣體積 V (L)	甲烯藍重量 w (mg)	活性碳重量 m (g)	吸附後水樣甲烯藍吸光度 (Abs.)	吸附後水樣甲烯藍濃度 C (mg/L)	被吸附甲烯藍重量 x (mg)	x/m (mg/g)	1/C = X （X軸）	1/(x/m) = Y （Y軸）
①		1.0		3.00						
②		1.0		5.00						
③		1.0		10.00						
④		1.0		15.00						
⑤		1.0		20.00						
⑥		1.0		25.00						

【註8】

1. 甲烯藍標準濃度曲線（檢量線）方程式：y = ax + b（或 y = ax）：_____ R^2 = _____。

2. 被活性碳吸附之甲烯藍重量 x（mg），計算式如下：

$x(mg) = (C_0 - C_m) \times V$

式中

C_0：水樣之甲烯藍初始濃度（mg/L）

C_m：加入活性碳 m（g）吸附後，水樣之甲烯藍濃度（mg/L）

V：水樣體積（L）

A. 繪製 Langmuir 等溫吸附線圖

若吸附遵循 Langmuir 等溫模式，令 1/C = X（X軸）、1/(x/m) = Y（Y軸），點繪於（算數座標）方格紙作圖，可得一直線，如下：【或以 Microsoft Excel 求得直線方程式：

_____R^2 = _____】

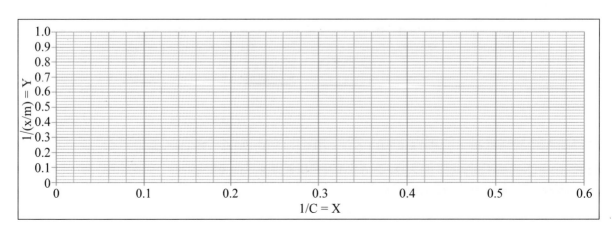

B. 計算 Langmuir 等溫線方程式：$1/(x/m) = [1/(ab)] \times (1/C) + (1/b)$ 或 $x/m = abC/(1 + aC)$【可由上圖之截距 = 1/b、斜率 = 1/(ab)，決定常數 a、b 之值】

	試算步驟	試算結果
①	設（手繪或Excel）求得之直線方程式為：$Y = eX + f$	
②	將 $Y = \mathbf{e}X + \mathbf{f}$ 對應於：$1/(x/m) = [\mathbf{1/(ab)}] \times (1/C) + (\mathbf{1/b})$	
③	由：f = 1/b【f為直線於Y軸之截距 = 1/b】，得b = 1/f	f = , b = 1/f =
④	由：e = 1/(ab)【e為直線之斜率 = 1/(ab)】，得a = f/e	f = , e = , a = f/e =
⑤	將a、b代入，得Langmuir等溫線方程式： $1/(x/m) = [1/(ab)] \times (1/C) + (1/b)$	
⑥	或將a、b代入，得Langmuir等溫線方程式： $x/m = abC/(1 + aC)$	

(2) 繪製 Fruendlich 等溫吸附線圖，並計算等溫線方程式（水樣溫度：_____℃）

水樣編號	甲烯藍濃度 C_0(mg/L)	水樣體積 V(L)	甲烯藍重量 w(mg)	活性碳重量 m(g)	吸附後水樣甲烯藍吸光度 (Abs.)	吸附後水樣甲烯藍濃度 C(mg/L)	被吸附甲烯藍重量 x(mg)	x/m (mg/g)	logC = X〔X軸〕	log(x/m) = Y〔Y軸〕
①		1.0		3.00						
②		1.0		5.00						
③		1.0		10.00						
④		1.0		15.00						
⑤		1.0		20.00						
⑥		1.0		25.00						

【註9】

1. 甲烯藍標準濃度曲線（檢量線）方程式 $y = ax + b$（或 $y = ax$）：_____ $R^2 =$ _____。

2. 被活性碳吸附之甲烯藍重量 x（mg），計算式如下：

$x(mg) = (C_0 - C_m) \times V$

式中

C_0：水樣之甲烯藍初始濃度（mg/L）

C_m：加入活性碳 m（g）吸附後，水樣之甲烯藍濃度（mg/L）

V：水樣體積（L）

A. 繪製 Fruendlich 等溫吸附線圖

若吸附遵循 Fruendlich 等溫模式，令 $logC = X$（X 軸）、$log(x/m) = Y$（Y 軸），點繪於（算數座標）方格紙作圖，可得一直線，如下：【或以 Microsoft Excel 求得直線方程式：_____ $R^2 =$ _____】

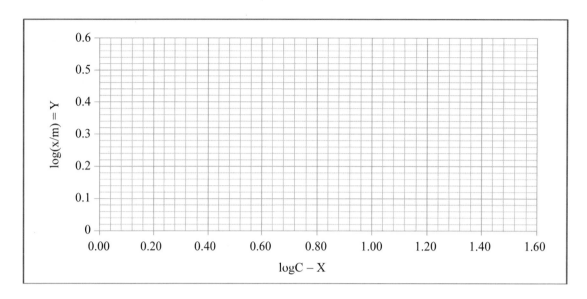

B. 計算 Fruendlich 等溫線方程式： $x/m = KC^{1/n}$ 或 $\log(x/m) = (1/n)\log C + \log K$

	試算步驟	試算結果
①	設（手繪或Excel）求得之直線方程式為：$Y = gX + h$	
②	將 $Y = \mathbf{g}X + \mathbf{h}$ 對應於：$\log(x/m) = \mathbf{(1/n)}\log C + \mathbf{\log K}$	
③	由：$g = 1/n$【g為直線之斜率】，得$n = 1/g$	$g = $ ，$n = 1/g = $
④	由：$h = \log K$【h為直線於Y軸之截距】，得$K = 10^h$	$h = $ ，$K = 10^h = $
⑤	將K、n代入，得Fruendlich等溫線方程式： $x/m = KC^{1/n}$	
⑥	或將K、n代入，得Fruendlich等溫線方程式： $\log(x/m) = (1/n)\log C + \log K$	

9. 實驗廢液先以濾網濾除活性碳顆粒（以廢棄物清理之），廢液則以廢液桶貯存待處理或排入廢水處理廠處理之。

五、心得與討論

_____

_____

_____

_____

_____

_____

_____

實驗 20：活性碳管柱（固定床）連續流吸附實驗（甲烯藍）

一、目的

(一) 利用活性碳管柱（固定床）進行連續流吸附實驗。

(二) 評估活性碳管柱（固定床）對甲烯藍染料之吸附能力（容量），並試繪「貫穿曲線」。

二、相關知識

「溶解性有機物」的存在為水中色、味、臭、化學需氧量（chemical oxygen demand，COD）、生化需氧量（biochemical oxygen demand，BOD）、總有機碳（total organic carbon，TOC）來源之一。

活性碳係由煤質碳、木質碳、果殼碳及椰殼碳等經乾餾、熱解所製成，為一種多微孔性、高表面積的含碳物質，表面具有某些官能基及孔隙為作用基，藉物理性吸附、化學性吸附及離子吸附作用來吸附物質，可作為水中含有溶解性有機物質（例如：染料、農藥、烷基苯磺酸鹽、有機溶劑等）之吸附劑。活性碳種類繁多，外觀形態有粉狀、顆粒、網狀纖維活性碳等。

會影響活性碳吸附作用容量及速率之因素很多，如：溫度、pH 值、攪拌情形、被吸附物質之濃度及溶解度、被吸附物質分子大小、多種被吸附物質共存、溶劑性質、吸附劑（活性碳）顆粒之性質等。

本實驗係利用（粒狀）活性碳管柱（固定床）進行連續流吸附實驗，以評估（粒狀）活性碳管柱（固定床）對甲烯藍染料之吸附能力（容量），並試繪「貫穿曲線（breakthrough curve）」，如圖 1 所示。【註 1：粉狀活性碳吸附量雖較大，但於活性碳管柱（固定床）進行連續流吸附實驗時，易阻塞，水頭損失較大。】

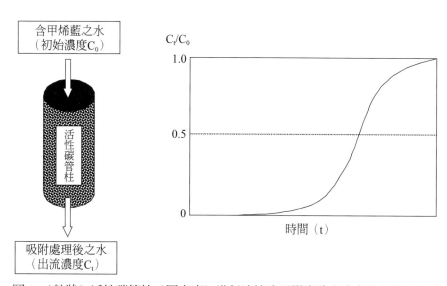

圖 1：（粒狀）活性碳管柱（固定床）進行連續流吸附實驗之濃度貫穿曲線示意

　　「貫穿曲線」說明如下：含較高濃度甲烯藍染料之水（初始濃度 C_0），由（粒狀）活性碳管柱（固定床）頂端進入，甲烯藍染料因與活性碳接觸而逐漸被吸附，水並隨時間（t）自底部流出，出流水初始之甲烯藍染料濃度（C_t）極低，如此進行連續流吸附；隨時間經過，流經活性碳管柱之水量增加，甲烯藍染料被吸附量亦增加，活性碳之吸附量亦逐漸達飽和，終至出流水中之甲烯藍染料濃度（C_t）上升至 C_0，即 $C_t = C_0$ 或 $C_t/C_0 = 1$；將時間（t：X 軸）與出流水與進流水之甲烯藍染料濃度比值（C_t/C_0：Y 軸）繪於方格紙，得「貫穿曲線」。

【註 2：實務上，欲處理之水中所含物質（污染物）種類繁雜、濃度變化各異，需依處理目的進行出流水水質監測，例如監測總有機碳（Total Organic Carbon，TOC）、化學需氧量（Chemical Oxygen Demand，COD）。】

三、器材與藥品

1.連續流（粒狀）活性碳管柱（固定床）吸附試驗裝置（見圖2）	
2.50cc滴定管【註3：作為活性碳管柱使用，舉凡透明塑膠水管、壓克力管、玻璃管皆可，本實驗建議使用50cc滴定管。】	
3.#1、#6（或#7）（穿孔）橡膠塞	4.PP直型（大小）接管（尺寸規格需配合塑膠軟管）
5.透明塑膠軟管（管徑需配合PP直型（大小）接管）	6.空保特瓶（瓶口配合#6或#7橡膠塞）
7.棉花、管路夾（或鳳尾夾）	8.500cc（或1000cc）塑膠量筒
9.分光光度計（含比色管）	10.漏斗
11.配製0.1mg/1cc或100mg/L甲烯藍儲備溶液1000cc：精秤0.1000g甲烯藍，傾於1000cc定量瓶中，加入試劑水溶解之，定容至標線，得100mg/1000cc，即0.1mg/1cc。【註4：配製標準濃度溶液用。】	
12.配製1mg/1cc或1000mg/L甲烯藍儲備溶液1000cc：精秤1.000g甲烯藍，傾於1000cc定量瓶中，加入試劑水溶解之，定容至標線，得1000mg/1000cc，即1mg/1cc。【註5：製備人工水樣用。】	
13.準備活性碳：取顆粒狀活性碳，以試劑水洗數次，洗去粉末狀者及雜質，再經100℃烘乾備用。依實驗所需顆粒大小，以美國標準篩篩選之，例如：（mesh）No.4以上、No.4～No.7、No.7～No.12、No.12以下等。【註6：活性碳顆粒愈大，吸附能力愈小；活性碳顆粒愈小，吸附能力愈大。】	
14.（記錄）本實驗選用之顆粒狀活性碳之篩號或粒徑：＿＿＿＿＿＿＿＿＿＿＿＿＿＿＿＿＿ 【註7：顆粒小者較易裝填於50cc滴定管中，建議選用通過（mesh）No.7～No.12或No.12以下者。】	

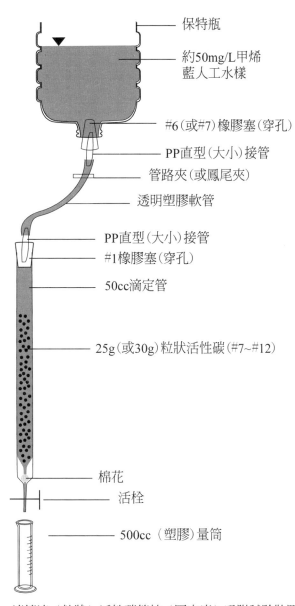

圖2：連續流（粒狀）活性碳管柱（固定床）吸附試驗裝置示意

保特瓶

約50mg/L甲烯
藍人工水樣

#6（或#7）橡膠塞（穿孔）

PP直型（大小）接管

管路夾（或鳳尾夾）

透明塑膠軟管

PP直型（大小）接管
#1橡膠塞（穿孔）

50cc滴定管

25g（或30g）粒狀活性碳（#7~#12）

棉花

活栓

500cc（塑膠）量筒

四、實驗步驟、結果記錄與計算

(一) 配製甲烯藍標準濃度溶液

1. 如下步驟，先配製甲烯藍標準溶液濃度為：0.0、10.0、20.0、30.0、40.0、50.0mg/L。

2. 取 6 個 50cc 定量瓶，再以刻度吸管分別取 0.0、 5.0、 10.0、 15.0、 20.0、 25.0cc 之（0.1mg/1cc）甲烯藍儲備溶液，分別加入 6 個 50cc 定量瓶中，再以試劑水稀釋至刻度，即可得濃度 0.0、10.0、20.0、30.0、40.0、50.0mg/L 之甲烯藍標準溶液。

3. 結果如下表所示：

①	50cc定量瓶編號	1	**2**	3	4	5	6
②	加入（0.1mg/1cc）甲烯藍儲備溶液體積V_i（cc）	0.0	**5.0**	10.0	15.0	20.0	25.0
③	50cc定量瓶中甲烯藍含量（mg）	0.0	**0.50**	1.00	1.50	2.00	2.50
④	加入試劑水稀釋至刻度（cc）	50	**50**	50	50	50	50
⑤	甲烯藍(標準)溶液濃度X_i（mg/L）	0.0	**10.0**	20.0	30.0	40.0	50.0

【註8】配製甲烯藍（標準）溶液濃度X_i（mg/L）之計算例：
欲配製10.0 mg/L甲烯藍（標準）溶液50cc，應如何配置？
解：設取（0.1mg/1cc）甲烯藍儲備溶液體積為V（cc）
則：$(V \times 0.1)/(50/1000) = 10.0$
$V = 5.0$（cc）
即取5.0cc之甲烯藍儲備溶液（0.1mg/1cc），加入50cc定量瓶中，以試劑水稀釋至刻度，得濃度10.0mg/L之甲烯藍（標準）溶液。其餘濃度以此類推。

(二) 製作甲烯藍標準濃度曲線（檢量線）

1. 先將分光光度計熱機 15 分鐘。

2. 設定分光光度計之波長 λ = 660nm，為定量甲烯藍溶液之最大吸收波長。【註 9：以可見光之波長掃描，得甲烯藍溶液之最大吸收波長 λ ≒ 663nm。】

3. 取編號 1 之定量瓶（裝試劑水），做為甲烯藍標準溶液濃度 = 0.0mg/L，並定其於分光光度計之吸光度 Abs. = 0.000。

4. 製作甲烯藍標準濃度曲線（檢量線）

   (1) 以分光光度計（波長 660nm）測各濃度之吸光度（Abs.），以濃度為 X 軸，吸光度為 Y 軸，結果記錄如下表：

①	50cc定量瓶編號	1	2	3	4	5	6
②	甲烯藍（標準）溶液濃度X_i（mg/L）	0.0	10.0	20.0	30.0	40.0	50.0
③	吸光度Y_i（Abs.）	0.000					

   (2) 製作甲烯藍標準濃度曲線（檢量線）【以下方法 A、B，2 選 1】

   方法A. **手繪檢量線**：參考實驗17.例2.（解法 1），以濃度（X軸）對吸光度（Y軸）作圖，點繪於方格紙上，目視劃出最適當之一直線，得甲烯藍標準濃度曲線，並可求出手繪直線之方程式：y = ax + b：_____

   _____

   _____

   _____

   _____

_____
_____
_____。

方法 B. 使用 **Microsoft Excel** 求檢量線方程式 **y = ax + b**【需 $R^2 > 0.995$；此檢量線方程式方可被接受】

(a)過原點之檢量線方程式 y = ax：_____ R^2 = _____
　　（□接受、□不接受）

(b)不過原點之檢量線方程式 y = ax + b：_____ R^2 = _____
　　（□接受、□不接受）

參考實驗 17. 例 2.（解法 2），繪出甲烯藍標準濃度曲線（繪出直線）

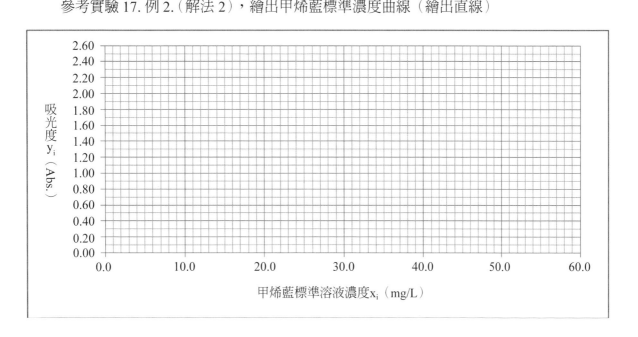

(三) 製備約50.0mg/L甲烯藍人工水樣2000cc

取 100cc 之（1mg/cc）甲烯藍儲備溶液，倒入 2L 塑膠燒杯中，再加入 1900cc 自來水，充分攪拌混合，即得。測定此水樣之吸光度（Abs.）：_____，並依甲烯藍檢量線方程式，轉換為甲烯藍濃度（C_0）：_____mg/L，記錄之。備用。

(四) 粒狀活性碳管柱（滴定管）之填充與準備

1.取些許棉花，以滴定管刷將棉花推入 50cc 滴定管底部（以避免活性碳顆粒穿漏，但可使水流通過），關閉滴定管底部之活栓，備用。

2.以 100cc 燒杯秤取 25.0（或 30.0）g 活性碳備用。【註 10：顆粒小者較易裝填於 50cc 滴定管中，建議選用通過（mesh）No.7～No.12 或 No.12 以下者。】

3. 先取試劑水加入滴定管中，至刻度 25cc 位置止。【註 11：滴定管中先加水，再填入活性碳，可減少空氣聚積。】

4. 取（乾燥）漏斗置滴定管頂端，緩慢倒入 2. 之活性碳，過程並輕輕搖動滴定管，使管中空氣排出，避免活性碳床有空氣殘留。

5. 依圖 2. 所示，組裝連續流（粒狀）活性碳管柱（固定床）吸附試驗裝置，備用。

(五) 連續流（粒狀）活性碳管柱（固定床）吸附試驗

1. 將組裝備好之連續流活性碳管柱吸附試驗裝置開始注入甲烯藍人工水樣於活性碳管柱，至裝置管線中填滿甲烯藍人工水樣。

2. 取 500cc 量筒置滴定管下方，打開滴定管底部之活栓，調整流速為：約每秒 2 滴（或稍快）。

3. 依下表之取樣序號依序取出流水水樣（每次約 3cc），測定吸光度 Abs.，記錄之，再依檢量線方程式轉換為甲烯藍濃度 C_t，測完吸光度之水樣應倒回原 500cc 量筒中。【註 12：若出流水達 500cc 時，可將量筒中之出流水倒出，再繼續依取樣序號依序取樣。】

4. 取水樣測吸光度直至出流水之甲烯藍濃度與進流水相同時停止，此時為完全貫穿管柱，即 $C_t/C_0 = 1$。【註 13：此時管柱內活性碳吸附量已達飽和。】

5. 過程中如甲烯藍人工水樣不足，可另增加補充甲烯藍人工水樣。

6. 結果記錄及計算如下表：

項目	【顆粒狀活性碳篩號：　　　　～　　　　粒徑：　　　　～　　　　mm】									
①	初始人工水樣甲烯藍濃度 C_0（mg/L）									
②	取樣序號	1	2	3	4	5	6	7	8	9	10
③	出流水累積體積 V_t（cc）	100	200	300	400	500	600	700	800	900	1000
④	出流水（甲烯藍）吸光度 Abs.（y）									
⑤	出流水甲烯藍濃度 C_t（mg/L）（x）									
⑥	C_t/C_0									
⑦	取樣序號	11	12	13	14	15	16	17	18	19	20
⑧	出流水累積體積 V_t（cc）	1100	1200	1300	1400	1500	1600	1700	1800	1900	2000
⑨	出流水（甲烯藍）吸光度 Abs.（y）									
⑩	出流水甲烯藍濃度 C_t（mg/L）（x）									
⑪	C_t/C_0									

【註 14】甲烯藍檢量線方程式 $y = ax + b$（或 $y = ax$）：_____　$R^2 =$ _____。

7. 依出流水累積體積 V_t（cc）（X 軸）與出流水之甲烯藍濃度（C_t）與進流水之甲烯藍濃度（C_0）之比值（C_t/C_0）（Y 軸）之關係，繪貫穿曲線於方格紙。

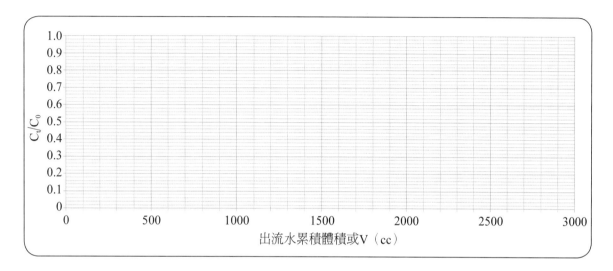

8. 實驗廢液先以濾網濾除活性碳顆粒（以廢棄物清理之），廢液則以廢液桶貯存待處理或排入廢水處理廠處理之。

五、結果與討論

實驗 21：廢食用油再製環保（家事）肥皂 — 資源回收再利用

一、目的

(一) 瞭解油、脂之化學組成。

(二) 瞭解皂化反應。

(三) 瞭解肥皂配方之計算。

(四) 學習利用廢食用油再製環保（家事）肥皂。

(五) 資源回收再利用。

二、相關知識

(一) 油、脂概說

「油（oils）」、「脂肪（fats）」於化學上皆屬「酯類」，即油與脂肪皆為「脂肪酸的甘油酯」；植物油和動物性脂肪之主要成分為「三酸甘油酯」；於常溫時「脂肪酸甘油酯」呈液態者，稱為油，呈固態者，稱為脂肪；於化學性質上其皆屬相似者。以化學通式表示如下：

脂肪酸 + 甘油（丙三醇）→脂肪酸甘油酯（油或脂肪）+ 水

$3R\text{-}COOH + C_3H_5(OH)_3 \rightarrow C_3H_5(OOCR)_3$（油或脂肪）$+ 3H_2O$

脂肪酸甘油酯（油或脂肪）中之脂肪酸（fatty acid，R-COOH）可能皆相同，亦可能各不相同。

脂肪酸為一類長鏈的羧酸，或為飽和（沒有雙鍵）或為不飽和（帶有雙鍵），多為直鏈（直鏈飽和脂肪酸通式為：$C_nH_{2n+1}COOH$），亦有支鏈。表 1 例舉出某些「油或脂肪」所含有的「酸」及其來源。

表 1：某些「油或脂肪」所含有的「酸」及其來源（參考文獻 11.）

名稱	分子式	來源
丁酸	C_3H_7COOH	牛油
己酸	$C_5H_{11}COOH$	牛油、椰子油
辛酸	$C_7H_{15}COOH$	牛油、棕櫚油
癸酸	$C_9H_{19}COOH$	椰子油
月桂酸	$C_{11}H_{23}COOH$	椰子油、鯨腦
棕櫚酸（軟脂酸）	$C_{15}H_{31}COOH$	棕櫚油、動物脂肪
硬脂酸	$C_{17}H_{35}COOH$	動植物油與脂肪
花生酸	$C_{20}H_{40}O_2$	花生油

（續下表）

油酸	$C_{18}H_{34}O_2(C_{17}H_{33}COOH)$	動植物油與脂肪
亞油酸	$C_{18}H_{32}O_2(C_{17}H_{31}COOH)$	棉籽油

另於各種油與脂肪中所含主要脂肪酸之相對含量亦大不相同，表 2 例舉出某些「油或脂肪」所含有的「酸」之相對含量。

表 2：某些「油或脂肪」所含有的「酸」之相對含量（參考文獻 11.）

名稱	油酸	亞油酸	亞蔴酸	硬脂酸	肉豆蔻酸	棕櫚酸	花生酸
牛油	27.4	－	－	11.4	22.6	22.6	－
羊脂	36.0	4.3	－	30.5	4.6	24.6	－
橄欖油	84.4	4.6	－	2.3	微量	6.9	0.1
棕櫚油	38.4	10.7	－	4.2	1.1	41.1	－
花生油	60.6	21.6	－	4.9	－	6.3	3.3
大豆油	32.0	49.3	2.2	4.2	－	6.5	0.7

(二) 皂化反應

「肥皂（soaps）」之製作，係經由「皂化反應（saponification）」製成，皂化反應為：脂肪酸甘油酯（油或脂肪）與強鹼〔氫氧化鈉（NaOH）或氫氧化鉀（KOH）〕加水混合作用，被水解為脂肪酸（羧酸）與甘油（丙三醇）；生成之脂肪酸（羧酸）再被鹼所中和，得到高級脂肪酸的鈉（或鉀）鹽（肥皂），而使反應完全。反應表示如下：

油、脂肪 + 水 + 氫氧化鈉→皂鹽（脂肪酸的鈉鹽）+ 甘油（丙三醇）

$(CH_2OOCR)(CHOOCR)(CH_2OOCR) + 3NaOH \rightarrow 3RCOONa + C_3H_5(OH)_3$

其中 R- 基可能相同，亦可能不同，但生成之 R-COONa 都可以做肥皂。
例如：

三硬脂精（三硬脂酸甘油酯、三 - 十八酸甘油酯）+ 水→硬脂酸 + 甘油

硬脂酸 + 氫氧化鈉→硬脂酸鈉 + 水

化學反應方程式如下：

$$\begin{array}{l}
CH_2O-\overset{\displaystyle O}{\overset{\|}{C}}-CH_2(CH_2)_{15}CH_3 \\
| \qquad \overset{\displaystyle O}{} \\
CHO-\overset{\|}{C}-CH_2(CH_2)_{15}CH_3 \\
| \qquad \overset{\displaystyle O}{} \\
CH_2O-\overset{\|}{C}-CH_2(CH_2)_{15}CH_3 + 3H_2O \rightarrow 3C_{17}H_{35}COOH + C_3H_5(OH)_3 \\
\quad\text{（三硬脂精）} \qquad\qquad \text{（水）（硬脂酸或十八酸）（甘油或丙三醇）}
\end{array}$$

$$C_{17}H_{35}COOH + NaOH \rightarrow C_{17}H_{35}COONa + H_2O$$
（硬脂酸）（氫氧化鈉）（硬脂酸鈉） （水）

以油脂、混合氫氧化鈉、水所製作成的皂，稱之「冷製皂」。由化學反應式中可知油脂、氫氧化鈉、水為製皂之原料，只需氫氧化鈉秤量適當正確，能夠與油脂完全反應，則反應完成後的成品即為：肥皂＋甘油；即無氫氧化鈉之殘留。

皂化反應將油或脂肪分解成皂鹽〔脂肪酸的鈉（或鉀）鹽〕與甘油；皂鹽（例如：硬脂酸鈉 $C_{17}H_{35}COONa$）分子具親水基與疏水基，屬界面活性劑之一種，具清潔油污之能力；甘油為一種保濕劑，能使肌膚滋潤不乾澀。

肥皂之特性視所使用油或脂肪之種類而定，牛油、棉子油被用於製造低級肥皂；椰子油被用於製造化妝用肥皂；手工肥皂則多以橄欖油、棕櫚油、椰子油等作為皂基，加上氫氧化鈉溶液，調配於一定比例快速拌勻，再加入適量精油或香精後，倒入模型中，則能成具香味且滋潤肌膚的手工香皂。

一般肥皂之主要成分多為硬脂酸鈉（$C_{17}H_{35}COONa$），於其中若加入染料和香料，即成有顏色、香味之香皂；若加入化學藥物〔如硼酸（H_3BO_3）、甲酚（$CH_3C_6H_4OH$，cresol）或石碳酸（C_6H_5OH，phenol，苯酚）〕，即成藥皂。【註1：藥皂添加之藥物皆為有毒害之化學品，切勿自行任意添加。】

1. 氫氧化鈉量之計算

「氫氧化鈉」之用量關乎手工肥（香）皂製作之成敗，「加鹼」過量則有殘留，致成皂呈強鹼性，將傷害肌膚；但若「減鹼」過量，氫氧化鈉完全（皂化）反應，則有油脂殘留（成品較滋潤不乾澀），致成皂過軟或容易出油酸敗。故於設計皂基配方時，如何計算出適當之氫氧化鈉用量極為重要。肥皂之酸鹼性可以 pH 值測試，可判斷水溶液呈酸性或鹼性；pH＝7 為中性，pH＞7 為鹼性，pH＜7 為酸性。測試肥皂 pH 值之簡易方法為：將肥皂表面以水潤濕，或加水將肥皂搓出泡沫來，再使用「廣用試紙」測之，觀察試紙呈色再與標準顏色比較即得。若肥皂之 pH 值在 7～9 之間，即可使用；若 pH 值過高，則呈強鹼性，使用恐傷害肌膚。

依油脂種類不同，所需之氫氧化鈉用量亦不同，需視油脂之「皂化值（Saponification Value，SAP Value，皂化價）」以決定氫氧化鉀（鈉）之用量。「皂化值」即中和並皂化 1 克油脂所需要「氫氧化鉀」之毫克數。表 3 為各種油脂之皂化值（價）；其中 NaOH 是製作冷製皂（手工皂，固體皂）時使用，KOH 是製作液體皂時使用。【註 2：「冷製皂」係以油脂混和氫氧化鈉及水所製成之皂，完成後的成品稱為「冷製皂」，至少需放置 6 週以上，俟皂的鹼性下降，熟成後方能使用。】

表 3：各種油脂之皂化值（價）及 INS 值（參考文獻 12、13、14、15、17、18）

油脂種類	英文名	氫氧化鈉皂化值（mg NaOH/g油）	氫氧化鉀皂化值（mg KOH/g油）	INS 值	油脂種類	英文名	氫氧化鈉皂化值（mg NaOH/g油）	氫氧化鉀皂化值（mg KOH/g油）	INS 值
椰子油	Coconut Oil	190.0	266.0	258	小麥胚芽油	Wheatgerm Oil	131.0	183.4	58

（續下表）

棕櫚油	Palm Oil	141.0	197.4	145	玫瑰果籽油	Rosehip Oil	137.8	193.0	16
棕櫚脂	Palm Butter	156.0	218.4	183	杏桃核油	Apricot Kernel Oil	135.4	189.0	91
棕櫚核油	Palm Kernel Oil	156.0	218.4	227	巴西核果油	Babasu, Brazil Nut	175.0	245.0	230
橄欖油	Olive Oil	134.0	187.6	109	大豆油	Soybean Oil	135.0	189.0	61
葵花籽油	Sunflower Seed Oil	134.0	187.6	63	玉米油	Corn Oil	136.0	190.4	69
蓖麻油	Castor Oil	128.6	180.0	95	棉籽油	Cottonseed Oil	138.6	194.0	89
芥花籽油	Canola	128.0	179.2	56	夏威夷核果油	Kukui Nut Oil	135.0	189.0	24
芥花籽油 I	Canola I (Org)	132.4	185.3	56	水蜜桃核仁油	Peach Kernel Oil	137.0	191.8	96
芥花籽油 II	Canola II (Jpn)	124.0	173.6	56	開心果油	Pistachio Nut Oil	132.8	186.3	92
白油	Shortening (veg.)	136.0	190.4	115	南瓜籽油	Pumpkin seed Oil	133.1	186.3	67
花生油	Peanut Oil	136.0	190.4	99	苧麻油	Ramic Oil	124.0	173.6	56
葡萄籽油	Grapeseed Oil	126.5	177.1	66	油菜花籽油	Rapeseed Oil	124.0	173.6	56
芝麻油	Sesame Oil	133.0	186.2	81	紅花籽油	Safflower	136.0	190.4	47
米糠油	Rice Bran Oil	128.0	179.2	70	核桃油	Walnut Oil	135.3	189.4	45
甜杏仁油	Sweet Almond Oil	136.0	190.4	97	亞麻籽油	Flaxseed Oil	135.7	189.9	-6
蜜（蜂）蠟	Beeswax	69.0	96.6	84	硬脂酸	Stearic Acid	141.2	198.0	196
乳油木果脂	Shea Butter	128.0	179.2	116	棕櫚硬脂酸	Palm Stearic	141.0	197.7	157
酪梨油	Avocado Oil	133.0	186.2	99	芒果油	Mango Oil	128.0	179.2	120
可可脂	Cocoa Butter	137.0	191.8	157	芒果脂	Mango Butter	137.1	192.0	146
榛果油	Hazelnut Oil	135.6	189.8	94	山茶花油（苦茶油）	Camellia Oil	136.2	191.0	108
月見草油	Evening Primrose Oil	135.7	190.0	30	牛油、牛脂	Butterfat,Cow	161.9	226.6	191
大麻籽油	Hempseed Oil	134.5	183.3	39	牛油、牛脂	Tallow	143.0	200.6	147
荷荷芭油	Jojoba Oil	69.0	96.6	11	豬油	Lard Fat	141.0	197.8	139
澳洲胡桃油	Macadamia Oil	139.0	194.6	119	羊毛脂	Lanolin	74.1	103.7	83

【註3】各種油脂之皂化價會因產地、製程不同而有差異，或取平均值爲參考；本表參考時需注意：1. 中英文名稱是否相符，2. 原料之純度、成分、等級、規格、不純物與用途，3. 相關數值之正確性。應由供貨商處取得正確之資訊。

例1：硬脂酸（Stearic Acid）化學式爲$C_{17}H_{35}COOH$，試計算其氫氧化鈉皂化值爲？（mg NaOH/g 油）

解：$C_{17}H_{35}COOH$莫耳質量 $= 17 \times 12.01 + 35 \times 1.008 + 2 \times 16.00 + 1.008 = 284.468$（g/mole）

NaOH莫耳質量 $= 22.99 + 16.00 + 1.008 = 39.998$（g/mole）

設1g之$C_{17}H_{35}COOH$可與x g之NaOH反應，則

$C_{17}H_{35}COOH + NaOH \rightarrow C_{17}H_{35}COONa + H_2O$

$$\frac{1}{(1/284.468)} = \frac{1}{(x/39.998)}$$

$x = 0.1406$(g) $= 140.6$(mg)

氫氧化鈉皂化值 $= 0.1406$（g NaOH/g $C_{17}H_{35}COOH$）$= 140.6$（mg NaOH/g $C_{17}H_{35}COOH$）

NaOH 之皂化值與 KOH 之皂化值可互相轉換，即

NaOH 之皂化值（mg NaOH/g 油）

$= (39.998/56.108) \times$ KOH 之皂化值（mg KOH/g 油）

$= 0.713 \times$ KOH 之皂化值（mg KOH/g 油）

或

KOH 之皂化值（mg KOH/g 油）$= 1.403 \times$ NaOH 之皂化值（mg NaOH/g 油）

例2：已知甜杏仁油的皂化價為190.4（mg KOH/g甜杏仁油），則為？（mg NaOH/g甜杏仁油）

解：KOH莫耳質量 $= 39.10 + 16.00 + 1.008 = 56.108$（g/mole）

NaOH莫耳質量 $= 22.99 + 16.00 + 1.008 = 39.998$（g/mole）

則 $(39.998/56.108) \times 190.4$（mg KOH/g甜杏仁油）$= 135.8$（mg NaOH/g甜杏仁油）

---

(1) 手工皂理論氫氧化鈉用量之計算

理論氫氧化鈉用量 = 各油脂重量與各油脂之皂化價乘積的總和

A. 單一油脂：

所需理論 NaOH 的重量 = 油脂重量 × 油脂之皂化價

B. 多種油脂：

所需理論 NaOH 的總重量 = A 油脂重量 ×A 油脂之皂化價 + B 油脂重量 ×B 油脂之皂化價 + …

例3：椰子油皂化值為190.0，即1g椰子油需190.0mg（$= 0.1900$g）NaOH行皂化反應；100g椰子油需 19000.0mg（$= 19.00$g）NaOH行皂化反應。

---

2. 肥皂軟硬程度之評估計算（INS值，Iodine Number Saponification Value）

各種油脂之「INS」值會影響成皂之軟硬度，「INS」值用來評估手工皂完成後之軟硬度。一般而言：軟油愈多，INS 值愈低，成皂會愈軟；INS 值愈高，成皂會愈硬。過軟或過硬的肥皂都不適合使用，於作皂之前，需先了解各別油脂之 INS 值，並計算該皂油脂配比之 INS 值是否適當，以評估成皂的軟硬度是否恰當。一般建議 INS 值在 120～170 為可被接受之硬度。

表 3 列有各種油脂之 INS 值。需注意者，INS 值係一參考值，成皂的硬度與水分蒸發程度有關，藉由 INS 值，可以預測肥皂完成後之軟硬程度，減少失敗之機率。

皂基配方之 INS 值計算公式：

皂基配方之 INS 值 $= \sum$（個別油脂之 INS 值 × 個別油脂所占皂基比例）

$= \sum$〔個別油脂之 INS 值 ×（個別油脂重量 / 全部油脂總重量）〕

$=$ A 油脂之 INS 值 ×A 油脂比例 + B 油脂之 INS 值 ×B 油脂比例 + …

例4：皂基配方：橄欖油250g（INS值 = 109）、椰子油150g/W（INS值 = 258）、棕櫚油100g（INS值 = 145）；試計算皂基配方之INS值為？

解：全部油脂總重量 = 250 + 150 + 100 = 500(g)

混合後皂基之INS值 = 109×(250/500) + 258×(150/500)+145×(100/500) = 160.9

（介於120～170間，可接受）

例5：皂基配方：椰子油400g（INS值 = 258）、橄欖油100g（INS值 = 109）；試計算皂基配方之INS值為？

解：全部油脂總重量 = 400 + 100 = 500(g)

混合後皂基之INS值 = 258×(400/500) + 109×(100/500) = 228.2

（大於170，過硬；本配方適於家事用皂，因要求清潔力強，故皂基之INS值超過一般身體使用之範圍。若使用於身體，則需重新評估INS值。）

---

3. 水量的估算

皂化反應中，需要的水量與配方中使用油脂種類有關，例如較堅硬之純椰子油製之皂水量需求會較多；但過多的水量，於熟成過程將使成品硬化得較慢，不足之水量可能使皂化反應不均勻；又水量之多寡亦會影響倒模時之體積及皂體脫模乾燥後體積之收縮程度。然若配方之油脂量和氫氧化鈉重量比例適當，些許之水量差異對成品影響不大。

又因鹼（氫氧化鈉）有不足量之添加（鹼化率 %）方式，如表 4 所示，故所需水量亦需隨之調整。

表 4：鹼（氫氧化鈉）有不足量之添加（鹼化率 %）（參考文獻 15.）

鹼化率（%）	說　明
100	為皂化反應之理論需鹼（NaOH）量；適用於製作「超脂皂」，即調製好之皂液於倒模前，額外加入一些油脂（建議額外添加量，不超過參與反應配方油重量之6%），此油脂是不參與反應的，於計算氫氧化鈉用量時不予計算，通常此類油脂為高貴的油品，期望其直接被包覆於肥皂內，使用時可使肌膚產生滋潤感，表現出油脂之特性。
95	適用油性膚質，即加鹼量為理論量之95%，使少部分油脂未皂化。
90	適用一般膚質，即加鹼量為理論量之90%，使部分油脂未皂化。
85	適用乾性膚質，即加鹼量為理論量之85%，使較多之油脂未皂化。

皂化反應所需水量之估算方法頗多，本文採固定氫氧化鈉溶液之濃度，僅需算出（理論）氫氧化鈉用量即可算出所需水量。以下有 2 種建議算法：

(1) 建議算法 1：

調配氫氧化鈉溶液之重量體積百分濃度（w/v）為 30%，即每 100cc 氫氧化鈉溶液中含有氫氧化鈉30g。〔秤取 30g NaOH 加入水中，使最終溶液體積為100cc即是。需注意者，水量非為 100cc，而是溶液（水 + 氫氧化鈉）之體積為 100cc。〕

計算如下：

〔理論氫氧化鈉重量（g）× 鹼化率〕/ 溶液體積（cc）= 30(g NaOH)/100（cc 溶液）

(2) 建議算法 2：

　　調配氫氧化鈉溶液為：每 100cc 水中加入 35g 氫氧化鈉。

　　計算如下：

　　〔理論氫氧化鈉重量（g）× 鹼化率〕/ 水體積（cc）= 35(g NaOH)/100（cc 水）

　　加水量係為參考值，適合之水量仍應依（個人）經驗來調整水量。

　　可製皂之油脂（性質及成分）種類繁多，油脂種類決定了肥皂成品之特性和質感。拜網路發達之賜，製皂之各種油脂特性可由網路查得，可依個人需求及喜好，決定配方中油脂種類及比例，為個人製作專屬的手工皂。

例6：改良式馬賽皂配方（重量百分比）如下：

　　橄欖油72%，橄欖油NaOH皂化價 = 134.0（mg NaOH/g油）、INS值 = 109。
　　椰子油18%，椰子油NaOH皂化價 = 190.0（mg NaOH/g油）、INS值 = 258。
　　可可脂10%，可可脂NaOH皂化價 = 137.0（mg NaOH/g油）、INS值 = 157。

(1) 試計算此配方油脂之NaOH皂化價為？（mg NaOH/g油）

解：$(0.72 \times 134.0) + (0.18 \times 190.0) + (0.10 \times 137.0) = 144.4$（mg NaOH/g油）

(2) 若配方總油脂為500g，則行皂化反應理論所需氫氧化鈉量為？（g）

解：理論所需氫氧化鈉量 = 500（g油）× 144.4（mg NaOH/g油）= 72200 (mg NaOH) = 72.2(g NaOH)

(3) 假設所提供之氫氧化鈉純度為95.0%（餘5%為不純物），則實際需要量為？（g）

解：設實際需要氫氧化鈉（純度95.0%）量為w（g），則

　　　$72.2 = w \times 95.0\%$

　　　$w = 76.0(g)$

例7：試計算前例皂基配方之INS值為？

解：$(0.72 \times 109) + (0.18 \times 258) + (0.10 \times 153) = 140.22$（介於120～170間，可接受）

例8：試計算前例皂基配方所需之水量為？（g或cc）

解：

方法1：調配氫氧化鈉溶液之重量體積百分濃度（w/v）為30%	
鹼化率100%	**鹼化率90%**
設所需「溶液」體積為V（cc） $(72.2 \times 100\%)/V = 30/100$ V≒241（cc溶液） 即秤取純度95.0%氫氧化鈉76.0g加入水中，使溶液最終體積為241cc即是。	設所需「溶液」體積為V（cc） $(72.2 \times 90\%)/V = 30/100$ V≒217（cc溶液） 即秤取純度95.0%氫氧化鈉76.0g加入水中，使溶液最終體積為217cc即是。
方法2：調配氫氧化鈉溶液濃度為：每100cc水中加入35g氫氧化鈉	
鹼化率100%	**鹼化率90%**
設所需「水」體積為V（cc） $(72.2 \times 100\%)/V = 35/100$ V≒206（cc水） 即秤取純度95.0%氫氧化鈉76.0g加入206cc水中，即是。	設所需「水」體積為V（cc） $(72.2 \times 90\%)/V = 35/100$ V≒185（cc水） 即秤取純度95.0%氫氧化鈉76.0g加入185cc水中，即是。
驗算：已知（純）氫氧化鈉密度為2.13g/cm³，則72.2g之氫氧化鈉體積為72.2/2.13≒34(cm³) 則溶液體積 = 206 + 34 = 240(cc) 註：假設體積具有加成性，不純物體積忽略不計。	驗算：已知（純）氫氧化鈉密度為2.13g/cm³，則72.2g之氫氧化鈉體積為72.2/2.13≒34(cm³) 則溶液體積 = 185 + 34 = 219(cc) 註：假設體積具有加成性，不純物體積忽略不計。

4. 其他添加物

(1) 基礎油：又稱基底油，常用（橄欖油＋椰子油）或（橄欖油＋棕櫚油）。

(2) 額外添加油：如甜杏仁油、葡萄籽油、月見草油、杏桃核仁油、酪梨油……等，或有特殊氣味、成分及適用膚質，添加於手工皂者，其主要「功效」係為清潔潤（護）膚保濕，而非食用、治療之功效。添加比例需視油脂種類性質並配合鹼化率調整（鹼化率高，可稍多；鹼化率低，應減少），不宜過多（約2～4～5%），以免成皂出（過）油，易酸敗不易保存。

(3) 耐鹼性水性色素：調色用。

(4) 香精：調香味用。

(5) 精油：如玫瑰、洋甘菊、薰衣草、羅勒、檸檬、茉莉、香茅……等；或有特殊氣味、成分及適用膚質，添加於手工皂者，其主要「功效」係為清潔潤（護）膚保濕，而非食用、治療之功效。

(6) 乾燥植物：裝飾用。

(7) 礦物粉：磨砂去角質用。

(三) 廢食用油再製環保（家事）肥皂

「廢食用油」若廢棄排入水溝或下水道，除產生臭味、滋養蚊蟲、蟑螂、老鼠及污染水體外，長久更會造成排水堵塞；故將「廢食用油」回收再利用實有需要。

近來常見具環保意識之社區團體或組織，使用回收之廢食用油製成環保肥皂，成品可用來洗手、洗衣物，以廢食用油再製環保肥皂，實為最佳之資源回收再利用。

本實驗取用回收之「廢食用油」，利用皂化反應原理製作「環保肥皂」。本環保肥皂之特點為：利用強鹼（如氫氧化鈉）將（廢）食用油脂及所含脂肪酸皂化，未添加其他化學物質，如磷化合物、界面活性劑等，另環保肥皂使用後所產生之廢（污）水，其皂鹽（脂肪酸鈉）成分較易被微生物分解，污染強度較低。廢食用油來源可取自速食店、炸雞店、香酥雞店、炸豬排店、炸臭豆腐店、油條店、自助餐廳或自家廚房等。

本實驗需注意者：選用之廢食用油種類為何？是為豬油、牛油、大豆沙拉油、棕櫚油、紅花籽油、混合油……，或經再加工，如清香油、酥炸油？蓋因不同油脂種類其「皂化」所需加鹼（氫氧化鈉）量、INS 值（皂之軟硬程度評估）及水量皆不相同，則實驗之製皂配方將不易評估也！

三、器材與藥品

(一)材料

1. 油脂【註4：廢食用油之前處理（過濾或沉澱）：若廢食用油含有其他固體（顆粒）雜質時，可以細篩（濾）網過濾去除之；或靜置一夜使沉澱後取上澄液。】

材料 A：廢食用油（豬油）3 公斤。

材料 B：廢食用油（大豆沙拉油）3 公斤；（新）椰子油：3 公斤。

【註 5：(1) 需確認（廢）食用油為何種油脂；(2) 油脂之密度常小於 1g/cc，故油脂重量 3 公斤 ≠ 體積 3 公升；(3) 牛脂肪、豬脂肪及棕櫚油於常溫時呈固體狀，於製作過程需加熱使成液態，較耗時間及能源。】

2. 氫氧化鈉。【註 6：須知純度；添加量請依鹼化率計算結果，自行擇一即可。】

3. 水。【註 7：(1) 水於常溫常壓時，密度 ≒ 1g/cc，於此每 1cc 水之重量以 1g 計。(2) 廢食用油常有油耗味或異味，可於水中加入橘子水或檸檬水代替冷水。】

(二) 器具

1. 溫度計 2 支（一支測油脂溫度、一支測鹼水溫度）。

2. 不鏽鋼鍋或玻璃燒杯。

3. 塑膠或玻璃量筒（杯）（用來量水）。

4. 耐熱玻璃容器（裝鹼水用）。

5. 攪拌用具：不鏽鋼湯匙、玻璃攪拌棒、竹棒或木棒 1 支或電動攪拌器（慢速）。

6. 秤（秤量至 0.01 克）。

7. 肥皂成型模：100～250～500cc 容器皆可，如鋁箔包紙盒、鮮奶紙盒、洋芋片盒、布丁盒、果凍盒、小塑膠碗杯、豆腐盒、餅乾盒、PVC 皂模、矽膠皂模。

8. 乳膠手套。

9. 加熱裝置：本生燈、瓦斯爐或電磁爐。

四、實驗步驟、結果記錄與計算

【註 8：本實驗設計三種材料製作環保（家事）肥皂，即 (1) 廢食用油（豬油）、(2) 廢食用油（大豆沙拉油）、(3) 廢食用油（大豆沙拉油）+（新）椰子油；可依所需自行選定材料進行實驗。】

(一) 材料：廢食用油（豬油）

1. 先依以下步驟進行評估

(1) 每組取廢食用油（豬油）50g。

(2) 查表 3，得豬油之皂化價＝141.0（mg NaOH/g 豬油）。

(3) 計算所需氫氧化鈉量（g NaOH），如下表：

鹼化率	所需氫氧化鈉量（g NaOH）
100%	50×141.0＝7050(mg NaOH)＝7.05(g NaOH)
95%	50×141.0×95%＝6697.5(mg NaOH)≒6.70(g NaOH)

【註9】實驗時，鹼化率請自行擇一即可。

(4) 查表 3，得豬油之 INS 值＝139。

(5) 皂基軟硬程度之評估（INS 值：120～170）：本實驗使用單一油脂，INS＝139×100% ＝139（介於 120～170 間，可接受）。

(6) 水量估算，如下表：

鹼化率	所需水之體積V（cc）
100%	設所需「水」體積為V（cc），則 7.05/V＝35/100 V≒20.1（cc水）
95%	設所需「水」體積為V（cc），則 6.70/V＝35/100 V≒19.1（cc水）

【註10】實驗時，鹼化率請自行擇一即可。

2. 廢食用油（豬油）再製環保（家事）肥皂

(1) 前處理（過濾或沉澱）：若廢食用油（回鍋油）含有其他固體（顆粒）雜質時，可以細篩（濾）網過濾去除之；或靜置一夜使沉澱後取上澄液。

(2) 製作鹼水：依下表，於空氣流通處，按所選鹼化率計算結果，將秤好之氫氧化鈉分次少量緩慢加入冷水中（耐 110℃塑膠或不鏽鋼容器），緩緩攪拌使溶解作成鹼水（此時水溫會急速上昇並產生氣體，請注意並勿吸入）

鹼化率	氫氧化鈉量（g NaOH）	水體積V（cc）
100%	7.05	20.1
95%	6.70	19.1

【註11】廢食用油（豬油）50g；INS＝139（介於 120～170 間，可接受）。

將攪拌溶解完成之鹼水靜置於室溫降溫，並隨時以溫度計測量溫度，降溫至約 45～50℃。

【注意：氫氧化鈉為強鹼之腐蝕性化學品，切勿直接將水加入氫氧化鈉中，以避免劇烈反應、噴濺造成危險。應分次少量將氫氧化鈉慢慢置入水中，以免引起劇烈放熱反應，會使溶液溫度上升（約 80～90℃），操作時最好戴口罩與手套，於通風處操作，避免直接接觸皮膚、眼睛及呼吸道，如不小心濺到，應儘快以大量清水沖洗。另攪拌初始可見鹼煙冒出，應避免吸入。】

(3) 加熱、融化油脂：取經過濾或沉澱之廢食用油（豬油）50g；若油脂呈固態，將油脂以微火加熱（或隔水加熱），至完全融化混合均勻為止，約 45～50℃。

(4) 混合鹼水與油脂：將鹼水緩緩加入液態油脂中，以玻棒（攪拌棒）持續攪拌，注意勿使皂液四處飛濺，直至皂液呈黏稠狀；一般攪拌約 10～20～30 分鐘可呈黏稠狀。【註12：皂基混合時不同種類的油脂及配比，攪拌達到濃稠狀所需的時間亦不相同，例如配方中若有較多之橄欖油則需較長攪拌時間。】

(5) 攪拌至濃稠狀：直到鹼水和油脂完全融合為乳化皂液，顏色亦由深色轉淡，狀似美奶滋般濃稠，以攪拌器劃過表面會留下明顯痕跡為止。皂液若未完全混合，靜置觀察會出現分層（表面有一層油），即需繼續攪拌至完全融合為止。

(6) 加入添加物：如欲加入其它材料，如耐鹼性水性色素（調色）、（幾滴）香精（香味）；將其加入，再攪拌數下使均勻混合。【註13：添加物依個人喜好酌量添加，惟不可過多。】

(7) 備模：可使用鋁箔包紙盒、鮮奶（紙）盒、布丁盒、豆腐盒等，可在入模前先以刷子塗上一層薄油脂（如白臘油或沙拉油），會較容易脫模。

(8) 入模：將攪拌混合均勻之皂液倒入模型中，上蓋封好保溫（可使用保麗龍盒、大毛巾或舊衣服，使反應稍快、均勻），靜置隔夜。

(9) 脫模、切塊：待皂液凝固成型稍硬後，即可脫模；脫模時間視配方不同而有所差異，一般等待約 1～2～3 天較適當（勿置入冰箱，並避免日光直曬）。脫模後即可切塊，切塊時仍需戴手套為宜。【註14：本實驗量少，不需切塊。】

(10) 風乾、熟成：切割成塊後，靜置於乾燥通風處約 3～6 週即可，期間應避免陽光直射。

(10) 皂製成後呈強鹼性，暫勿使用，待約 4～5 週後 pH 值約降至 9；隨放置時間增加，pH 值會慢慢降至 8 左右，呈弱鹼性。【註15：自然情形下 pH 值不易降至 7，一般市售肥皂大多呈弱鹼性。】

(11) 簡易 pH 值測試：將肥皂表面以水潤濕，或加水將肥皂搓出泡沫；使用「廣用試紙」測試 pH，觀察試紙呈色，再與標準顏色比較即得；結果記錄於下表。【註16：皂化熟成時間：依配方不同，所需熟成時間亦不同，或需 3 週、或需 6 週，成皂使用前先以廣用試紙測試 pH，若於 7～9 之間即可使用。本實驗之製皂建議用於洗手、洗抹布、家事用。】

項　目	廢食用油（豬油）（鹼化率 = ＿＿＿＿＿ %）											
時間（天）												
pH值（約）												

(二) 材料：廢食用油（大豆沙拉油）

1. 先依下步驟進行評估

(1) 每組取廢食用油（大豆沙拉油）50g。

(2) 評估結果如下表所示：

配方油總量（g）【（廢）食用油爲大豆沙拉油】		50.0
皂化價（mg NaOH/g油）		135.0【（廢）食用油爲大豆沙拉油】
鹼化率 = 100%，皂基所需理論氫氧化鈉量（g NaOH）		$50.0 \times 135.0 = 6750(mg\ NaOH) = 6.75(g\ NaOH)$
鹼化率 = 95%，皂基所需氫氧化鈉量（g NaOH）		$6.75 \times 95\% = 6.41(g\ NaOH)$
INS值		61
皂基軟硬程度之評估（INS值：120～170）		$61 \times 100\% = 61$（小於120～170間，可能太軟） 需調整油脂配方（調整計算例，見實驗步驟(三)）
水量估算 （調配氫氧化鈉溶液濃度爲： 每100cc水中加入35g氫氧化鈉）	鹼化率 = 100%	設所需「水」體積爲V（cc） $6.75/V = 35/100$ $V \fallingdotseq 19.3$（cc水）
	鹼化率 = 95%	設所需「水」體積爲V（cc） $6.41/V = 35/100$ $V \fallingdotseq 18.3$（cc水）
結論：若僅用（廢）大豆沙拉油單一油脂，INS值 = 61 < 120，太軟；需調整油脂配方，見實驗步驟(三)。		

2. （廢）大豆沙拉油再製環保（家事）肥皂

(1) 爲驗證評估結果，建議仍依本（廢）大豆沙拉油配方進行製皂。

鹼化率	氫氧化鈉量（g NaOH）	水體積V（cc）
100%	6.75	19.3
95%	6.41	18.3

【註17】廢食用油（大豆沙拉油）50g：INS－61（小於120～170間），可能太軟。

(2) 依實驗步驟 (一) 2. 進行（廢）大豆沙拉油再製環保肥皂。【註18：依本配方製皂，評估結果：太軟。】

項　目	廢大豆沙拉油（鹼化率 = ＿＿＿＿＿％）										
時間（天）											
pH值（約）											

(三) 材料：廢食用油（大豆沙拉油）＋（新）椰子油

1. 續步驟(二)，調整油脂配方，如下：

(1) 原配方之（廢）大豆沙拉油爲 50.0g〔皂化值 = 135.0（mg NaOH/g 油），INS 值 = 61〕。

(2) 假設額外添加之油脂爲「（新）椰子油」。

(3) 設預定調整後配方油脂之 INS 值爲 150。

(4) 查表 3，得椰子油之皂化值 = 190.0（mg NaOH/g 油），INS 值 = 258。

(5) 設需額外添加之椰子油爲 w（g），則

$$150 = 〔50/(50 + w)〕 \times 61 + 〔w/(50 + w)〕 \times 258$$

$$w = 41.2（g）$$

(6) 調整油脂配方後，所需氫氧化鈉量，如下表：

鹼化率	所需氫氧化鈉量（g NaOH）
100%	50.0×135.0 + 41.2×190.0 = 14578.7(mg NaOH)≒14.58(g NaOH)
95%	14.5787×95% = 13.85(g NaOH)

【註 19】實驗時，鹼化率請自行擇一即可。

(7) 調整油脂配方後所需水量（調配氫氧化鈉溶液濃度爲：每100cc 水中加入 35g 氫氧化鈉）

鹼化率	所需水之體積V（cc）
100%	設所需「水」體積爲V（cc） 14.58/V = 35/100 V≒42（cc水）
95%	設所需「水」體積爲V（cc） 13.85/V = 35/100 V≒40（cc水）

【註 20】實驗時，鹼化率請自行擇一即可。

(8) 調整油脂配方後

（廢）食用油爲大豆沙拉油（g）	50.0
（新）椰子油（g）	41.2
鹼化率 = 100%，皂基所需理論氫氧化鈉量（g NaOH）	14.58

（續下表）

鹼化率＝95%，皂基所需氫氧化鈉量（g NaOH）		13.85
水量（cc）	鹼化率＝100%	42
	鹼化率＝95%	40

【註 21】實驗時，鹼化率請自行擇一即可；INS＝150（介於 120～170 間，可接受）。

2. 〔廢食用油（大豆沙拉油）＋椰子油〕再製環保（家事）肥皂

(1) 前處理（過濾或沉澱）：若廢食用油（大豆沙拉油）含有其他固體（顆粒）雜質時，可以細篩（濾）網過濾去除之；或靜置一夜使沉澱後取上澄液。

(2) 製作鹼水：依下表，於空氣流通處，按所選鹼化率計算結果，將秤好之氫氧化鈉分次少量緩慢加入冷水中（耐 110℃塑膠或不鏽鋼容器），緩緩攪拌使溶解作成鹼水（此時水溫會急速上升並產生氣體，請注意並勿吸入）

鹼化率	氫氧化鈉量（g NaOH）	水體積V（cc）
100%	14.58	42
95%	13.85	40

【註 22】實驗時，鹼化率請自行擇一即可。

將攪拌溶解完成之鹼水靜置於室溫降溫，並隨時以溫度計測量溫度，降溫至約 45～50℃。

【注意：氫氧化鈉為強鹼之腐蝕性化學品，切勿直接將水加入氫氧化鈉中，以避免劇烈反應、噴濺造成危險。應分次少量將氫氧化鈉慢慢置入水中，以免引起劇烈放熱反應，會使溶液溫度上升（約 80～90℃），操作時最好戴口罩與手套，於通風處操作，避免直接接觸皮膚、眼睛及呼吸道，如不小心濺到，應儘快以大量清水沖洗。另攪拌初始可見鹼煙冒出，應避免吸入。】

(3) 混合油脂：將配方中所有油脂〔廢食用油（大豆沙拉油）50g ＋（新）椰子油 41.2g〕於不鏽鋼鍋（或燒杯）中混合。

(4) 加熱、融化油脂：若油脂呈固態，將油脂以微火加熱（或隔水加熱），至完全融化混合均勻為止，約 45～50℃。

(5) 混合鹼水與油脂：將鹼水緩緩加入液態油脂中，以玻棒（攪拌棒）持續攪拌，注意勿使皂液四處飛濺，直至皂液呈黏稠狀；一般攪拌約 10～20～30 分鐘可呈黏稠狀。【註 23：皂基混合時不同種類的油脂及配比，攪拌達到濃稠狀所需的時間亦不相同，例如配方中若有較多之橄欖油則需較長攪拌時間。】

(6) 攪拌至濃稠狀：直到鹼水和油脂完全融合為乳化皂液，顏色亦由深色轉淡，狀似美奶滋般濃稠，以攪拌器劃過表面會留下明顯痕跡為止。皂液若沒完全混合，靜置觀察會出現分層（表面有一層油），即需繼續攪拌至完全融合為止。

(7) 加入添加物：如欲加入其他材料，如耐鹼性水性色素（調色）、（幾滴）香精（香味）；將其加入，再攪拌數下使均勻混合。【註 24：添加物依個人喜好酌量添加，惟不可過多。】

(8) 備模：可使用鋁箔包紙盒、鮮奶（紙）盒、布丁盒、豆腐盒等，可在入模前先以刷子塗上一層薄油脂（如白臘油或沙拉油），會較容易脫模。

(9) 入模：將攪拌混合均勻之皂液倒入模型中，上蓋封好保溫（可使用保麗龍盒、大毛巾或舊衣服，使反應稍快、均勻），靜置隔夜。

(10) 脫模、切塊：待皂液凝固成形稍硬後，即可脫模；脫模時間視配方不同而有所差異，一般等待約 1～2～3 天較適當（勿置入冰箱，避免日光直曬）。脫模後即可切塊，切塊時仍需戴手套為宜。【註 25：本實驗量少，不需切塊。】

(11) 風乾、熟成：切割成塊後，靜置於乾燥通風處約 3～6 週即可，期間避免陽光直射。

(12) 皂製成後呈強鹼性，暫勿使用，待約 4～5 週後 pH 值約降至 9；隨放置時間增加，pH 值會慢慢降至 8 左右，呈弱鹼性。【註 26：自然情形下 pH 值不易降至 7，一般市售肥皂大多呈弱鹼性。】

(13) 簡易 pH 值測試：將肥皂表面以水潤濕，或加水將肥皂搓出泡沫；使用「廣用試紙」測試 pH，觀察試紙呈色，再與標準顏色比較即得；結果記錄於下表。【註 27：皂化熟成時間：依配方不同，所需熟成時間亦不同，或需 3 週、或需 6 週，成皂使用前先以廣用試紙測試 pH，若於 7～9 之間即可使用。本實驗之製皂建議用於洗手、洗抹布、家事用。】

項　目	廢大豆沙拉油 +（新）椰子油（鹼化率 = _____ %）											
時間（天）												
pH值（約）												

五、討論與心得

項　目	廢豬油	廢大豆沙拉油（50g）	廢大豆沙拉油 + 椰子油
A.油脂重量（g）	50	50	50 + 41.2 = 91.2
B.理論氫氧化鈉量（g）			
C.鹼化率（%）			
D.實際氫氧化鈉量（g）			
E.水量（g或cc）			
(1)pH值之檢討（氫氧化鈉量）			
(2)鹼化率之檢討（出油或乾澀）			
(3)肥皂軟硬程度之檢討（INS值）			
(4)加水量之檢討（原為參考值）（適合之水量應依經驗來調整）			
(5)熟成時間之檢討			
(6)洗淨力之檢討			

（續下表）

(7)氣味之檢討			
(8)泡沫多寡、細緻程度			
(9)出油之檢討			
(10)其他之檢討（說明之）			

參考文獻

1. Karen C. Timberlake 原著，王正隆、溫雅蘭、陳威全、康雅斐譯，普通化學（第 9 版），學銘圖書有限公司，2008.5.

2. 章裕民，環境工程化學，文京圖書有限公司，1995.1.

3. 維基百科網站，網址：http://zh.wikipedia.org/wiki

4. Vernon L. Snoeyink, David Jenkins, WATER CHERMISTRY，新智出版社有限公司，1980

5. http://host6.wcjhs.tyc.edu.tw/~ta530010/xoops/web4/a3-1.htm

6. 王萬拱、朱穗君、李玉英、林耀堅、邱瑞宇、邱春惠、黃武章、張如燕編著，化學實驗，高立圖書有限公司，2005.9.10.

7. 廖明淵等編著，化學實驗－環境保護篇（第 4 版），新文京開發出版股份有限公司，2010.9.25.

8. 石鳳城編著，水質分析與檢測（第 3 版），新文京開發出版股份有限公司，2009.2.25.

9. 侯萬善翻譯，離子交換（原文：USEPA EPA 625/－81－007 June 1981），網址：http://www.ecaa.ntu.edu.tw/weifang/water/%E9%9B%A2%E5% AD%90%E4%BA%A4%E6%8F%9B%E6%A8%B9%E8%84%82.pdf

10. 郭偉明著，圖解化學實驗，全威圖書有限公司，2005.8.10. 初版 2 刷

11. CN. Sawyer, PL. McCarty 原著，謝立生、黃建華譯述，環境工程化學，乾泰圖書有限公司，1985.5.

12. http://lisa-web.myweb.hinet.net/new_page_8.htm（新色調手工香皂坊）

13. http://www.tina520.com/（Tina'S 皂美之旅）

14. http://ame.blogbus.com/logs/5403668.html（手工皂油脂的皂化价与 INS 值）

15. http://far-day.blogspot.com/（香氛花蝶生活館 - 手工香皂研究中心）

16. 互動百科網站，網址：http://www.hudong.com/wiki/

17. http://blog.sina.com.cn/s/blog_5e9bdff50100hkf9.html（新浪博客：手工皂水、油、鹼的量以及 INS 值的計算）

18. http://www.bike9.com/tm07.htm（自製肥皂智庫）

19. 莊麗貞編著，化學實驗－生活實用版，新文京開發出版股份有限公司，2002.8.20.

20. http://web.kmsh.tnc.edu.tw/~c2375/t0108.htm（查理與給呂薩克）

21. http://natural.cmsh.tc.edu.tw/senior/chem/h2text/3-3

22. O'Melia, C. R.,"Coagulation and Flocculation", Physicochemical Processes for Water Quality Control, W. J. Weber, Jr., ed., John Wiley & Sons, Inc., New York, 1972

23. 國科會高瞻自然科學教學資源平台，網址：http://case.ntu.edu.tw/hs/wordpress/?p=18914；酸鹼滴定（Acid-Base Titration）

24. 黃汝賢、紀長國、吳春生、何俊杰、尤伯卿編著，環工化學，三民書局，1997.2.

25. 教育部數位教學資源入口網，萃取（松山工農化工科製作）
    http://content.edu.tw/vocation/chemical_engineering/tp_ss/content-wa/wchm2/wpage2-4.htm

26. http://www.uuuwell.com/mytag.php?id=85146 陰離子交換樹脂

27. http://brc.se.fju.edu.tw/protein/purify/ion.htm 離子交換層析法（Ion exchange chromatography）

28. 葉嬰齊主編，梁光宇、葛寶英、丁桓如副主編，工業用水處理技術（第2版），上海科學普及出版社，2004.9.

29. 歐陽承、莊祖煌、楊裕德編著，有機化學實驗，大中國圖書股份有限公司，2001.10. 再版

30. 曾四恭、張慶源、蔣本基、曾迪華、鄭幸雄、王月花編撰，水及廢水基本實驗手冊，中國土木水利工程學會印行，1989.11.

31. 羅文偉總校閱、李孫榮、張錦松、張錦輝、陳建民、曾如娟共譯、Tom D. Reynolds 原著，環工單元操作，高立圖書有限公司出版，2002.10.9. 修訂2刷

32. 東吳大學化學系化學實驗教材（講義）

33. 石鳳城、柯嘉和、彭皓宇，活性碳吸附處理水中甲烯藍之研究，2014 環境污染控制評估研討會，元培科技大學（環境工程衛生系）

34. 石鳳城、鍾定綸，批次式氫（H）型酸性陽離子交換樹脂與水中鈣離子吸附交換之研究，2016 環境污染控制評估研討會，元培醫事科技大學（環境工程衛生系）

國家圖書館出版品預行編目資料

基礎環境工程化學實驗／石鳳城著. －－二
版. －－臺北市：五南，2017.09
　　面；　公分
ISBN 978-957-11-8863-8 (平裝)
1.環境化學　2.化學實驗
367.4034　　　　　　　　　105018189

5BH4

基礎環境工程化學實驗

作　　者 — 石鳳城(28.3)

發 行 人 — 楊榮川

總 經 理 — 楊士清

主　　編 — 王正華

責任編輯 — 金明芬

封面設計 — 姚孝慈

出 版 者 — 五南圖書出版股份有限公司

地　　址：106台北市大安區和平東路二段339號4樓

電　　話：(02)2705-5066　傳　　真：(02)2706-6100

網　　址：http://www.wunan.com.tw

電子郵件：wunan@wunan.com.tw

劃撥帳號：01068953

戶　　名：五南圖書出版股份有限公司

法律顧問　林勝安律師事務所　林勝安律師

出版日期　2014年2月初版一刷
　　　　　2017年9月二版一刷

定　　價　新臺幣350元